Elektromagnetische Streuung und Paarproduktion von Leptonen im Feld extrem relativistischer Schwerionen

Dissertation
zur Erlangung des Doktorgrades
der Naturwissenschaften

vorgelegt beim Fachbereich Physik
der Johann Wolfgang Goethe–Universität
in Frankfurt am Main

von
Ulrich Eichmann
Siegen

Frankfurt am Main, April 2000
(D F 1)

vom Fachbereich Physik der Johann Wolfgang Goethe–Universität als Dissertation angenommen.

Dekan: Prof. Dr. R. Stock
Gutachter: Prof. Dr. W. Greiner, Prof. Dr. J. Maruhn
Datum der Disputation: 3. Juli 2000

Ulrich Eichmann

ELEKTROMAGNETISCHE STREUUNG UND PAARPRODUKTION VON LEPTONEN IM FELD EXTREM RELATIVISTISCHER SCHWERIONEN

ibidem-Verlag
Stuttgart

Die Deutsche Bibliothek - CIP-Einheitsaufnahme:

Ein Titeldatensatz für diese Publikation ist bei
Der Deutschen Bibliothek erhältlich

∞

Gedruckt auf alterungsbeständigem, säurefreien Papier
Printed on acid-free paper

ISBN: 3-89821-062-6

Printed in Germany

INHALTSVERZEICHNIS

Kapitel 1

Einleitung

Mit der Entwicklung leistungsfähiger Beschleunigeranlagen wird vorrangig das Ziel verfolgt, in Schwerionenkollisionen Kernmaterie unter extremen Bedingungen zu untersuchen. Dabei steht die Suche nach einem möglichen Phasenübergang in das sogenannte Quark-Gluon-Plasma (QGP) im Vordergrund. Am 1999 angelaufenen *Relativistic Heavy-Ion Collider* (RHIC, Brookhaven) und in dem für 2004/2008 geplanten *Large Hadron Collider* (LHC, CERN) stehen dafür erstmals vollständig ionisierte Gold-Ionen mit einer Energie von ca. 100 GeV/n bzw. Blei-Kerne mit ca. 2.8 TeV/n im Schwerpunktsystem zur Verfügung.

Da die Stärke der elektromagnetischen Felder der kollidierenden Ionen proportional zu deren LORENTZ-Faktor γ ist, dominieren elektromagnetische Prozesse in ultrarelativistischen Schwerionenkollisionen weit über die hadronischen Prozesse zur Formierung eines QGP. Die zu erwartenden Wirkungsquerschnitte elektromagnetischer Prozesse sind immens – während die hadronischen Prozesse auf Stoßparameter im Bereich der Kernausdehnung beschränkt sind, können beispielsweise Elektron-Positron Paare noch in Abständen von einigen zehn (RHIC) bis einigen zehntausend (LHC) Ångström produziert werden.

Die genaue Kenntnis der elektromagnetischen Prozesse ist daher unumgänglich als Hintergrund zur Identifikation der Signale hadronischer Reaktionen [14, 99, 138]. Weiterhin erwächst aus der mit der Strahlenergie logarithmisch ansteigenden gebunden-freien Elektron-Positron Paarproduktion [7, 8, 18] und der COULOMB-Dissoziation der kollidierenden Kerne [137] eine Begrenzung der Strahl-Luminosität [30].

Periphere Schwerionenkollisionen bieten darüber hinaus eine *saubere* Quelle elektromagnetischer Prozesse, durch die beispielsweise Leptonpaare, Mesonen oder gar exotische Teilchen, wie etwa Higgs-Bosonen oder supersymmetrische Teilchen, in hohen Raten produziert werden können [14, 99, 138]. Die theoretische Beschreibung dieser Reaktionen ist bislang nicht vollständig verstanden und stellt seit den Anfängen der Quantenelektrodynamik ein interessantes Forschungsgebiet dar. Die Untersuchungen dieser Arbeit zielen im wesentlichen auf die exakte Berechnung der elektromagnetischen Produktion von Leptonpaaren in ultrarelativistischen Schwerionenkollisionen. Die Betrachtung kann dabei auf die Paarproduktion durch die Fusion von Photonen in der Wechselwirkung beider Ionen beschränkt werden, da die in nichtrelativistischen Schwerionenkollisionen dominierende Bremsstrahlungs-Paarproduktion bei relativistischen Energien vernachlässigt werden kann [113]. Das Ergebnis in niedrigster Ordnung Störungstheorie, der Zwei-Photon-Graph [29, 102, 124], muß für die vollständige Beschreibung der Paarproduktion hinsichtlich zweier Aspekte erweitert werden:

i) Der Paarproduktionsquerschnitt verletzt in seiner $\ln^3 \gamma$-Abhängigkeit den FROISSART-Limes [69], der asymptotisch die Energieabhängigkeit auf $\sim \ln^2 \gamma$ beschränkt. Dies äußert sich in einer Unitaritätsverletzung der Paarerzeugungswahrscheinlichkeit bei hohen Ionenenergien [18] (siehe auch [82]). Dieses Phänomen wird oftmals mit dem Zusammenbruch der Störungstheorie gleichgesetzt, verbunden mit der Forderung nach nichtstörungstheoretischen Methoden [23, 55, 90, 125].
Bei ausschließlicher Betrachtung inelastischer (Paarproduktions-) Prozesse ist die Unitaritätsverletzung der Amplitude jedoch bekannt [47]. Durch S-Kanal Unitarisierung kann die Amplitude diagrammatisch, d.h. durch rein störungstheoretische Methoden, derart vervollständigt werden, daß das Resultat wahrscheinlichkeitserhaltend ist [47, 105]. Es zeigt sich, daß dazu Mehrfach-Paarproduktion und ebenfalls elastische Prozesse berücksichtigt werden müssen. Dabei wird durch die explizite Betrachtung elastischer (Vakuum-) Diagramme die Annahme eines stabilen perturbativen Vakuums aufgegeben. Mit weiteren Vereinfachungen – dies ist im wesentlichen die Annahme unabhängiger Mehrfachpaarproduktionen – führt die S-Kanal Unitarisierung auf die manifest unitäre POISSON-Verteilung multipler Paarproduktion. Der Mittelwert der Verteilung ist durch die unitaritätsverletzende Paarerzeugungswahrscheinlichkeit des Zwei-Photon-Graphen gegeben [13, 23, 83, 125].

ii) Für schwere Ionen nimmt die effektive Kopplungskonstante $Z\alpha$ große Werte an ($Z\alpha \sim 0.6$ für Blei), die eine Beschränkung auf die niedrigste Ordnung Störungstheorie nicht mehr rechtfertigen. Für die Erzeugung eines Leptonpaares in der Kollision schwerer Ionen muß demnach der Austausch mehrerer, im Idealfall beliebig vieler Photonen mit beiden Ionen betrachtet werden.

Die Berücksichtigung von i) und ii) führt auf eine POISSON-Verteilung, in der der Mittelwert durch die Wechselwirkung des Paares in höheren Ordnungen mit den Ionen modifiziert ist. Die Untersuchungen dieser Arbeit beschränken sich auf die Berechnung dieser Größe, d.h. Vakuumdiagramme und multiple Paarproduktion werden nicht betrachtet.
Die vollständige Berechnung der Paarerzeugungsamplitude in allen Ordnungen der Wechselwirkung mit beiden Ionen erregte in der jüngeren Vergangenheit durch das Ergebnis von SEGEV und WELLS [126] Aufmerksamkeit, da sich nach den Rechnungen dieser Autoren bei vollständiger Berücksichtigung der Felder beider Ionen die Korrekturen höherer Ordnung zum Zwei-Photon-Graphen im Hochenergielimes in einer reinen Phase akkumulieren und somit im totalen Wirkungsquerschnitt identisch verschwinden [11, 56, 126]. Berücksichtigend, daß die Leptonstreuung und die Paarproduktion Crossing-Kanäle der gleichen verallgemeinerten Reaktion sind, wurde dieses Resultat durch die üblichen Uminterpretationen (auslaufendes Positron = einlaufendes Elektron mit negativem Viererimpuls) aus der exakt berechenbaren Elektron-Streuamplitude erhalten. Neuere Meßergebnisse zur freien Paarproduktion in Schwerionenkollisionen schienen dieses Verhalten zu bestätigen [127, 134, 135]. Die Effekte höherer Ordnung sollten gemäß diesem Ergebnis in der mehr-

fachen Paarproduktion [85] und in der Paarproduktion ausschließlich peripherer Schwerionenkollision [57, 58] zutage treten.

Vorhergehende Arbeiten zur vollständigen Berücksichtigung der COULOMB-Wechselwirkung des erzeugten Paares mit den Ionen hatten die exakten DIRAC-Wellenfunktionen der Paarkonstituenten im Feld eines der Ionen zum Ausgangspunkt. Das jeweils andere Ion wurde als Störung betrachtet und ging nur in niedrigster Ordnung in die Rechnung ein. Die numerische Auswertung der Paarerzeugungsamplitude über eine Partialwellenentwicklung [15] der Wellenfunktionen ist in der Praxis auf einen begrenzten Basissatzes mit kleinen Drehimpulsen, d.h. auf Ionenenergien von wenigen GeV/n beschränkt. Im Hochenergielimes entsprechen die FURRY-SOMMERFELD-MAUE-Wellenfunktionen mit großer Genauigkeit der vollständigen Drehimpulssumme und können in guter Näherung anstelle der exakten Wellenfunktionen benutzt werden. Sie erlauben eine weitestgehend analytische Berechnung der Amplitude und des Wirkungsquerschnittes [90]. In logarithmischer Genauigkeit lassen sich die resultierenden Korrekturen höherer Ordnung im Rahmen der WEIZSÄCKER-WILLIAMS-Methode der äquivalenten Photonen durch die Photonverteilungsfunktion des als Störung behandelten Kerns und die COULOMB-Korrekturen zur Photoproduktion im Feld des jeweils anderen Kerns schreiben, die in der wegweisenden Arbeit von DAVIES, BETHE und MAXIMON erstmalig im Einklang mit Meßdaten berechnet wurden [52]. Die Korrekturen durch Effekte höherer Ordnung in der Wechselwirkung mit beiden Ionen sind, ebenfalls in logarithmischer Genauigkeit, durch die Summe der jeweiligen Korrekturen in der Wechselwirkung mit einem Ion gegeben [94].

Aus diesen Rechnungen folgt im Hochenergielimes nur das Verschwinden der Korrekturen relativ zum Zwei-Photon-Graphen, nicht jedoch deren identisches Verschwinden. Einfache Abschätzungen zeigen sogar, daß für endliche Ionenenergien die zu erwartenden Korrekturen zur Paarproduktion in Schwerionenkollisionen im RHIC bzw. LHC noch -25% bzw. -14% betragen [94].

Zur Klärung dieser Diskrepanz soll von experimenteller Seite in naher Zukunft das STAR-Experiment (STAR = **S**olenoidal **T**racker **A**t **R**HIC) beitragen [118]. Die durch den dargestellten Widerspruch aufgeworfenen theoretischen Fragestellungen zu der Existenz und der genauen Beschaffenheit der Korrekturen höherer Ordnung werden in der vorliegenden Arbeit behandelt.

Die Arbeit gliedert sich in zwei Teile. Im ersten, die Kapitel 2 und 3 umfassenden Teil wird ausführlich und detailliert auf die elastische COULOMB-Streuung von Leptonen im Hochenergielimes eingegangen. Die Kapitel befassen sich im einzelnen mit der Streuung an einem bzw. mehreren Ionen. Anhand unterschiedlicher störungstheoretischer und nichtstörungstheoretischer Methoden wird die Konstruktion der im Hochenergielimes exakten Streulösung explizit vorgeführt und das Bild des Eikonal-Austauschs in der Hochenergiestreuung geprägt. Allgemein wird hierbei das Konzept des Eikonal-Formfaktors eingeführt [59, 62]. Zuletzt wird die WEIZSÄCKER-WILLIAMS-Methode der äquivalenten Photonen diskutiert und eine erweiterte Anwendung auf die Beschreibung des Eikonal-Austauschs vorgestellt. Die Behandlung der Elektronstreuung im Feld zweier ultrarelativistischer Ionen erlaubt ebenfalls die exakte Berechnung der zugehörigen Streulö-

sung. Es werden im einzelnen die Feldkonfigurationen zweier in einem bestimmten Bezugsystem ruhenden Ionen und zweier kollidierender Ionen betrachtet.
Der zweite Teil der Arbeit behandelt die Elektron-Positron Paarproduktion in Schwerionenkollisionen und geht auf die möglichen Methoden zur Berechnung der Paarproduktionsamplitude ein. Diese kann im allgemeinen indirekt über die Crossing-Symmetrie der Elektron-Streuamplitude durch Umdeutung der ein- und auslaufenden Zustände erhalten werden, andererseits kann die Berechnung der Amplitude direkt erfolgen. In Kapitel 5 wird anhand der analytischen Eigenschaften der Streuamplitude deren Crossing-Invarianz im Hochenergielimes diskutiert. Es zeigt sich, daß die Crossing-Invarianz verloren geht und dieser Weg zur Berechnung der Paarproduktionsamplitude nicht beschritten werden kann [59]. Das Versagen der Crossing-Invarianz macht die direkte Berechnung der Paarproduktionsamplitude erforderlich.
Die vollständige Berechnung der Amplitude in allen Ordnungen der Wechselwirkung mit beiden Ionen ist mit den derzeitig zur Verfügung stehenden Mitteln nicht möglich. Durch eine einfache Zerlegung der Amplitude werden die führenden Korrekturen zum Zwei-Photon-Graphen separiert. Sie lassen sich in logarithmischer Genauigkeit als das Produkt der Photoproduktionskorrekturen im Feld eines Kerns und der Photonverteilungsfunktion des jeweils anderen Kerns schreiben. Zum genauen Verständnis dieser Korrekturen ist Kapitel 6 daher der detaillierten Untersuchung der Photoproduktion von Leptonpaaren gewidmet. Die Amplitude für die Produktion eines Leptonpaares durch ein hochenergetisches reelles Photon im Kernfeld wird in der Impact-Faktor-Darstellung formuliert, wobei die Wechselwirkung der einzelnen Paarkonstituenten mit dem Kern durch Eikonal-Austausch beschrieben wird. Für die Paarproduktion im Feld einer Punktladung wird die exakte Übereinstimmung dieser störungstheoretischen Darstellungsweise mit der Formulierung der Amplitude durch FURRY-SOMMERFELD-MAUE-Wellenfunktionen nachgewiesen [93, 98] und die sich ergebenden COULOMB-Korrekturen zum BETHE-HEITLER-Querschnitt analytisch berechnet. Zusätzliche Modifikationen des Wirkungsquerschnitts durch Effekte einer endlichen Kernausdehnung werden mit numerischen Methoden bestimmt. Es treten Kohärenzphänomene des Mehrphotonen-Austauschs auf, die sich qualitativ durch den Eikonal-Formfaktor des Kerns erklären lassen [60].
In Kapitel 7 werden schließlich die Korrekturen höherer Ordnung zum Wirkungsquerschnitt der Paarproduktion in ultrarelativistischen Schwerionenkollisionen berechnet. Neben der Abschätzung über die Korrekturen zum Photoproduktionsquerschnitt im Rahmen der WEIZSÄCKER-WILLIAMS-Methode [60] wird die Möglichkeit diskutiert, die im ersten Teil der Arbeit bestimmte, exakte Elektron-Streuamplitude im Feld kollidierender Schwerionen durch eine geeignete Transformation in eine Paarproduktionsamplitude zu überführen, in der das auslaufende Positron durch eine Wellenfunktion mit der *falschen* Asymptotik beschrieben wird, nämlich durch auslaufende Kugelwellen. Wegen der Vollständigkeit der ein- und auslaufenden Zustände kann diese Amplitude zur Bestimmung des totalen Wirkungsquerschnitts dienen [59, 106]. Die erhaltenen Korrekturen bestätigen die Ergebnisse in [94] zur Elektron-Positron Paarproduktion. Für die Produktion von Myon- und Tau-Paaren werden unter expliziter Berücksichtigung der Kernladungsverteilung Vorhersagen getroffen.

Teil I

Elektronpropagation

Kapitel 2

Coulomb-Streuung im ultrarelativistischen Grenzfall

2.1 Die Bewegung von Dirac-Teilchen in einem Coulomb-Feld

2.1.1 Dirac-Gleichung in temporaler Eichung

Die vollständige Beschreibung der Bewegung eines Elektrons im Feld eines Ions verlangt die Lösung komplizierter gekoppelter Differentialgleichungen, die mathematisch die Bewegung des Elektrons im Feld des Ions, den Einfluß der Elektronbewegung auf das Ion und die Rückwirkung der geänderten Feldkonfiguration auf die Elektronbewegung darstellen. Bei sehr hohen Stoßenergien kann die Bewegung des Ions semiklassisch genähert werden. Rückstoßeffekte des Elektrons auf das Ion können näherungsweise vernachlässigt werden und das Ion wird auf einer geraden, klassischen Trajektorie propagiert. Dies führt zu einer Entkopplung der Differentialgleichungen. In dieser sogenannten äußeren-Feld-Näherung wird die Elektronbewegung durch die Dirac-Gleichung mit einem Potential A^μ beschrieben:

$$[\not{p} - \not{A} - m]\,\psi = 0 \quad . \tag{2.1}$$

Hierbei sind $\hbar = c = 1$, die Elementarladung des Elektrons wurde im Vektorpotential A^μ absorbiert.
Ein freies Elektron wird durch die Bewegungsgleichung

$$(\not{p} - m)\psi = 0 \tag{2.2}$$

beschrieben, mit

$$\not{p} = \gamma_\mu p^\mu = \gamma_0 p_0 - \gamma_0 \vec{\alpha} \cdot \vec{p} \tag{2.3}$$

Hierbei sind

$$\gamma_0 = \begin{pmatrix} 1\!\!1 & 0 \\ 0 & -1\!\!1 \end{pmatrix} \quad , \tag{2.4}$$

$$\alpha_i = \begin{pmatrix} 0 & \sigma_i \\ \sigma_i & 0 \end{pmatrix} \tag{2.5}$$

die DIRAC-Matrizen in Standarddarstellung und σ_i die PAULI-Matrizen. ψ ist ein vierkomponentiger Spinor, der Elektronen mit positiver und negativer Energie in jeweils zwei Spinzuständen beschreibt.
Nichttriviale Lösungen zu (2.2) erfordern eine verschwindende Determinante

$$\det(\not{p} - m) = (p^2 - m^2)^2 = 0 \quad , \tag{2.6}$$

was auf die Massenschalenbedingung für freie Teilchen führt.
In der Ortsraumdarstellung stellt (2.1) die Differentialgleichung

$$(\mathrm{i}\not{\nabla} - m)\psi = \not{A}\psi \tag{2.7}$$

dar. Die formale Lösung is durch die LIPPMANN-SCHWINGER-Gleichung gegeben,

$$\psi(x) = \phi(x) + \int \mathrm{d}^4 y G(x-y)\not{A}(y)\psi(y) \quad , \tag{2.8}$$

mit G der GREENschen Funktion zur inhomogenen DIRAC-Gleichung (2.7) und $\phi(x)$ der Lösung des zugehörigen homogenen Systems. Hier kann man einen Impuls-Eigenzustand (ebene Welle) wählen

$$\phi(x) = \sqrt{\frac{m}{\mid p_0 \mid}} w(p) e^{-\mathrm{i}px} \quad . \tag{2.9}$$

$w(p)$ kann in die Elektronen- und Positronen-Einheitsspinoren $u(p)$ und $v(p)$ zerlegt werden, $u(p)$ ist gemäß $\overline{u}(p)u(p) = u^\dagger(p)\gamma_0 u(p) = 1$ normiert (gleichsam $v(p)$). Entsprechend $(\mathrm{i}\not{\nabla} - m)^{-1} = \int \mathrm{d}^4 y G(x-y)\circ$ lautet die GREENsche Funktion für die Ausbreitung eines DIRAC-Teilchens im Impulsraum

$$(\not{p} - m)^{-1} = \frac{\not{p} + m}{p^2 - m^2 + \mathrm{i}\epsilon} \quad . \tag{2.10}$$

(2.10) wird als FEYNMAN-Propagator $S_F(p)$ bezeichnet. Der Term $+\mathrm{i}\epsilon$ sorgt dafür, daß sich Elektronen vorwärts und Positronen rückwärts in der Zeit bewegen. Mit (2.10) und den Projektionsoperatoren zu positiver und negativer Energie

$$\Lambda_\pm(p) = \frac{\pm\not{p} + m}{2m} \tag{2.11}$$

findet man

$$G(x-y) = -\mathrm{i}\int \frac{\mathrm{d}^3 p'}{(2\pi)^3}\left(\frac{m}{p'_0}\right)\left[\Lambda_+(p')e^{-\mathrm{i}p'(x-y)}\theta(x_0 - y_0) + \Lambda_-(p')e^{\mathrm{i}p'(x-y)}\theta(y_0 - x_0)\right] \quad . \tag{2.12}$$

$\theta(x) = \frac{1}{2}\left(\mathrm{sgn}(x) + 1\right)$ bezeichnet die HEAVISIDEsche Sprungfunktion. Durch Einsetzen in (2.8) erhält man schließlich [25]

$$\psi(x) = \phi(x) + \int \frac{\mathrm{d}^3 p'}{(2\pi)^3} \sum_s \phi(x) \left[-\mathrm{i}\varepsilon \int \mathrm{d}^4 y \overline{\phi}(y)\not{A}(y)\psi(y)\right] \quad , \tag{2.13}$$

wobei die Vollständigkeitsrelation der Einheitsspinoren zu positiver und negativer Energie ausgenutzt wurde. ε nimmt für asymptotische Lösungen positiver Energie in der Zukunft bzw. negativer Energie in der Vergangenheit die Werte $+1$ und -1 an, die Summe läuft jeweils über die beiden möglichen Spinzustände s. Die Koeffizienten dieser Entwicklung nach ebenen Wellen werden mit den S-Matrixelementen der Streuung identifiziert

$$S(p',p) = (2\pi)^3 \delta(\vec{p}' - \vec{p})\delta_{s's} - \mathrm{i}\varepsilon \int \mathrm{d}^4 y \bar{\phi}(y) A\!\!\!/(y)\psi(y) \tag{2.14}$$

Die Subtraktion der ungestreuten Welle ergibt die T-Matrix der Streuung

$$S(p',p) = (2\pi)^3 \delta(\vec{p}' - \vec{p})\delta_{s's} - \mathrm{i}T(p',p) \tag{2.15}$$

Im Inertialsystem, in dem sich das Ion mit der Geschwindigkeit β in negative z-Richtung bewegt, erhält man durch LORENTZ-Transformation für das Vektorpotential A^μ

$$\begin{aligned} A_0 &= -\frac{Z\alpha\gamma}{\sqrt{\gamma^2(z+\beta t)^2 + \vec{x}_\perp^2}} \quad , \\ A^3 &= -\beta A_0 \quad , \\ \vec{A}_\perp &= 0 \quad . \end{aligned} \tag{2.16}$$

Für die Lösung der Bewegungsgleichung in den folgenden Abschnitten ist es zweckmäßig, die Wechselwirkung in temporaler Eichung zu formulieren, $A_0' \equiv 0$, (siehe Anhang A.5):

$$\left[\gamma_0 \mathrm{i}\partial_t + \gamma^3 \left(\mathrm{i}\partial_z - \frac{1}{\beta^2\gamma^2} A^3\right) + \mathrm{i}\vec{\gamma}_\perp \cdot (\vec{\nabla}_\perp + \vec{\nabla}_\perp \ln\varphi) - m\right]\tilde{\psi} = 0 \tag{2.17}$$

$\tilde{\psi} = \psi/\varphi$. Die Eichphase, die zur temporalen Eichung führt, lautet

$$\varphi(x)^{-1} = e^{\mathrm{i}\int_{-\infty}^{t} \mathrm{d}t' A_0(t',\vec{x})} \quad . \tag{2.18}$$

Das Integral im Exponenten ist divergent, was auf die Divergenz der COULOMB-Streuphase zurückzuführen ist (siehe folgenden Abschnitt).
Im Limes $\gamma \to \infty$ ist die Wechselwirkung rein transversal. Für endliche γ ist der longitudinale Anteil der Wechselwirkung mit $1/\gamma^2$ unterdrückt. Das transversale Vektorpotential ist das negative Zeit-Integral über das transversale elektrische Feld $\vec{E}_\perp$.

$$\begin{aligned} \vec{A}'_\perp(x) &= \mathrm{i}\vec{\nabla}_\perp \ln\phi \quad , \\ &= \int_{-\infty}^{t} \mathrm{d}t' \vec{\nabla}_\perp A_0(t',\vec{x}) = -\int_{-\infty}^{t} \mathrm{d}t' \vec{E}_\perp(t',\vec{x}) \quad , \end{aligned} \tag{2.19}$$

$\vec{A}'_\perp(x)$ lautet im Impulsraum mit $k = (\omega, \vec{k})$

$$\begin{aligned} \vec{A}'_\perp(k) &= \int \mathrm{d}^4 x e^{\mathrm{i}kx}\, \vec{\nabla}_\perp \int_{-\infty}^{t} \mathrm{d}t' \frac{-\gamma Z\alpha}{\sqrt{\gamma^2(z+\beta t')^2 + \vec{x}_\perp^2}} \quad , \\ &= -2(2\pi)^2 \frac{\vec{k}_\perp}{\omega} \frac{Z\alpha\delta(\omega + \beta k_3)}{\left(\frac{k_3}{\gamma}\right)^2 + \vec{k}_\perp^2} \quad . \end{aligned} \tag{2.20}$$

Die erste BORNsche Näherung der Streuamplitude mit diesem Potential führt unter bestimmten Voraussetzungen für den Impulsübertrag direkt auf die WEIZSÄCKER-WILLIAMS-Näherung der äquivalenten Photonen (siehe Abschnitt 2.7) [12, 56].
Mit (2.20) und (2.17) lautet die notwendige Bedingung, daß die longitudinale Komponente des Vektorpotentials vernachlässigt werden darf

$$k_\perp \gg \frac{\omega}{\gamma^2} \quad . \tag{2.21}$$

2.1.2 Das COULOMB-Potential im Grenzfall unendlicher Streuenergie

Es läßt sich leicht zeigen, daß das transversale Vektorpotential endlich ist und im Limes $\gamma \to \infty$ über $\theta(z+t)$ von der z-Koordinate und der Zeit t abhängt:

$$\begin{aligned}
\lim_{\gamma\to\infty} \vec{A}'_\perp &= \lim_{\gamma\to\infty} \frac{\vec{x}_\perp}{\gamma^2} \int_{-\infty}^{t} \mathrm{d}t' \frac{Z\alpha}{\sqrt{(z+\beta t)^2 + \frac{x_\perp^2}{\gamma^2}}^{3}} \quad , \\
&= \lim_{\gamma\to\infty} Z\alpha \frac{\vec{x}_\perp}{\beta x_\perp^2} \left(\frac{z+\beta t}{\sqrt{\frac{x_\perp^2}{\gamma^2} + (z+\beta t)^2}} + 1 \right) \quad , \\
&= 2Z\alpha \frac{\vec{x}_\perp}{x_\perp^2} \theta(z+t) \quad .
\end{aligned} \tag{2.22}$$

Damit ergibt sich für den skalaren Anteil des ursprünglichen Vektorpotentials gemäß (2.19)

$$A_0 = 2Z\alpha\delta(z+t)\ln x_\perp + \mathcal{C}(t,z) \tag{2.23}$$

mit einer unbestimmten Funktion $\mathcal{C}(t,z)$ und die Eichphase lautet folglich

$$\varphi(x)^{-1} = e^{\mathrm{i}2Z\alpha\theta(t+z)\ln x_\perp + \mathrm{i}\int_{-\infty}^{t} \mathrm{d}t'\mathcal{C}(t',z)} \quad , \tag{2.24}$$

wobei nun $\int_{-\infty}^{t} \mathrm{d}t'\mathcal{C}$ der divergente Anteil ist. Durch eine weitere Eichtransformation kann dieser Anteil eliminiert werden:

$$\tilde{\psi}' = e^{-\mathrm{i}\int_{-\infty}^{t} \mathrm{d}t'\mathcal{C}}\, \tilde{\psi} = e^{\mathrm{i}2Z\alpha\theta(t+z)\ln x_\perp}\psi \quad , \tag{2.25}$$

mit $\tilde{\psi}$ aus (2.17). Diese Eichtransformation wurde zuerst in von AICHELBURG und SEXL [4] angewandt. Die Auslöschung der COULOMB-Phase liefert ein kurzreichweitiges Potential und läßt als asymptotische Lösungen des Streuproblems ebene Wellen zu [53].
Die Eichung (2.25) liefert im Grenzfall $\gamma \to \infty$ das Potential

$$A'_0 = 2Z\alpha\delta(z+t)\ln x_\perp \quad . \tag{2.26}$$

Das Auftreten des logarithmischen Terms im asymptotischen Ausdruck des Potentials folgt direkt aus der inhomogenen MAXWELL-Gleichung in LORENTZ-Eichung, die sich im ultrarelativistischen Limes auf eine zweidimensionale POISSON-Gleichung reduziert.

Die Gültigkeitsbedingung für (2.26), $x_\perp \ll \gamma/\omega$ (Anhang A.6), impliziert die Transversalität des Vektorpotentials in temporaler Eichung, da die Bedingung $x_\perp \ll \gamma^2/\omega$ (2.21) trivialerweise erfüllt ist. Eine physikalische Interpretation dieser Gültigkeitsbedingung ist in Abschnitt 2.2.3 gegeben.

2.2 Nichtstörungstheoretische Ansätze

2.2.1 Lösung über die Stetigkeitsbedingung der Wellenfunktion am Lichtkegel

Für die folgenden Betrachtungen schreiben wir die ursprüngliche DIRAC-Gleichung (2.1) mit dem kurzreichweitigen Vektorpotential A_0' (2.26) in der Darstellung:

$$\left[\mathrm{i}\partial_t + \vec{\alpha}\cdot\mathrm{i}\vec{\nabla} - \gamma_0 m - (\mathbb{1} + \beta\alpha_3)A_0\right]\psi = 0 \quad . \tag{2.27}$$

Zur kürzeren Notation werden die Striche am Potential und an der Wellenfunktion im folgenden weggelassen. Im Limes $\beta \to 1$ wird die Matrixstruktur der Wechselwirkung $(\mathbb{1} + \beta\alpha_3)$ zu einem Projektionsoperator [100, 126]. Gemäß

$$2\psi = (\mathbb{1} + \alpha_3)\psi + (\mathbb{1} - \alpha_3)\psi = \psi_+ + \psi_- \tag{2.28}$$

kann der HILBERT-Raum in zwei orthogonale Teilräume zerlegt werden, die kausal entkoppelt sind (siehe Anhang A.2).

Wir schreiben die DIRAC-Gleichung in Lichtkegelvariablen, die durch $x_\pm = (t \pm z)/2$ definiert sind [34]. Mit (2.28) lautet das Streuproblem im Grenzfall $\beta \to 1$ ($V_\perp = 2Z\alpha \ln x_\perp$)

$$\left(\mathrm{i}\partial_{x_+} - \delta(x_+)V_\perp\right)\psi_+ + \left(\mathrm{i}\vec{\alpha}_\perp\cdot\vec{\nabla}_\perp - \gamma_0 m\right)\psi_- = -\mathrm{i}\partial_{x_-}\psi_- - \left(\mathrm{i}\vec{\alpha}_\perp\cdot\vec{\nabla}_\perp - \gamma_0 m\right)\psi_+ \quad . \tag{2.29}$$

Mit (2.4) und (2.5) können die vier Gleichungen (2.29) umgeordnet werden

$$\begin{aligned}&\left[\begin{pmatrix}\mathbb{1} & 0\\ 0 & 0\end{pmatrix}\left(\mathrm{i}\partial_{x_+} - \delta(x_+)V_\perp\right) + \begin{pmatrix}0 & 0\\ 0 & \mathbb{1}\end{pmatrix}\mathrm{i}\partial_{x_-} - m\begin{pmatrix}0 & \mathbb{1}\\ \mathbb{1} & 0\end{pmatrix}\right.\\ &\left.+\mathrm{i}\partial_x\begin{pmatrix}0 & -\sigma_y\\ \sigma_y & 0\end{pmatrix} + \mathrm{i}\partial_y\begin{pmatrix}0 & -\mathrm{i}\sigma_x\\ \mathrm{i}\sigma_x & 0\end{pmatrix}\right]\hat{\psi} = 0 \quad ,\end{aligned} \tag{2.30}$$

wobei

$$\hat{\psi} = \begin{pmatrix}\psi_1 + \psi_3\\ \psi_2 - \psi_4\\ \psi_1 - \psi_3\\ \psi_2 + \psi_4\end{pmatrix} \quad . \tag{2.31}$$

Dies entspricht einer linearen Transformation [126]

$$\Lambda = \begin{pmatrix}\mathbb{1} & \sigma_z\\ \mathbb{1} & -\sigma_z\end{pmatrix} \quad . \tag{2.32}$$

Diese überführt die Spinorkomponenten $\psi_\pm$ in zwei jeweils zweikomponentige Spinoren

$$G_+ = \Lambda\psi_+ = 2\begin{pmatrix} \psi_1 + \psi_3 \\ \psi_2 - \psi_4 \\ 0 \\ 0 \end{pmatrix} \quad , \tag{2.33}$$

$$G_- = \Lambda\psi_- = 2\begin{pmatrix} 0 \\ 0 \\ \psi_1 - \psi_3 \\ \psi_2 + \psi_4 \end{pmatrix} \quad , \tag{2.34}$$

so daß die kausal entkoppelten Komponenten der Elektronwellenfunktion separieren und es gilt

$$\hat{\psi} = \frac{1}{2}\begin{pmatrix} G_+ \\ G_- \end{pmatrix} \quad . \tag{2.35}$$

Die *Lichtkegeldarstellung* der DIRAC-Gleichung [126] kann somit als die natürliche Darstellung der DIRAC-Gleichung im Hochenergielimes betrachtet werden. Für G_+ und G_- lauten nun die Bewegungsgleichungen

$$\begin{aligned} \left(\mathrm{i}\partial_{x_+} - \delta(x_+)V_\perp)\right) G_+ + \left(-\mathrm{i}\partial_x\sigma_y + \partial_y\sigma_x - m\right) G_- &= 0 \\ \mathrm{i}\partial_{x_-} G_- - \left(-\mathrm{i}\partial_x\sigma_y + \partial_y\sigma_x + m\right) G_+ &= 0 \quad . \end{aligned} \tag{2.36}$$

Da beide Gleichungen jeweils Null sind und Λ ein Isomorphismus ist, muß jede Seite von (2.29) verschwinden. An der durch $t = -z$ definierten Hyperfläche ist ψ_+ aufgrund des δ-förmigen Potentials unstetig, was sich leicht durch die Anwendung von $\lim_{\epsilon\to 0}\int_{-\epsilon}^{\epsilon} \mathrm{d}x_+$ auf beide Seiten der Gleichung (2.29) zeigen läßt. In temporaler Eichung ist $\tilde{\psi}_+$, definiert durch $e^{\mathrm{i}2Z\alpha\theta(z+t)\ln x_\perp}\psi_+$, jedoch stetig am Lichtkegel $x_+ = 0$ [95, 126]. Wir können also die ebene Wellen-Lösung in den Raumbereichen I und II (Abbildung 2.1) durch die Bedingung

$$\tilde{\psi}_+(x_+ = 0^+) = e^{\mathrm{i}2Z\alpha\ln x_\perp}\psi_+(x_+ = 0^+) = \psi_+(x_+ = 0^-) = \tilde{\psi}_+(x_+ = 0^-) \tag{2.37}$$

miteinander verbinden und man findet

$$\psi_+(x_+ = 0^+) = e^{-\mathrm{i}2Z\alpha\ln x_\perp}\psi_+(x_+ = 0^-) \quad . \tag{2.38}$$

Mit Gleichung (2.8) können wir nun die vollständige Lösung des Streuproblems konstruieren. Durch die Stetigkeitsbedingung am Lichtkegel haben wir die exakte Lösung für ψ_+ gefunden. Wir können aufgrund der Projektionseigenschaft der Matrixstruktur der Wechselwirkung in (2.8) den Index (+) weglassen:

$$\psi(x) = \phi(x) + \int \mathrm{d}^4y G(x-y)\frac{1}{2}\delta(y_+)2Z\alpha\ln y_\perp(\mathbb{1} + \alpha_3)e^{-\mathrm{i}2Z\alpha\theta(y_+)\ln y_\perp}\phi(y) \quad . \tag{2.39}$$

Hier ist $\phi(y)$ die einlaufende Welle, die in Raumbereich I ($x_+ < 0$) mit der exakten Lösung ψ übereinstimmt. Die Distribution $\delta(y_+)2Z\alpha\ln y_\perp e^{-\mathrm{i}2Z\alpha\theta(y_+)\ln y_\perp}$ ist nur unter einem Integral definiert, so daß wir schreiben können

$$\delta(y_+)2Z\alpha\ln y_\perp e^{-\mathrm{i}2Z\alpha\theta(y_+)\ln y_\perp} = \mathrm{i}\delta(y_+)\left(e^{-\mathrm{i}2Z\alpha\ln y_\perp} - 1\right) \quad . \tag{2.40}$$

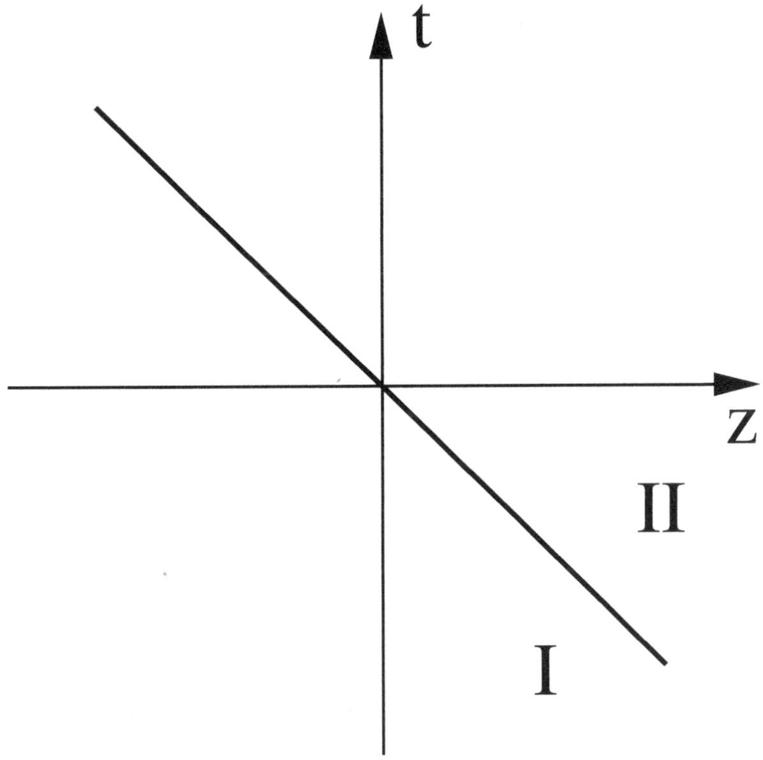

Abbildung 2.1: Die Trajektorie des Ions entlang des positiven Lichtkegels

Diese Identität gilt für die Anwendung der Distribution auf alle Testfunktionen, die an den Rändern des Integrationsgebietes verschwinden. Ferner benutzen wir die FOURIER-Darstellung der GREENschen Funktion

$$G(x-y) = \int \frac{\mathrm{d}^4k}{(2\pi)^4} \frac{k_0 + \vec{\alpha}\cdot\vec{k} + \gamma_0 m}{k^2 - m^2 + \mathrm{i}\epsilon} e^{-\mathrm{i}k(x-y)} \quad . \tag{2.41}$$

Diese GREENsche Funktion bezieht sich auf die DIRAC-Gleichung in der Form (2.27), ist also gegenüber (2.10) mit γ_0 multipliziert.
Mit Lichtkegelimpulsen $k_\pm = k_0 \pm k_3$ ergibt sich eingesetzt in (2.39)

$$\begin{aligned}
\psi(x) &= \phi(x) + \int \mathrm{d}y_-\mathrm{d}y_+\mathrm{d}^2y_\perp \int \frac{\mathrm{d}k_+\mathrm{d}k_-\mathrm{d}^2k_\perp}{(2\pi)^4} \\
&\quad \frac{\frac{1}{2}((1\!\!1+\alpha_3)k_+ + (1\!\!1-\alpha_3)k_-) + \vec{\alpha}_\perp\cdot\vec{k}_\perp + \gamma_0 m}{k_+k_- - k_\perp^2 - m^2 + \mathrm{i}\epsilon} e^{-\mathrm{i}k_+(x_- - y_-) - \mathrm{i}k_-(x_+ - y_+) + \mathrm{i}\vec{k}_\perp\cdot(\vec{x}_\perp - \vec{y}_\perp)} \\
&\quad (1\!\!1+\alpha_3)\mathrm{i}\frac{1}{2}\delta(y_+)\left(e^{-\mathrm{i}2Z\alpha\ln y_\perp} - 1\right) e^{-\mathrm{i}p_{i+}y_- - \mathrm{i}p_{i-}y_+ + \mathrm{i}\vec{p}_{i\perp}\cdot\vec{y}_\perp} \sqrt{\frac{m}{p_{i0}}} u(p_i) \quad , \qquad (2.42) \\
&= \phi(x) + \frac{\mathrm{i}}{2} \int \frac{\mathrm{d}k_-\mathrm{d}^2k_\perp}{(2\pi)^3} e^{-\mathrm{i}p_{i+}x_- - \mathrm{i}k_-x_+ + \mathrm{i}\vec{k}_\perp\cdot\vec{x}_\perp} \\
&\quad \int \mathrm{d}^2y_\perp e^{\mathrm{i}\vec{y}_\perp\cdot(\vec{p}_{i\perp} - \vec{k}_\perp)} \left(e^{-\mathrm{i}2Z\alpha\ln y_\perp} - 1\right)
\end{aligned}$$

$$\frac{\frac{1}{2}(1\!\!1 + \alpha_3)p_{i+} + \vec{\alpha}_\perp \cdot \vec{k}_\perp + \gamma_0 m}{p_{i+}k_- - k_\perp^2 - m^2 + \mathrm{i}\epsilon}(1\!\!1 + \alpha_3)\sqrt{\frac{m}{p_{i0}}}u(p_i) \quad , \tag{2.43}$$

$$= \phi(x) + \frac{1}{2}\int \frac{\mathrm{d}^2 k_\perp}{(2\pi)^2} e^{-\mathrm{i}p_{i+}x_- - \mathrm{i}(k_\perp^2+m^2)/p_{i+}x_+ + \mathrm{i}\vec{k}_\perp\cdot\vec{x}_\perp}$$
$$\int \mathrm{d}^2 y_\perp e^{\mathrm{i}\vec{y}_\perp\cdot(\vec{p}_{i\perp}-\vec{k}_\perp)} \left(e^{-\mathrm{i}2Z\alpha\theta(x_+)\ln y_\perp} - 1\right)$$
$$\left[(1\!\!1 + \alpha_3) + \frac{(\vec{\alpha}_\perp \cdot \vec{k}_\perp + \gamma_0 m)(1\!\!1 + \alpha_3)}{p_{i+}}\right]\sqrt{\frac{m}{p_{i0}}}u(p_i) \quad , \tag{2.44}$$

$$= \frac{1}{2}\int \frac{\mathrm{d}^2 k_\perp}{(2\pi)^2} e^{-\mathrm{i}p_{i+}x_- - \mathrm{i}(k_\perp^2+m^2)/p_{i+}x_+ + \mathrm{i}\vec{k}_\perp\cdot\vec{x}_\perp}$$
$$\int \mathrm{d}^2 y_\perp e^{\mathrm{i}\vec{y}_\perp\cdot(\vec{p}_{i\perp}-\vec{k}_\perp)} e^{-\mathrm{i}2Z\alpha\theta(x_+)\ln y_\perp}$$
$$\left[(1\!\!1 + \alpha_3) + \frac{(\vec{\alpha}_\perp \cdot \vec{k}_\perp + \gamma_0 m)(1\!\!1 + \alpha_3)}{p_{i+}}\right]\sqrt{\frac{m}{p_{i0}}}u(p_i) \quad . \tag{2.45}$$

In Gleichung (2.44) wurde der Residuensatz benutzt und die k_- Integrationskontur in der unteren Halbebene geschlossen. Dazu wurde $p_{i+} > 0$ (Elektron im Eingangskanal) und $x_+ > 0$ (Propagation in Region II, Abbildung 2.1) angenommen. Weiterhin wurde mit der dadurch auftretenden Sprungfunktion $\theta(x_+)$ die Identität

$$\theta(x_+)\left(e^{-\mathrm{i}2Z\alpha\ln x_\perp} - 1\right) = e^{-\mathrm{i}2Z\alpha\theta(x_+)\ln x_\perp} - 1 \tag{2.46}$$

ausgenutzt. Der Wert von p_{i+} bleibt beim Durchgang durch den Lichtkegel unverändert. Für Gleichung (2.45) benutzen wir, daß nach (2.29) jenseits des Lichtkegels die Gleichungen

$$\begin{aligned} \mathrm{i}\partial_{x_+}\psi_+ &= -(\mathrm{i}\vec{\alpha}_\perp \cdot \vec{\nabla}_\perp - \gamma_0 m)\psi_- \\ \mathrm{i}\partial_{x_-}\psi_- &= -(\mathrm{i}\vec{\alpha}_\perp \cdot \vec{\nabla}_\perp - \gamma_0 m)\psi_+ \end{aligned} \tag{2.47}$$

gelten. Für die oben behandelte Streuung eines Elektrons an einem Ion auf dem positiven Lichtkegel kann der Operator $\mathrm{i}\partial_{x_-}$ durch seinen Eigenwert p_{i+} ersetzt werden. Die beiden Terme in eckigen Klammern in (2.45) stellen also die + bzw. − Komponente des Spinors dar, die zusammen gemäß (2.28) den Gesamtspinor bilden. Der Term ~ -1 in (2.44) hebt sich daher gegen den freien Spinor $\phi(x)$ weg (siehe auch Anhang A.1, Gleichung (A.14)). Die Wellenfunktion (2.45) beschreibt asymptotisch eine ebene Welle und eine auslaufende Kugelwelle [122] und entspricht der Eikonal-Näherung (siehe z.B. [1, 44, 67, 74, 95, 108, 114, 130, 132, 139, 143]). Sie ist der führende Term in einer Entwicklung der Teilchenbewegung um die klassische, extremale Trajektorie und ist in der Hochenergiestreuung für den Fall gültig, daß der Impulsübertrag relativ zur Streuenergie verschwindet. Mit zunehmenden Impulsübertrag müssen weitere Terme der sogenannten *Eikonal-Entwicklung* hinzugenommen werden [1, 108, 130, 139, 143] (siehe auch Abschnitt 2.2.2).

Der Beweis, daß die gefundene Wellenfunktion die DIRAC-Gleichung löst, ist außerhalb des Lichtkegels trivial, da nach (2.47) nachprüfbar

$$\partial_{x_+}\partial_{x_-}\psi_\pm = (\Delta_\perp - m^2)\psi_\pm \tag{2.48}$$

gilt. Der Beweis für den gesamten Raumbereich erfordert nun nur noch den Nachweis, daß sich der singuläre Potentialterm in der DIRAC-Gleichung gegen die Ableitung des Eikonal-Ausdrucks $e^{-\mathrm{i}2Z\alpha\theta(x_+)\ln y_\perp}$ nach der positiven Lichtkegelvariable weghebt. Dazu muß nur beachtet werden, daß an der Stelle $x_+ = 0$ die $k_\perp$-Integration ausgeführt werden kann, womit die Behauptung direkt folgt.
Mit der exakten Wellenfunktion erhält man die Eikonal-T-Matrix

$$\begin{aligned} T(p_f, p_i) &= \int \frac{\mathrm{d}^2 k_\perp}{(2\pi)^2} \int \mathrm{d}y_+ \mathrm{d}y_- \mathrm{d}^2 y_\perp e^{\mathrm{i}y_-(p_{f+}-p_{i+})+\mathrm{i}y_+(p_{f-}-(k_\perp^2+m^2)/p_{i+})-\mathrm{i}\vec{y}_\perp\cdot(\vec{p}_{f\perp}-\vec{k}_\perp)} \\ &\quad \times \int \mathrm{d}^2 x_\perp e^{\mathrm{i}\vec{x}_\perp\cdot(\vec{p}_{i\perp}-\vec{k}_\perp)} \delta(y_+) 2Z\alpha \ln y_\perp e^{-\mathrm{i}2Z\alpha\theta(y_+)\ln x_\perp} \\ &\quad \times \frac{m}{\sqrt{p_{f0}p_{i0}}} u^\dagger(p_f)(1\!\!1 + \alpha_3) u(p_i) \\ &= \mathrm{i}2\pi\delta(p_{f+} - p_{i+}) \int \mathrm{d}^2 x_\perp e^{-\mathrm{i}\vec{x}_\perp\cdot(\vec{p}_{f\perp}-\vec{p}_{i\perp})} \left(e^{-\mathrm{i}2Z\alpha\ln x_\perp} - 1\right) \\ &\quad \times \frac{m}{\sqrt{p_{f0}p_{i0}}} u^\dagger(p_f)(1\!\!1 + \alpha_3) u(p_i) \end{aligned} \tag{2.49}$$

Aufgrund der δ-Funktion von y_+ konnte die $\vec{k}_\perp$-Integration direkt ausgeführt und das Resultat weiter mit (2.40) vereinfacht werden. Mit dem S-Matrixelement für die ungestreute Welle (siehe Anhang A.1) ergibt sich für die Eikonal-Streumatrix

$$S(p_f, p_i) = 2\pi\delta(p_{f+} - p_{i+}) \int \mathrm{d}^2 x_\perp e^{-\mathrm{i}\vec{x}_\perp\cdot(\vec{p}_{f\perp}-\vec{p}_{i\perp})} e^{-\mathrm{i}2Z\alpha\ln x_\perp} \frac{m}{\sqrt{p_{f0}p_{i0}}} u^\dagger(p_f)(1\!\!1 + \alpha_3) u(p_i) \tag{2.50}$$

Für alternative Herleitungen sei auf die zahlreiche Literatur (siehe oben) und die folgenden Abschnitte verwiesen.
Die oben vorgestellte Methode, die exakte Wellenfunktion durch Aneinanderfügen der freien Lösungen beidseitig der singulären Wechselwirkung, ist zu der Beschreibung der Elektronpropagation in der AICHELBURG-SEXL Metrik äquivalent [4, 89, 95] (siehe Anhang A.7), die zur Beschreibung des Gravitationsfeldes eines masselosen Teilchens eingeführt wurde.

2.2.2 FURRY-SOMMERFELD-MAUE Wellenfunktionen

Wir begeben uns in das System, in dem das Streuzentrum ruht. Die DIRAC-Gleichung lautet

$$(\mathrm{i}\partial_t + \mathrm{i}\vec{\alpha}\cdot\vec{\nabla} - \gamma_0 m)\psi = A_0\psi \quad . \tag{2.51}$$

Wir leiten zunächst die klassische Eikonal-Näherung her und berechnen im folgenden Korrekturen zu diesem Ergebnis, die auf die FURRY-SOMMERFELD-MAUE (FSM)-Wellenfunktionen führen [70, 104]. In Lichtkegelkoordinaten lautet die DIRAC-Gleichung

$$\left[\mathrm{i}\frac{1}{2}\partial_{x_+}(1\!\!1 + \alpha_3) + \mathrm{i}\frac{1}{2}\partial_{x_-}(1\!\!1 - \alpha_3) + \mathrm{i}\vec{\alpha}_\perp\cdot\vec{\nabla}_\perp - \gamma_0 m\right]\psi = A_0\psi \quad . \tag{2.52}$$

Im Hochenergielimes ist $\mathrm{i}\partial_{x_-}\psi \simeq p_{i+}\psi$, $p_{i+} \to \infty$. Damit folgt (siehe auch (A.20))

$$(\mathbb{1} - \alpha_3)\psi \simeq 0 \quad . \tag{2.53}$$

Die Multiplikation von (2.52) mit $(\mathbb{1} + \alpha_3)$ führt unter dieser Näherung mit den Antikommutationseigenschaften der DIRAC-Matrizen auf

$$\mathrm{i}\partial_{x_+}(\mathbb{1} + \alpha_3)\psi \simeq A_0(\mathbb{1} + \alpha_3)\psi \quad . \tag{2.54}$$

Mit der einlaufenden Welle $\psi_0 \sim e^{-\mathrm{i}p_{i+}x_-}\sqrt{m/p_{i0}}u(p_i)$ erhält man so für die Wellenfunktion

$$\psi \sim e^{-\mathrm{i}p_{i+}x_-}e^{-\mathrm{i}\int_{-\infty}^{x_+}\mathrm{d}x'_+A_0}\sqrt{\frac{m}{p_{i0}}}u(p_i) \quad . \tag{2.55}$$

Es ist möglich, diese Näherung noch zu verbessern. Da das Potential zeitunabhängig ist, kann das Streuproblem durch die stationäre DIRAC-Gleichung beschrieben werden:

$$(p_{i0} + \mathrm{i}\vec{\alpha}\cdot\vec{\nabla} - \gamma_0 m)\psi = A_0\psi \quad . \tag{2.56}$$

Durch Anwendung des Operators $(p_{i0} - \mathrm{i}\vec{\alpha}\cdot\vec{\nabla} + \gamma_0 m - A_0)$ wird die DIRAC-Gleichung in eine Differentialgleichung zweiter Ordnung überführt:

$$(\Delta + |\vec{p}_i|^2 - 2p_{i0}A_0)\psi = (-\mathrm{i}\vec{\alpha}\cdot\vec{\nabla}A_0 - A_0^2)\psi \quad . \tag{2.57}$$

Nimmt man analog zu (2.53) an, daß $p_{i0} \approx p_{i+}/2 \gg A_0$, was einer Beschränkung auf große Abstände, d.h. große Drehimpulse, gleichkommt (siehe Anhang A.12), so kann die rechte Seite der Gleichung (2.57) vernachlässigt werden. Bei sehr hohen Energien des streuenden Teilchens kann davon ausgegangen werden, daß sich innerhalb einer Wellenlänge $\sim 1/p_i$ das Potential nur wenig ändert. Analog zur geometrischen Optik erwartet man für die Wellenfunktion ψ einen Ausdruck der Form $\psi(x) \sim e^{\mathrm{i}p_{iz}z}\Phi(x)$, wobei $\Phi(x)$ eine nur langsam veränderliche Funktion der Ortskoordinaten ist. Geht man mit diesem Ausdruck in (2.57) ein und benutzt $p_{iz} \sim \vec{p}_i$, ergibt sich

$$\partial_z\Phi(x) = \mathrm{i}\frac{Z\alpha}{|\vec{x}|}\Phi(x) \quad , \tag{2.58}$$

wobei der Term $\Delta\Phi(x)$ nach Voraussetzung außer Betracht gelassen werden kann. Dies führt ebenfalls auf die bekannte Eikonal-Form der Wellenfunktion (2.45), (2.55).
Nach Vernachlässigung der rechten Seite in (2.57) hat die verbleibende Gleichung die Gestalt der nichtrelativistischen SCHRÖDINGER-Gleichung zum COULOMB-Feld $A_0 = -Z\alpha/|\vec{x}|$. Die exakte Lösung, die asymptotisch eine auslaufende Kugelwelle enthält, kann sofort angegeben werden. Sie lautet [70, 104]

$$\psi = e^{\pi Z\alpha/2}\Gamma(1 - \mathrm{i}Z\alpha)e^{\mathrm{i}\vec{p}_i\cdot\vec{x}}{}_1F_1(\mathrm{i}Z\alpha, 1; \mathrm{i}|\vec{p}_i||\vec{x}|(1 - \cos\vartheta))\sqrt{\frac{m}{p_{i0}}}u(p_i) \quad . \tag{2.59}$$

Hierbei wurde $p_{i0} \approx |\vec{p}_i|$ ausgenutzt. Die konfluente hypergeometrische Funktion ${}_1F_1$ kann als eine erste Korrektur zu der Funktion $\Phi(x) \sim e^{-\mathrm{i}\int_{-\infty}^{z}\mathrm{d}zA_0}$ angesehen werden. Die

Analogie zur nichtrelativistischen Theorie folgt direkt aus der Vernachlässigbarkeit des Spins bei hohen Energien. Man sieht jedoch, daß eine kovariante Bewegungsgleichung als Grundlage für die gemachten Näherungen auf Ausdrücke $\Phi(x)$, (2.55) bzw. (2.59) führt, die im Hochenergielimes energieunabhängig sind.
Für die nächste Näherung der Wellenfunktion betrachten wir auf der rechten Seite von (2.57) den linearen Term in A_0. Man erhält so endgültig die FSM-Wellenfunktion, die über den weiteren Korrekturterm dem Spin des Elektrons Rechnung trägt:

$$\psi^{(+)} = e^{\pi Z\alpha/2}\Gamma(1-\mathrm{i}Z\alpha)e^{\mathrm{i}\vec{p}_i\cdot\vec{x}}\left(1-\mathrm{i}\frac{\vec{\alpha}\cdot\vec{\nabla}}{2p_{i0}}\right){}_1F_1(\mathrm{i}Z\alpha,1;\mathrm{i}|\vec{p}_i||\vec{x}|(1-\cos\vartheta))\sqrt{\frac{m}{p_{i0}}}u(p_i) \quad . \tag{2.60}$$

Die entsprechende Wellenfunktion, die asymptotisch eine einlaufende Kugelwelle enthält lautet:

$$\psi^{(-)} = e^{\pi Z\alpha/2}\Gamma(1+\mathrm{i}Z\alpha)e^{\mathrm{i}\vec{p}_i\cdot\vec{x}}\left(1-\mathrm{i}\frac{\vec{\alpha}\cdot\vec{\nabla}}{2p_{i0}}\right){}_1F_1(-\mathrm{i}Z\alpha,1;-\mathrm{i}|\vec{p}_i||\vec{x}|(1+\cos\vartheta))\sqrt{\frac{m}{p_{i0}}}u(p_i) \quad . \tag{2.61}$$

Mit FSM-Wellenfunktionen läßt sich die Streumatrix für die Bewegung eines Elektrons im COULOMB-Feld wie folgt ausdrücken. Zunächst schreiben wir allgemein

$$\begin{aligned} S(p_f,p_i) &= \langle f \mid \mathcal{U}(\infty,-\infty) \mid i\rangle \quad , \\ &= \langle f \mid \mathcal{U}(\infty,0)\,\mathcal{U}(0,-\infty) \mid i\rangle \quad , \\ &= \langle \psi_f \mid \psi_i\rangle \quad , \\ &= \int \mathrm{d}^3x\,\psi^{(-)\dagger}\psi^{(+)} \quad . \end{aligned} \tag{2.62}$$

$\langle f \mid$ und $\mid i\rangle$ sind Impulseigenfunktionen (ebene Wellen) und $\mathcal{U}$ ist der Zeitentwicklungsoperator. In obiger Darstellung ist die richtige Asymptotik der Anfangs- und Endzustandswellenfunktionen sofort ersichtlich (siehe auch [20, 22, 103]). Für $\psi^{(\pm)}$ werden im Hochenergielimes die FSM-Wellenfunktion (2.60) und (2.61) eingesetzt. Unter Vernachlässigung von Termen der Ordnung $\mathcal{O}(1/p_{i0}^2)$ erhält man

$$\begin{aligned} S(p_f,p_i) &= e^{\pi Z\alpha}\Gamma^2(1-\mathrm{i}Z\alpha)\frac{m}{p_{i0}}u^\dagger(p_f)u(p_i)\int \mathrm{d}^3x e^{-\mathrm{i}\vec{q}\cdot\vec{x}} \\ &\quad \times{}_1F_1(\mathrm{i}Z\alpha,1;\mathrm{i}|\vec{p}_f||\vec{x}|(1+\cos\vartheta_f))\,{}_1F_1(\mathrm{i}Z\alpha,1;\mathrm{i}|\vec{p}_i||\vec{x}|(1-\cos\vartheta_i)) \end{aligned} \tag{2.63}$$

was für kleine Impulsüberträge $\vec{q} = \vec{p}_f - \vec{p}_i$, d.h. kleine Streuwinkel, ebenfalls auf die Eikonal-Streumatrix führt [122]

$$S(p_f,p_i) = 2\pi\delta(p_{f0}-p_{i0})\int \mathrm{d}^2x_\perp e^{-\mathrm{i}\vec{q}_\perp\cdot\vec{x}_\perp}e^{-\mathrm{i}2Z\alpha\ln x_\perp}\frac{m}{p_{i0}}\overline{u}(p_f)\gamma_0 u(p_i) \quad . \tag{2.64}$$

Der Nachweis, daß dieser Ausdruck, die Streumatrix im Ruhesystem des Ions, mit (2.50) übereinstimmt, wird in Abschnitt 2.5 erbracht.

2.2.3 MAGNUS-Entwicklung

Als Ausgangspunkt für die MAGNUS-Entwicklung des Zeitentwicklungsoperators, als letzte nichtstörungstheoretische Methode dieses Kapitels, dient die Darstellung der DIRAC-Gleichung in SCHRÖDINGER-Form

$$\dot{\psi} = -\mathrm{i}\hat{H}\psi \tag{2.65}$$

mit $\hat{H}$ dem HAMILTON-Operator für die Streuung eines DIRAC-Teilchens an einem externen COULOMB-Feld, $\hat{H} = \hat{H}_0 + \hat{V}$. $\hat{H}_0$ ist der freie HAMILTON-Operator und $\hat{V}$ der Operator für die Wechselwirkung. Von (2.65) geht man über in das sogenannte Wechselwirkungsbild, mit $\tilde{\psi} = \exp(\mathrm{i}\hat{H}_0 t)\psi$,

$$\hat{V}^W(t) = e^{\mathrm{i}\hat{H}_0 t}\hat{V}e^{-\mathrm{i}\hat{H}_0 t} \quad , \tag{2.66}$$

in dem die Bewegungsgleichung folgende Form erhält

$$\dot{\tilde{\psi}} = -\mathrm{i}\hat{V}^W(t)\tilde{\psi} \quad . \tag{2.67}$$

Die iterative Lösung dieser Differentialgleichung nach dem PICARD-LINDELÖF-Verfahren führt auf die Gleichung

$$\tilde{\psi}(t) = \mathrm{T}e^{-\mathrm{i}\int_{t_0}^{t} \mathrm{d}t' \hat{V}^W(t')}\tilde{\psi}(t_0) \quad , \tag{2.68}$$

wobei der Zeitordnungsoperator T in jeder Ordnung in $\hat{V}^W$ die chronologische Reihenfolge der Operatoren sicherstellt. Eine Entwicklung des Zeitentwicklungsoperators

$$\mathcal{U}(t, t_0) = \mathrm{T}e^{-\mathrm{i}\int_{t_0}^{t} \mathrm{d}t' \hat{V}^W(t')} \tag{2.69}$$

nach Potenzen von $\hat{V}^W$ führt auf die herkömmliche störungstheoretische Beschreibung des Streuvorgangs (siehe folgenden Abschnitt). Eine alternative Behandlung von (2.69) stellt der Exponentialansatz für den Zeitentwicklungsoperator $\mathcal{U}(t, t_0)$ dar [111]

$$\mathcal{U}(t, t_0) = e^{\Omega(t)} = e^{\sum_{n=1}^{\infty} \Omega^n(t)} \tag{2.70}$$

Die einzelnen Ω^i sind dergestalt, daß sie die Wirkung von T in (2.69) widerspiegeln. Die niedrigsten Terme der MAGNUS-Entwicklung lauten [111] ($t_0 = -\infty$)

$$\begin{aligned}
\Omega^1(t) &= -\mathrm{i}\int_{-\infty}^{t} \mathrm{d}t' \hat{V}^W(t') \quad , \\
\Omega^2(t) &= \frac{(-\mathrm{i})^2}{2}\int_{-\infty}^{t} \mathrm{d}t' \int_{-\infty}^{t'} \mathrm{d}t'' \left[\hat{V}^W(t'), \hat{V}^W(t'')\right] \quad , \\
\Omega^3(t) &= \frac{(-\mathrm{i})^3}{6}\int_{-\infty}^{t} \mathrm{d}t' \int_{-\infty}^{t'} \mathrm{d}t'' \int_{-\infty}^{t''} \mathrm{d}t''' \left\{\left[\left[\hat{V}^W(t'), \hat{V}^W(t'')\right], \hat{V}^W(t''')\right]\right. \\
&\quad \left. + \left[\left[\hat{V}^W(t''')\hat{V}^W(t'')\right], \hat{V}^W(t')\right]\right\} \quad .
\end{aligned} \tag{2.71}$$

Die MAGNUS-Entwicklung ist effektiv eine Entwicklung des Zeitentwicklungsoperators nach der Wechselwirkungsdauer τ um $\tau = 0$. Die charakteristische Wechselwirkungszeit eines ultrarelativistischen Teilchens in einem COULOMB-Feld ist $\tau \sim x_\perp/\gamma$. Ist diese klein

gegenüber den typischen Übergangszeiten des Streuprozesses $\tau' \sim 1/|\vec{k}|$ mit $\vec{k}$ dem durch das Feld übertragenen Impuls, erfolgt die Wechselwirkung mit dem äußeren Feld praktisch instantan und höhere Terme der MAGNUS-Entwicklung, die die Kommutatoren der Wechselwirkungsoperatoren zu unterschiedlichen Zeiten enthalten, können vernachlässigt werden. Im Grenzfall unendlich kurzer Wechselwirkungszeiten, $\gamma \to \infty$, ist die erste Ordnung der MAGNUS-Entwicklung exakt. Die obige Bedingung für die Gültigkeit der ersten Ordnung, $x_\perp/\gamma \ll 1/|\vec{k}|$, entspricht der in Abschnitt 2.1.2 gefundenen Voraussetzung für die Anwendbarkeit der Eikonal-Näherung.
Es ist nicht unmittelbar einsichtig, daß der erste Term der MAGNUS-Entwicklung in der Tat vollständig mit der Eikonal-Näherung übereinstimmt. Nach [104] lautet der Operator für die Wechselwirkung im Wechselwirkungsbild (zur Übersichtlichkeit wurde die Tilde über den Spinoren weggelassen)

$$\hat{V}^W(t) = \int \mathrm{d}^3x A^\mu(x)\overline{\psi}(x)\gamma_\mu\psi(x) \quad . \tag{2.72}$$

Die S-Matrix für die Streuung an einem statischen externen Potential lautet somit in erster Ordnung MAGNUS-Näherung

$$\langle f|e^{-\mathrm{i}\int_{-\infty}^{\infty}\mathrm{d}^4xA^0(x)\overline{\psi}(x)\gamma_0\psi(x)}|i\rangle = \langle f|F|i\rangle \quad . \tag{2.73}$$

Für die Teilchendichte $\overline{\psi}(x)\gamma_0\psi(x)$ wird die LORENTZ-Transformationseigenschaft (A.18) der Spinoren ausgenutzt und man erhält für große Energien der streuenden Teilchen (siehe auch Abschnitt 2.5).

$$\begin{aligned}
\int_{-\infty}^{\infty}\mathrm{d}^4xA^0(x)\overline{\psi}(x)\gamma_0\psi(x) &\approx 2\int \mathrm{d}x_-\mathrm{d}x_+\mathrm{d}^2x_\perp A_0(x_-,x_+,\vec{x}_\perp)e^y \\
&\quad\times\overline{\psi}_0(e^yx_-,e^{-y}x_+,\vec{x}_\perp)\gamma_+\psi_0(e^yx_-,e^{-y}x_+,\vec{x}_\perp) \quad , \\
&= 2\int \mathrm{d}x_-\mathrm{d}x_+\mathrm{d}^2x_\perp A_0(e^{-y}x_-,x_+,\vec{x}_\perp) \\
&\quad\times\overline{\psi}_0(x_-,e^{-y}x_+,\vec{x}_\perp)\gamma_+\psi_0(x_-,e^{-y}x_+,\vec{x}_\perp) \quad , \\
&\approx 2\int \mathrm{d}^2x_\perp\mathrm{d}x_+A_0(0,x_+,\vec{x}_\perp) \\
&\quad\times\int \mathrm{d}x_-\overline{\psi}_0(x_-,0,\vec{x}_\perp)\gamma_+\psi_0(x_-,0,\vec{x}_\perp) \quad .
\end{aligned} \tag{2.74}$$

ψ_0 bezeichnet den Spinor im Bezugsystem, das sich mit der Rapidität y in positiver z-Richtung mit dem streuenden Teilchen mitbewegt. Im Grenzfall sehr hoher Streuenergien faktorisieren die Integrale über die Lichtkegelimpulse. Das Potential wird bei $x_- = 0$ ausgewertet, die Dichte, bzw. die Spinoren (ebenfalls der ein- bzw. auslaufende Zustand) bei $x_+ = 0$. Das x_--Integral kann zuletzt wieder durch die Spinoren des ultrarelativistischen Teilchens ausgedrückt werden:

$$2\int \mathrm{d}x_-\overline{\psi}_0(x_-,0,\vec{x}_\perp)\gamma_+\psi_0(x_-,0,\vec{x}_\perp) = \int \mathrm{d}x_-\overline{\psi}(x_-,0,\vec{x}_\perp)\gamma_0\psi(x_-,0,\vec{x}_\perp) \quad . \tag{2.75}$$

Für die weitere Auswertung ersetzt man den einlaufenden Zustand durch die Wirkung eines Erzeuger-Operators auf das Vakuum, $|i\rangle = a^\dagger|0\rangle$. Weiterhin schiebt man vor das

Vakuum $F^{-1}F = 1\!\!1$ ein und nutzt aus, daß

$$\begin{aligned} F|0\rangle &= |0\rangle \quad , \\ F\psi^\dagger(x_-,0,\vec{x}_\perp)F^{-1} &= e^{-2\mathrm{i}\int \mathrm{d}x_+ A_0(0,x_+,\vec{x}_\perp)}\psi^\dagger(x_-,0,\vec{x}_\perp) \quad . \end{aligned} \tag{2.76}$$

Letzteres folgt aus den Antikommutationsrelationen der Spinoren und kann durch Ausmultiplikation der einzelnen Glieder der TAYLOR-Entwicklungen von F und F^{-1} verifiziert werden. Damit ist die Identität mit der Eikonal-Näherung bewiesen. Die obige Herleitung ist analog zu den Überlegungen in [24].

2.3 Störungstheoretischer Ansatz – Streuung an einem externen Feld

Für eine störungstheoretische Formulierung des Streuproblems schreiben wir (2.8) kürzer

$$(1\!\!1 - \mathrm{I}\circ)\psi = \phi \quad , \tag{2.77}$$

mit dem Integraloperator $\mathrm{I}\circ = \int \mathrm{d}y G(x-y)\not{A}(y)\circ$, bzw.

$$\psi = (1\!\!1 - \mathrm{I}\circ)^{-1}\phi \quad . \tag{2.78}$$

Die Inverse des Operators $(1\!\!1 - \mathrm{I}\circ)$ schreiben wir in Form einer NEUMANNschen Reihe [26]. Mit $(\mathrm{I}\circ)^0 = 1\!\!1$ lautet die Lösung

$$\psi = \sum_{n=0}^{\infty} (\mathrm{I}\circ)^n \phi \quad . \tag{2.79}$$

Durch Einsetzen in (2.13) ergibt sich

$$\begin{aligned} \psi(x) &= \phi(x) - \mathrm{i}\varepsilon \int \frac{\mathrm{d}^3p}{(2\pi)^3} \sum_s \phi(x) \Big[\int \mathrm{d}^4y \overline{\phi}(y)\not{A}(y)\phi(y) + \\ &\quad \int \mathrm{d}^4y\overline{\phi}(y)\not{A}(y) \int \mathrm{d}^4z G(y-z)\not{A}(z)\phi(z) + \cdots \Big] \end{aligned} \tag{2.80}$$

bzw.

$$\begin{aligned} S(p_f,p_i) &= (2\pi)^3\delta(\vec{p}_f - \vec{p}_i)\delta_{s's} - \mathrm{i}\varepsilon \Big[\int \mathrm{d}^4y \overline{\phi}(y)\not{A}(y)\phi(y) + \\ &\quad \int \mathrm{d}^4y\overline{\phi}(y)\not{A}(y) \int \mathrm{d}^4z G(y-z)\not{A}(z)\phi(z) + \cdots \Big] \end{aligned} \tag{2.81}$$

Hieraus erhält man die T-Matrix in Form der sogenannten BORNschen Reihe. Die Beschränkung auf n Terme wird als n-te BORNsche Näherung bezeichnet. Die Integrationen in (2.81) laufen über den vollen Raumbereich. Auf diese Weise werden alle möglichen Zeitordnungen berücksichtigt.

Das Ziel dieses Abschnittes ist es nun zu zeigen, daß die Eikonal-Streumatrix, die im letzten Abschnitt mit nichtstörungstheoretischen Mitteln hergeleitet wurde, der vollständigen Aufsummation der BORNschen Reihe entspricht.
Wir berechnen mit Hilfe der FEYNMAN-Regeln die Streuamplitude eines Streuprozesses bei ultrarelativistischen Energien. Die Streuamplitude $\mathcal{M}$ hängt wie folgt mit der T-Matrix zusammen

$$T(p_f, p_i) = \mathcal{M}(p_f, p_i) \prod_i K_i \prod_f K_f \quad . \tag{2.82}$$

K_i und K_f bezeichnen die kinematischen Faktoren der ein- bzw. auslaufenden Teilchen, wobei

$$K_{i,f} = \begin{cases} \sqrt{1/p_{0i,f}} & \text{Boson} \\ \sqrt{m_{i,f}/p_{0i,f}} & \text{Fermion} \end{cases} \quad . \tag{2.83}$$

Aus (2.81) und (2.82) ergibt sich, daß die Amplitude für die Streuung eines Positrons mit $\epsilon = -1$ ein zusätzliches Minuszeichen erhält.
Es soll allgemein angenommen werden, daß die Wechselwirkung mit dem externen Feld sowohl repulsiv als auch attraktiv sein kann. Im Impulsraum hat die Wechselwirkung die Form

$$A_0(k) = \int d^4x e^{ikx} \frac{\pm Z\alpha\gamma}{\sqrt{\gamma^2(z+\beta t)^2 + x_\perp^2}} = \pm(2\pi)^2 Z\alpha\delta(k_0 + \beta k_3) \frac{2}{\left(\frac{k_3}{\gamma}\right)^2 + k_\perp^2} \quad . \tag{2.84}$$

Die Elektronstruktur wird nur in niedrigster Ordnung berücksichtigt, d.h. Selbstenergie-Anteile und Strahlungskorrekturen zu den Vertizes werden nicht betrachtet (siehe dazu [24]).

2.3.1 Die Rolle der Potential-Pole

Die Potential-Terme der Form (2.84) weisen in k_3 Pole 1. Ordnung bei $k_3 = \pm k_\perp \gamma$ auf, die bei der Integration über die longitudinalen Impulsüberträge beachtet werden müssen. In der Elektron-Elektron Streuung (siehe Anhang A.10) fordert die Eichinvarianz der Streuamplitude die Berücksichtigung aller Permutationen der Photonenlinien [33]. Die Potential-Pole liefern dann keinen Beitrag [36, 132]. Das bedeutet, daß die Longitudinalimpulse der Photonen von vornherein vernachlässigt werden können, wenn alle Permutationen berücksichtigt werden.
Der Begriff unterschiedlicher Zeitordnungen, wie im Fall der Elektron-Elektron Streuung, existiert nicht für die Wechselwirkung mit einem äußeren Feld, so daß in einer bestimmten Ordnung die Amplitude jeweils durch ein einziges Diagramm gegeben ist. Die Amplitude gestattet es im Falle der Streuung an einem externen Feld nicht, den Grenzwert $\gamma \to \infty$ direkt auszuführen und auf diese Weise die longitudinalen Impulsüberträge direkt zu vernachlässigen. Hier wird explizit am Beispiel der Wechselwirkung in dritter Ordnung $Z\alpha$ mit dem äußeren Feld gezeigt, daß das exakte Ergebnis für die Amplitude nur unter voller Berücksichtigung der Potential-Pole erhalten wird, d.h. daß der Hochenergielimes $\gamma \to \infty$ nicht in das Integral über den Longitudinalimpulsübertrag hineingezogen werden darf [81].

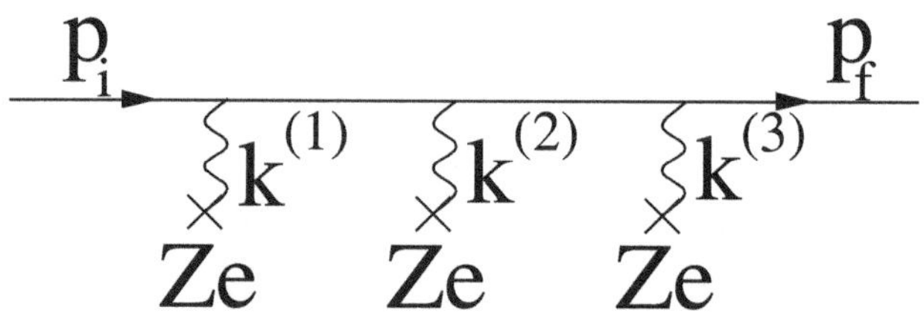

Abbildung 2.2: Die Wechselwirkung eines Elektrons in dritter Ordnung mit dem äußeren Feld

In dritter BORNscher Näherung erhält man (siehe Anhang A.8)

$$\begin{aligned}
\mathcal{M}^{(3)} = &-\int \frac{\mathrm{d}^4k^{(1)}\mathrm{d}^4k^{(2)}\mathrm{d}^4k^{(3)}}{(2\pi)^8}\delta(p_f - p_i - k^{(1)} - k^{(2)} - k^{(3)}) \\
&\times \frac{\delta(k_0^{(1)} - \beta k_3^{(1)})\delta(k_0^{(2)} - \beta k_3^{(2)})\delta(k_0^{(3)} - \beta k_3^{(3)})(8\pi^2 Z\alpha)^3}{\left[\left(\frac{k_3^{(1)}}{\gamma}\right)^2 + k_\perp^{(1)2}\right]\left[\left(\frac{k_3^{(2)}}{\gamma}\right)^2 + k_\perp^{(2)2}\right]\left[\left(\frac{k_3^{(3)}}{\gamma}\right)^2 + k_\perp^{(3)2}\right]} \\
&\times \overline{u}(p_f)\frac{\gamma_0(1\!\!1 + \beta\alpha_3)(\not{p}_f - \not{k}^{(3)} + m)\gamma_0(1\!\!1 + \beta\alpha_3)}{[(p_f - k^{(3)})^2 - m^2 + \mathrm{i}\epsilon]} \\
&\times \frac{(\not{p}_i + \not{k}^{(1)} + m)\gamma_0(1\!\!1 + \beta\alpha_3)}{[(p_i + k^{(1)})^2 - m^2 + \mathrm{i}\epsilon]}u(p_i) \\
\to &-(2\pi)\delta(p_{f+} - p_{i+})\int \frac{\mathrm{d}^2k_\perp^{(1)}\mathrm{d}^2k_\perp^{(2)}\mathrm{d}^2k_\perp^{(3)}}{(2\pi)^4}\delta(\vec{p}_{f\perp} - \vec{p}_{i\perp} - \vec{k}_\perp^{(1)} - \vec{k}_\perp^{(2)} - \vec{k}_\perp^{(3)})\frac{(4\pi Z\alpha)^3}{4} \\
&\times \frac{-(k_\perp^{(1)} + k_\perp^{(2)} + k_\perp^{(3)})^2 + k_\perp^{(1)}k_\perp^{(3)}}{k_\perp^{(1)2}k_\perp^{(2)}k_\perp^{(3)2}(k_\perp^{(1)} + k_\perp^{(2)} + k_\perp^{(3)})(k_\perp^{(1)} + k_\perp^{(2)})(k_\perp^{(2)} + k_\perp^{(3)})}\overline{u}(p_f)\gamma_+u(p_i) \quad . \qquad (2.85)
\end{aligned}$$

Hier wurden die $k_0^{(i)}$- und $k_3^{(i)}$-Integrationen exakt gelöst und danach der Limes $\gamma \to \infty$ genommen. Dieser Ausdruck ist unsymmetrisch in den ausgetauschten Transversalimpulsen. Da sich jedoch die Integrationen jeweils über die gesamte Transversalebene erstrecken, kann das Ergebnis durch einfache lineare Transformationen auf eine symmetrische Form gebracht werden

$$\begin{aligned}
\text{Symm.} \to \ &(2\pi)\delta(p_{f+} - p_{i+})\int \frac{\mathrm{d}^2k_\perp^{(1)}\mathrm{d}^2k_\perp^{(2)}\mathrm{d}^2k_\perp^{(3)}}{(2\pi)^4}\delta(\vec{p}_{f\perp} - \vec{p}_{i\perp} - \vec{k}_\perp^{(1)} - \vec{k}_\perp^{(2)} - \vec{k}_\perp^{(3)}) \\
&\times \frac{1}{3!}\frac{(4\pi Z\alpha)^3}{k_\perp^{(1)2}k_\perp^{(2)2}k_\perp^{(3)2}}\overline{u}(p_f)\gamma_+u(p_i) \quad . \qquad (2.86)
\end{aligned}$$

Gleichung (2.85) stimmt mit dem in [81] gefundenen Ergebnis überein.
Wird hingegen der Grenzwert $\gamma \to \infty$ direkt ausgeführt, lautet die Amplitude

$$\begin{aligned}
\mathcal{M}^{(3)} = &-\int \frac{\mathrm{d}^4k^{(1)}\mathrm{d}^4k^{(2)}\mathrm{d}^4k^{(3)}}{(2\pi)^8}\delta(p_f - p_i - k^{(1)} - k^{(2)} - k^{(3)})\frac{\delta(k_+^{(1)})\delta(k_+^{(2)})\delta(k_+^{(3)})(8\pi^2 Z\alpha)^3}{k_\perp^{(1)2}k_\perp^{(2)2}k_\perp^{(3)2}} \\
&\times \overline{u}(p_f)\frac{\gamma_+(\not{p}_f - \not{k}^{(3)} + m)\gamma_+(\not{p}_i + \not{k}^{(1)} + m)\gamma_+}{[(p_f - k^{(3)})^2 - m^2 + \mathrm{i}\epsilon]\,[(p_i + k^{(1)})^2 - m^2 + \mathrm{i}\epsilon]}u(p_i) \quad . \qquad (2.87)
\end{aligned}$$

Mit (A.1) gilt

$$\gamma_+(\not k + m)\gamma_+ = 2k_+\gamma_+ \quad . \tag{2.88}$$

Damit läßt sich das Matrixelement vereinfachen und wir erhalten nach Integration über $k_-^{(2)}$ und die positiven Lichtkegelimpulse

$$\begin{aligned}\mathcal{M}^{(3)} &= \delta(p_{f+} - p_{i+}) \int \frac{\mathrm{d}k_-^{(1)}\mathrm{d}k_-^{(3)}\mathrm{d}^2k_\perp^{(1)}\mathrm{d}^2k_\perp^{(2)}\mathrm{d}^2k_\perp^{(3)}}{(2\pi)^5} \delta(\vec{p}_{f\perp} - \vec{p}_{i\perp} - \vec{k}_\perp^{(1)} - \vec{k}_\perp^{(2)} - \vec{k}_\perp^{(3)}) \\ &\times \frac{(4\pi Z\alpha)^3}{k_\perp^{(1)2}k_\perp^{(2)2}k_\perp^{(3)2}} \overline{u}(p_f)\gamma_+ u(p_i) \left[k_-^{(3)} - p_{f-} + \frac{(\vec{p}_{f\perp} - \vec{k}_\perp^{(3)})^2 + m^2}{p_{f+}} - \mathrm{i}\epsilon\right]^{-1} \\ &\times \left[k_-^{(1)} + p_{i-} - \frac{(\vec{p}_{i\perp} + \vec{k}_\perp^{(1)})^2 + m^2}{p_{i+}} + \mathrm{i}\epsilon\right]^{-1} \quad .\end{aligned} \tag{2.89}$$

Mit den Substitutionen

$$\begin{aligned} k_-^{(1)} + p_{i-} - ((\vec{p}_{i\perp} + \vec{k}_\perp^{(1)})^2 + m^2)/p_{i+} &= x_1 \\ k_-^{(3)} - p_{f-} + ((\vec{p}_{f\perp} - \vec{k}_\perp^{(3)})^2 + m^2)/p_{f+} &= x_2 \end{aligned} \tag{2.90}$$

können die Integrationen leicht mit Hilfe der DIRAC-Identität

$$\frac{1}{x \pm \mathrm{i}\epsilon} = \mathrm{P}\left(\frac{1}{x}\right) \mp \mathrm{i}\pi\delta(x) \tag{2.91}$$

gelöst werden. Der CAUCHY-Hauptwert P verschwindet jeweils und man erhält

$$\begin{aligned}\mathcal{M}^{(3)} &= \frac{1}{4}(2\pi)\delta(p_{f+} - p_{i+}) \int \frac{\mathrm{d}^2k_\perp^{(1)}\mathrm{d}^2k_\perp^{(2)}\mathrm{d}^2k_\perp^{(3)}}{(2\pi)^4} \delta(\vec{p}_{f\perp} - \vec{p}_{i\perp} - \vec{k}_\perp^{(1)} - \vec{k}_\perp^{(2)} - \vec{k}_\perp^{(3)}) \\ &\times \frac{(4\pi Z\alpha)^3}{k_\perp^{(1)2}k_\perp^{(2)2}k_\perp^{(3)2}} \overline{u}(p_f)\gamma_+ u(p_i) \quad ,\end{aligned} \tag{2.92}$$

was um einen Faktor 3!/4 von (2.86) abweicht.
Führt man mit $\int \mathrm{d}x_3\delta(x_3)$ eine weitere δ-Funktion ein und transformiert

$$x_i \to \sum_{j=1}^{i} x'_j \quad , \tag{2.93}$$

so lautet die Amplitude

$$\begin{aligned}\mathcal{M}^{(3)} &= -\delta(p_{f+} - p_{i+}) \int \frac{\mathrm{d}^2k_\perp^{(1)}\mathrm{d}^2k_\perp^{(2)}\mathrm{d}^2k_\perp^{(3)}}{(2\pi)^5} \delta(\vec{p}_{f\perp} - \vec{p}_{i\perp} - \vec{k}_\perp^{(1)} - \vec{k}_\perp^{(2)} - \vec{k}_\perp^{(3)}) \\ &\times \frac{(4\pi Z\alpha)^3}{k_\perp^{(1)2}k_\perp^{(2)2}k_\perp^{(3)2}} \\ &\times \int \prod_{i=1}^{3} \mathrm{d}x'_i \frac{\delta(\sum_{i=1}^3 x'_i)}{[x'_1 + x'_2 + \mathrm{i}\epsilon]\,[x'_1 + \mathrm{i}\epsilon]} \overline{u}(p_f)\gamma_+ u(p_i) \quad .\end{aligned} \tag{2.94}$$

Da sich die Integrale über x'_i jeweils über die gesamte reelle Achse erstrecken, kann der Integrand $I(\{x'_i\})$ in (2.105) durch Permutation der x'_i symmetrisiert werden.

$$I(\{x'_i\}) \to \frac{1}{n!}\sum_\sigma I(\{x'_{\sigma i}\}) \tag{2.95}$$

Das Produkt über die Elektronpropagatoren kann zusammen mit der δ-Funktion der Summe der x'_i und der Summe über alle Permutationen σ in ein Produkt von δ-Funktionen der einzelnen x'_i umgeschrieben werden [33, 40] (siehe Anhang A.9.2):

$$\sum_\sigma \delta(\sum_{i=1}^{n} x'_i) \prod_{i=1}^{n-1} \frac{1}{\sum_{j=1}^{i} x'_{\sigma j} + \mathrm{i}\epsilon} = (-2\pi\mathrm{i})^{n-1} \prod_{i=1}^{n} \delta(x'_i) \quad . \tag{2.96}$$

Die Amplitude lautet schließlich

$$\begin{aligned} \mathcal{M}^{(3)} &= (2\pi)\delta(p_{f+} - p_{i+})\frac{1}{3!}\int \frac{\mathrm{d}^2k_\perp^{(1)}\mathrm{d}^2k_\perp^{(2)}\mathrm{d}^2k_\perp^{(3)}}{(2\pi)^4}\delta(\vec{p}_{f\perp} - \vec{p}_{i\perp} - \vec{k}_\perp^{(1)} - \vec{k}_\perp^{(2)} - \vec{k}_\perp^{(3)}) \\ &\times \frac{(4\pi Z\alpha)^3}{k_\perp^{(1)2}k_\perp^{(2)2}k_\perp^{(3)2}}\overline{u}(p_f)\gamma_+ u(p_i) \quad , \end{aligned} \tag{2.97}$$

in Übereinstimmung mit (2.86).
Die vorgeführte Rechnung zeigt, daß das vollständige Ergebnis ohne Symmetrisierung nur dann erhalten wird, wenn die Pole der Photonpropagatoren in der Rechnung berücksichtigt werden. Wird der Hochenergielimes bereits im Integranden ausgeführt und entsprechend (2.84) der longitudinale Impulsübertrag für $\gamma \to \infty$ direkt vernachlässigt, so ist eine Symmetrisierung bezüglich aller ausgetauschter Photonenimpulse zwingend vorgeschrieben, während sie im oben vorgeführten Fall rein kosmetischer Natur ist. Läßt man die Photonen-Pole außer Betracht und führt keine Symmetrisierung durch, erhält man nach Integration über die Longitudinalimpulse ein Resultat, das um den Faktor $n!/2^{n-1}$ vom richtigen Ergebnis abweicht. Die Symmetrisierung der Amplitude bzw. die Eichinvarianz im Falle der Elektron-Elektron Streuung ist weiter in Anhang A.9.1 diskutiert.

2.3.2 Die Streuamplitude in allen Ordnungen $Z\alpha$

Die Berechnung soll jeweils in den Bezugsystemen vorgeführt werden, in denen i) die Quelle des äußeren Feldes ruht und das Elektron sich nahezu mit Lichtgeschwindigkeit bewegt oder ii) sich die Quelle auf einem Lichtkegel bewegt.
In den gewählten Bezugsystemen führt (2.84) auf die Ausdrücke

$$\lim_{\beta\to 0} A_0(k) = \pm(2\pi)^2 Z\alpha\delta(k_0)\frac{2}{|\vec{k}|^2} \quad , \tag{2.98}$$

$$\lim_{\beta\to 1} A_0(k) = \pm(2\pi)^2 Z\alpha\delta(k_0 + k_3)\frac{2}{k_\perp^2} \quad . \tag{2.99}$$

In (2.99) wurde analog zu den Betrachtungen über den ultrarelativistischen Grenzwert des Potentials $k_\perp \gg k_3/\gamma$ angenommen. Für die Rechnung ist es zweckmäßig, von einem YUKAWA-artig abgeschirmten Potential auszugehen, d.h. den Photonen wird eine Masse μ zugeschrieben.

Streuung an einer ultrarelativistischen Quelle

Die Amplitude wird in allen Ordnungen der Kopplungskonstante $Z\alpha$, d.h. in allen Ordnungen der BORNschen Reihe berechnet.
Zur kürzeren Notation schreiben wir (2.99)

$$A_0(k) = (2\pi)\delta(k_+)V_\perp(\vec{k}_\perp) \tag{2.100}$$

mit

$$V_\perp(\vec{k}_\perp) = \pm 4\pi Z\alpha/(k_\perp^2 + \mu^2) \quad . \tag{2.101}$$

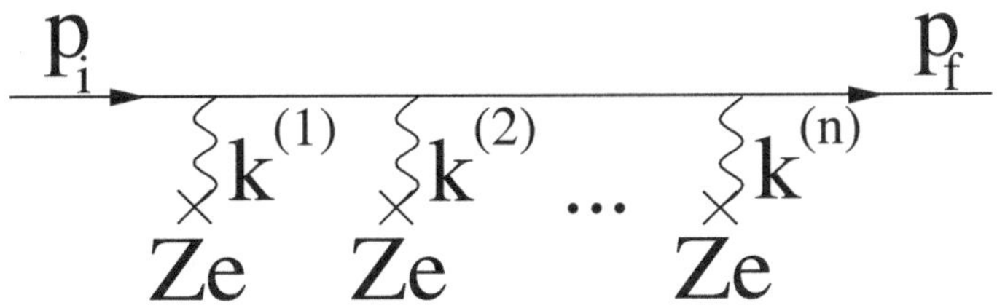

Abbildung 2.3: Die Wechselwirkung eines Elektrons in n-ter Ordnung mit dem äußeren Feld.

In n-ter Ordnung lautet die Amplitude

$$\begin{aligned}\mathcal{M}^{(n)} &= \mathrm{i}\int\prod_{i=1}^{n}\frac{\mathrm{d}^4k^{(i)}}{(2\pi)^4}(2\pi)^4\delta\Big(\sum_{i=1}^{n}k^{(i)}-q\Big)\prod_{i=1}^{n}(2\pi)\delta(k_+^{(i)})V_\perp(\vec{k}_\perp^{(i)}) \\ &\times\overline{u}(p_f)\left(\prod_{i=1}^{n}(-\mathrm{i}\gamma_+)\mathrm{i}\frac{\not{p}_i+\sum_{j=1}^{n-i}\not{k}^{(j)}+m}{\left(p_i+\sum_{j=1}^{n-i}k^{(j)}\right)^2-m^2+\mathrm{i}\epsilon}\right)(-\mathrm{i}\gamma_+)u(p_i)\end{aligned} \tag{2.102}$$

oder nach Auswertung der Energieerhaltungs-δ Funktion ($k^{(0)} = p_i$, $k^{(n)} = p_f$)

$$\begin{aligned}\mathcal{M}^{(n)} &= \mathrm{i}\int\prod_{i=1}^{n-1}\frac{\mathrm{d}k_+^{(i)}\mathrm{d}k_-^{(i)}\mathrm{d}^2k_\perp^{(i)}}{2(2\pi)^4}\prod_{i=1}^{n}(2\pi)\delta(k_+^{(i)}-k_+^{(i-1)})V_\perp(\vec{k}_\perp^{(i)}-\vec{k}_\perp^{(i-1)}) \\ &\times\overline{u}(p_f)\left(\prod_{i=1}^{n-1}(-\mathrm{i}\gamma_+)\mathrm{i}\frac{\not{k}^{(n-i)}+m}{k^{(n-i)2}-m^2+\mathrm{i}\epsilon}\right)(-\mathrm{i}\gamma_+)u(p_i) \quad .\end{aligned} \tag{2.103}$$

$q = p_f - p_i$ ist der Gesamtimpulsübertrag des Streuprozesses. Die Amplitude wird analog zu (2.94) transformiert und lautet

$$\begin{aligned}\mathcal{M}^{(n)} &= (2\pi)^2\delta(p_{i+}-p_{f+})\int\prod_{i=1}^{n}\frac{\mathrm{d}x_i'}{(2\pi)}\int\prod_{i=1}^{n-1}\frac{\mathrm{d}^2k_\perp^{(i)}}{(2\pi)^2}\prod_{i=1}^{n}V_\perp(\vec{k}_\perp^{(i)}-\vec{k}_\perp^{(i-1)}) \\ &\qquad\times\delta\Big(\sum_{i=1}^{n}x_i'\Big)\prod_{i=1}^{n-1}\frac{1}{\sum_{j=1}^{i}x_j'+\mathrm{i}\epsilon}\overline{u}(p_f)\gamma_+u(p_i) \quad ,\end{aligned} \tag{2.104}$$

bzw. nach Symmetrisierung der x_i'

$$\mathcal{M}^{(n)} = (2\pi)\mathrm{i}\delta(p_{i+}-p_{f+})\frac{1}{n!}\left\{\int\prod_{i=1}^{n-1}\frac{\mathrm{d}^2k_\perp^{(i)}}{(2\pi)^2}\prod_{i=1}^{n}-\mathrm{i}V_\perp(\vec{k}_\perp^{(i)}-\vec{k}_\perp^{(i-1)})\right\}\overline{u}(p_f)\gamma_+u(p_i) \quad . \tag{2.105}$$

Der Integralterm in geschweiften Klammern ist ein $(n-1)$-faches Faltungsprodukt und kann mit (2.101) als FOURIER-Transformierte der n-ten Potenz von $\mp 2\mathrm{i}Z\alpha K_0(\mu x_\perp)$ geschrieben werden (siehe Anhang A.4)

$$\int \prod_{i=1}^{n-1} \frac{\mathrm{d}^2 k_\perp^{(i)}}{(2\pi)^2} \prod_{i=1}^{n} -\mathrm{i}V_\perp(\vec{k}_\perp^{(i)} - \vec{k}_\perp^{(i-1)}) = (\mp 2\mathrm{i}Z\alpha)^n \int \frac{\mathrm{d}^2 x_\perp}{(2\pi)^2} e^{-\mathrm{i}\vec{q}_\perp \cdot \vec{x}_\perp} K_0^n(\mu x_\perp) \tag{2.106}$$

mit $K_0(x)$ der MACDONALD-Funktion. Die Aufsummation aller Ordnungen liefert letztlich mit (2.106)

$$\mathcal{M} = (2\pi)\mathrm{i}\delta(p_{i+} - p_{f+}) \int \mathrm{d}^2 x_\perp e^{-\mathrm{i}\vec{x}_\perp \cdot \vec{q}_\perp} \left(e^{\mp 2\mathrm{i}Z\alpha K_0(\mu x_\perp)} - 1\right) \overline{u}(p_f)\gamma_+ u(p_i) \quad . \tag{2.107}$$

Streuung an einer ruhenden Quelle

Analog zum oben aufgezeigten Fall lautet die Amplitude in n-ter Ordnung hier

$$\begin{aligned} \mathcal{M}^{(n)} \;=\; & \int \prod_{i=1}^{n} \frac{\mathrm{d}^4 k^{(i)}}{(2\pi)^4} (2\pi)^4 \delta(\sum_{i=1}^{n} k^{(i)} - q) \prod_{i=1}^{n} (2\pi)\delta(k_0^{(i)}) V_\perp(\vec{k}_\perp^{(i)}) \\ & \times \overline{u}(p_f) \left(\prod_{i=1}^{n} (-\mathrm{i}\gamma_0)\mathrm{i} \frac{\not{p}_i + \sum_{j=1}^{n-i} \not{k}^{(j)} + m}{\left(p_i + \sum_{j=1}^{n-i} k^{(j)}\right)^2 - m^2 + \mathrm{i}\epsilon} \right) (-\mathrm{i}\gamma_0) u(p_i) \quad . \end{aligned} \tag{2.108}$$

Entsprechend dem vorangegangenen Abschnitt, in dem sich die Quelle mit nahezu Lichtgeschwindigkeit in negativer z-Richtung bewegt hat, nehmen wir in diesem Abschnitt an, das Elektron bewege sich mit großer Geschwindigkeit in positiver z-Richtung. Es besitzt demnach einen großen positiven Lichtkegelimpuls $p_{i+} \gg m$ bei verschwindendem negativen Lichtkegelimpuls $\sim \mathcal{O}(1/\gamma^2)$. Damit lassen sich die Elektronpropatgatoren wie folgt vereinfachen [47]

$$\frac{\not{p}_i + \sum \not{k}^{(i)} + m}{(p_i + \sum k^{(i)})^2 - m^2 + \mathrm{i}\epsilon} \approx \frac{1}{2} \frac{\gamma_-}{\sum k_-^{(i)} + \mathrm{i}\epsilon} \quad . \tag{2.109}$$

(2.109) bezeichnet man als Eikonal-Propagator (siehe z.B. [81, 28, 108, 130, 139]). Die Gültigkeit von (2.109) setzt voraus, daß für jede Partialsumme der ausgetauschten Impulse gilt

$$\begin{aligned} & p_i \gg \sum_{i=1}^{j} k^{(i)} \quad , \\ & p_{i+}(\sum_{i=1}^{j} k_-^{(i)}) \gg (\sum_{i=1}^{j} k^{(i)})^2 \;, \quad p_{i-}(\sum_{i=1}^{j} k_+^{(i)}) - 2\vec{p}_{i\perp} \cdot (\sum_{i=1}^{j} \vec{k}_\perp^{(i)}) \quad . \end{aligned} \tag{2.110}$$

Der Impulsübertrag soll also gegenüber der Energie des Teilchens vernachlässigbar sein. Die Näherung (2.109) wird auch als *Impulse*-Näherung bezeichnet (siehe z.B. [2] und dort angegebene Referenzen).

Mit (2.109) läßt sich das Matrixelement stark vereinfachen. Dazu bemerken wir, daß das Elektron über $\delta(k_0)\gamma_0 = \delta(k_+ + k_-)(\gamma_+ + \gamma_-)$ an das stationäre COULOMB-Potential koppelt. Mit (A.1) folgt

$$\begin{aligned} &\overline{u}(p_f)(\gamma_+ + \gamma_-)\frac{1}{2}\gamma_-(\gamma_+ + \gamma_-)\frac{1}{2}\gamma_- \times \cdots \times \frac{1}{2}\gamma_-(\gamma_+ + \gamma_-)u(p_i) \\ &= \frac{1}{2^{n-1}}2^{2(n-2)}\overline{u}(p_f)(\gamma_+ + \gamma_-)\gamma_-(\gamma_+ + \gamma_-)u(p_i) \to \frac{1}{2}2^n\overline{u}(p_f)\gamma_\pm u(p_i) \quad . \end{aligned} \tag{2.111}$$

Zuletzt wurde mit (A.10)

$$u(p) \approx \frac{1}{4}\gamma_-\gamma_+u(p) \tag{2.112}$$

für $p_+ \gg m$ ausgenutzt.
Nach Transformation des Volumenelements auf Lichtkegelkoordinaten

$$(2\pi)^4\delta(\sum_{i=1}^n k^{(i)} - q)\prod_{i=1}^n \frac{\mathrm{d}^4k^{(i)}}{(2\pi)^4} = 2(2\pi)^4\delta(\sum_i k_+^{(i)})\delta(\sum_i k_-^{(i)})\delta(\sum_i \vec{k}_\perp^{(i)} - \vec{q}_\perp)\prod_{i=1}^n \frac{\mathrm{d}k_+^{(i)}\mathrm{d}k_-^{(i)}\mathrm{d}^2k_\perp^{(i)}}{2(2\pi)^4} \tag{2.113}$$

erhält man für die Amplitude

$$\begin{aligned} \mathcal{M}^{(n)} = &\int \prod_{i=1}^n \frac{\mathrm{d}k_+^{(i)}\mathrm{d}k_-^{(i)}\mathrm{d}^2k_\perp^{(i)}}{2(2\pi)^4} 2(2\pi)^4\delta(\sum_i \vec{k}_\perp^{(i)} - \vec{q}_\perp) \\ &\times\delta(\sum_i k_+^{(i)} - q_+)\prod_{i=1}^n (2\pi)\delta(k_+^{(i)} + k_-^{(i)})V_\perp(\vec{k}_\perp^{(i)})\delta(\sum_i k_-^{(i)} - q_-) \\ &\times\prod_{i=1}^{n-1}\frac{1}{\sum_{j=1}^i k_-^{(j)} + \mathrm{i}\epsilon}\frac{1}{2}2^n\overline{u}(p_f)\gamma_+u(p_i) \quad . \end{aligned} \tag{2.114}$$

Die Integrationen über die positiven Lichtkegelimpulse können sofort ausgeführt werden und liefern mit

$$\delta(\sum_i k_-^{(i)} + q_+)\delta(\sum_i k_-^{(i)} - q_-) = \frac{1}{2}\delta(q_0)\delta(\sum_i k_-^{(i)} + q_+) \tag{2.115}$$

und (2.96) – hierfür kann $k_-^{(n)} + q_+ \to k_-^{(n)}$ gesetzt werden – den Ausdruck

$$\mathcal{M}^{(n)} = \frac{1}{2}\frac{1}{n!}(2\pi)\mathrm{i}\delta(q_0)\left\{\int\prod_{i=1}^n \frac{\mathrm{d}^2k_\perp^{(i)}}{(2\pi)^2}(2\pi)^2\delta(\sum_i \vec{k}_\perp^{(i)} - \vec{q}_\perp)\prod_{i=1}^n -\mathrm{i}V_\perp(\vec{k}_\perp^{(i)})\right\}\overline{u}(p_f)\gamma_+u(p_i) \quad . \tag{2.116}$$

Der Integralterm in geschweiften Klammern wird wieder mit der FOURIER-Transformierten von $(\mp 2\mathrm{i}Z\alpha)^n K_0^n(\mu x_\perp)$ identifiziert. Aus (A.20) folgt im Grenzfall unendlicher Energie [38]

$$(\mathbb{1} + \alpha_3)u(p) \approx 2u(p) \quad , \tag{2.117}$$

so daß man für die vollständige Amplitude nach Aufsummation aller Ordnungen

$$\mathcal{M} = (2\pi)\mathrm{i}\delta(q_0)\int \mathrm{d}^2x_\perp e^{-\mathrm{i}\vec{x}_\perp\cdot\vec{q}_\perp}\left(e^{\mp 2\mathrm{i}Z\alpha K_0(\mu x_\perp)} - 1\right)\overline{u}(p_f)\gamma_0 u(p_i) \tag{2.118}$$

erhält.
Die exakte Streuamplitude im ultrarelativistischen Limes weist somit dieselbe Form auf wie im Fall der MOTT-Streuung, nur daß die Ersetzung

$$\frac{\pm 4\pi Z\alpha}{q_\perp^2+\mu^2} \to \mathrm{i}\int \mathrm{d}^2x_\perp e^{-\mathrm{i}\vec{x}_\perp\cdot\vec{q}_\perp}\left(e^{\mp 2\mathrm{i}Z\alpha K_0(\mu x_\perp)}-1\right) \tag{2.119}$$

vorzunehmen ist.
Dies entspricht dem Bild, daß im ultrarelativistischen Limes die Streuamplitude als erste BORNsche Näherung mit dem effektiven Potential

$$\mathrm{i}\left(e^{\mp 2\mathrm{i}Z\alpha K_0(\mu x_\perp)}-1\right) \tag{2.120}$$

betrachtet werden kann [10]. Anders ausgedrückt, vollzieht sich die Streuung über Eikonal-Austausch [44, 146].
Das unterschiedliche REGGE-Verhalten der QED und der QCD ist die Ursache dafür, daß der Eikonal-Austausch keine physikalische Rechtfertigung etwa in Entsprechung eines neuen Teilchens erhält, im Gegensatz zum Pomeron-Austausch zwischen stark wechselwirkenden Objekten. Das Pomeron in der QCD entspricht einem gebundenen Gluonenzustand, der nur Aufgrund der Tatsache möglich ist, daß die Gluonen – die Vermittler der starken Wechselwirkung – im Gegensatz zur QED selber Farbladung tragen.

2.3.3 Positronstreuung

Die Bewegung eines Elektrons im Feld einer negativen Ladung ist identisch mit der Bewegung eines Positrons im Feld einer positiven Ladung. Die Amplitude für die Streuung von Positronen kann demnach direkt aus (2.107) abgelesen werden. Hier wird im folgenden die direkte Herleitung skizziert.
Durch die Ersetzung $p_i, p_f \to -p_f, -p_i$ können die für Elektronen hergeleiteten Ergebnisse und Methoden auf die Positronstreuung angewandt werden. Inklusive des zusätzlichen Minuszeichens (siehe (2.81)) findet man statt (2.104)

$$\begin{aligned}
\mathcal{M}^{(n)} &= -(2\pi)\delta(p_{i+}-p_{f+})\int\prod_{i=1}^{n-1}\frac{\mathrm{d}k_-^{(i)}\mathrm{d}^2k_\perp^{(i)}}{(2\pi)^3}\prod_{i=1}^{n}V_\perp(\vec{k}_\perp^{(i)}-\vec{k}_\perp^{(i-1)}) \\
&\quad\times\prod_{i=1}^{n-1}\frac{1}{k_-^{(n-i)}+(k_\perp^{(n-i)2}+m^2)/p_{i+}-\mathrm{i}\epsilon}\overline{v}(p_i)\gamma_+v(p_f)\quad, \\
&= -(2\pi)\delta(p_{i+}-p_{f+})\int\prod_{i=1}^{n}\frac{\mathrm{d}x_i'}{(2\pi)}\int\prod_{i=1}^{n-1}\frac{\mathrm{d}^2k_\perp^{(i)}}{(2\pi)^2}\prod_{i=1}^{n}V_\perp(\vec{k}_\perp^{(i)}-\vec{k}_\perp^{(i-1)}) \\
&\quad\times\delta(\sum_{i=1}^{n}x_i')\prod_{i=1}^{n-1}\frac{1}{\sum_{j=1}^{i}x_j'-\mathrm{i}\epsilon}\overline{v}(p_i)\gamma_+v(p_f)\quad.
\end{aligned} \tag{2.121}$$

Damit folgt, daß Elektron- und Positronwechselwirkung in den geraden Ordnungen übereinstimmen und sich in den ungeraden Ordnungen um ein relatives Vorzeichen unterscheiden. Die vollständige Amplitude lautet (vergl. (2.107))

$$\mathcal{M} = (2\pi)\mathrm{i}\delta(p_{i+}-p_{f+})\int \mathrm{d}^2x_\perp e^{-\mathrm{i}\vec{q}_\perp\cdot\vec{x}_\perp}\left(e^{\pm 2\mathrm{i}Z\alpha K_0(\mu x_\perp)}-1\right)\overline{v}(p_i)\gamma_+v(p_f)\quad. \tag{2.122}$$

Die Amplitude zur Positronstreuung ist im Hochenergielimes im wesentlichen durch das Komplex-Konjugierte der Elektron-Streuamplitude gegeben, womit sich direkt die Übereinstimmung der Elektron- und Positron-Streuquerschnitte $d\sigma \propto |\mathcal{M}|^2$ ergibt. Dieses Verhalten ist durch das POMERANCHUK-Theorem gefordert [92].

2.4 Störungstheoretischer Ansatz – Beschreibung der Hochenergie-Zweiteilchenstreuung durch SUDAKOV-Variablen

Als Alternative zur mathematischen Beschreibung des Streuvorgangs durch Lichtkegelvariablen, auf die in Anhang A.10 eingegangen wird, wir hier die Formulierung durch sogenannte SUDAKOV Variablen vorgestellt. Beide Methoden stellen sich als in weiten Teilen äquivalent heraus. Wie in Abschnitt 2.7 gezeigt wird, ist es im Rahmen dieser Formulierung auf einfache Weise möglich, im nächsten Abschnitt die WEIZSÄCKER-WILLIAMS-Näherung der äquivalenten Photonen herzuleiten. Diese Methode nutzt die Ähnlichkeit zwischen einem freien, transversal polarisierten elektromagnetischen Strahlungsfeldes und den Feldern einer ultrarelativistischen Ladung.

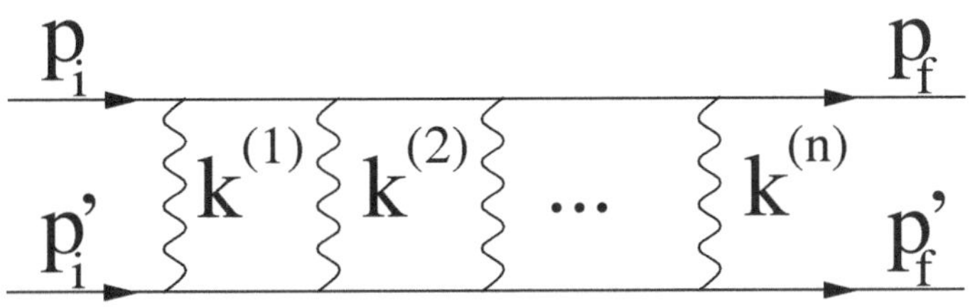

Abbildung 2.4: Elektron-Elektron-Streuung in n-ter Ordnung

Wir betrachten einen Streuprozeß wie in Abbildung 2.4. Zwei Teilchen streuen aneinander unter Austausch beliebig vieler Photonen. Die Impulse der beiden Teilchen sollen groß sein, so daß

$$s = (p_i + p_i')^2 \gg m^2 \tag{2.123}$$

s bezeichnet hier die MANDELSTAM-Variable. Wir definieren zwei nahezu isotrope Vektoren

$$\tilde{p} = p_i + \frac{m^2}{2m^2 - s} p_i', \; \tilde{p}' = p_i' + \frac{m^2}{2m^2 - s} p_i, \quad \tilde{p}^2 = \tilde{p}'^2 = 0 + \mathcal{O}\left(\frac{1}{s^2}\right) \tag{2.124}$$

und zerlegen die Photonenimpulse k_i in Longitudinal- und Transversalanteile, wobei der Longitudinalanteil als Linearkombination der Vektoren (2.124) gegeben ist

$$k^{(i)} = \alpha_i \tilde{p} + \beta_i \tilde{p}' + \vec{k}_\perp^{(i)} \quad . \tag{2.125}$$

Die α_i und β_i heißen SUDAKOV-Variablen [129]. Weiterhin findet man

$$\begin{aligned} d^4 k^{(i)} &\approx \frac{1}{2} s d\alpha_i d\beta_i d^2 k_\perp^{(i)} \quad , & (2.126) \\ k^{(i)2} &\approx s\alpha_i \beta_i - k_\perp^{(i)2} \quad . & (2.127) \end{aligned}$$

Infolge der Eichinvarianz tragen im Hochenergielimes die Longitudinalimpuls-Pole der Photonpropagatoren nicht bei (siehe Abschnitt 2.3.1). Im Limes $s \to \infty$ kann daher $k^{(i)2} \approx -k_\perp^{(i)2}$ gesetzt werden. Für eine Abschätzung der Größenordnung der SUDAKOV-Variablen α_i und β_i nutzen wir, daß der Hauptbeitrag der Longitudinalimpulsintegrale von den Polen der Teilchenpropagatoren stammt. Wir betrachten beispielsweise [110]

$$(p_i + k^{(1)})^2 - m^2 \approx \beta_1 s - m^2\alpha_1 - k_\perp^{(1)2} \approx 0 \quad , \tag{2.128}$$

$$(p_i' - k^{(1)})^2 - m^2 \approx \alpha_1 s - m^2\beta_1 - k_\perp^{(1)2} \approx 0 \quad , \tag{2.129}$$

was mit $p_i \approx \tilde{p} + (m^2/s)\tilde{p}'$, $p_i' \approx \tilde{p}' + (m^2/s)\tilde{p}$ und $k^{(i)2} \approx -k_\perp^{(i)2}$ folgt. Die α_i und β_i sind also $\mathcal{O}(1/s)$. Die Gleichungen (2.128) und (2.129) zeigen weiterhin, daß in der oberen Teilchenlinie die α_i Abhängigkeit und in der unteren Teilchenlinie entsprechend die β_i Abhängigkeit vernachlässigt werden können. Dies entspricht der Beobachtung in Abschnitt A.10, daß die Integrale über die positiven und negativen Lichtkegelimpulse getrennt über die verschiedenen Teilchenlinien erstreckt werden können. Zuletzt kann der metrische Tensor, der in jedem Photonpropagator auftritt, ebenfalls durch die lichtartigen Vektoren $\tilde{p}$ und $\tilde{p}'$ ausgedrückt werden. Für große s lautet der führende Term [128]

$$g^{\mu\nu} \approx 2\frac{\tilde{p}'^\mu \tilde{p}^\nu}{s} \quad . \tag{2.130}$$

Betrachten wir als Beispiel einen Streuvorgang in zweiter Ordnung kann demnach wie folgt umgeschrieben werden:

$$\begin{aligned}
\mathcal{M}^{(2)} &= \mathrm{i}\int \frac{\mathrm{d}^4k}{(2\pi)^4}\frac{4\pi\alpha\, g^{\mu\nu}}{k^2}\frac{4\pi\alpha\, g^{\sigma\tau}}{(q-k)^2}\overline{u}(p_f)\gamma_\mu \frac{\not{p}_i + \not{k} + m}{(p_i+k)^2 - m^2 + \mathrm{i}\epsilon}\gamma_\sigma u(p_i) \\
&\quad \times \left(\overline{u}(p_f')\gamma_\nu \frac{\not{p}_i' - \not{k} + m}{(p_i'-k)^2 - m^2 + \mathrm{i}\epsilon}\gamma_\tau u(p_i') \right. \\
&\quad \left. + \overline{u}(p_f')\gamma_\tau \frac{\not{p}_i' + \not{k} - \not{q} + m}{(p_i'+k-q)^2 - m^2 + \mathrm{i}\epsilon}\gamma_\nu u(p_i')\right) \quad , \\
&\approx \mathrm{i}\frac{2}{s}\int \frac{\mathrm{d}^2k_\perp}{(2\pi)^2}\frac{4\pi\alpha}{k_\perp^2}\frac{4\pi\alpha}{(q_\perp - k_\perp)^2}\int \frac{\mathrm{d}\alpha_k}{(2\pi)}\frac{\mathrm{d}\beta_k}{(2\pi)} \\
&\quad \times \overline{u}(p_f)\frac{\not{\tilde{p}}'}{\beta_k + (m^2\alpha_k - k_\perp^2)/(s(1+\alpha_k)) + \mathrm{i}\epsilon}u(p_i) \\
&\quad \times \left(\overline{u}(p_f')\frac{\not{\tilde{p}}}{(\alpha_k - \alpha_q) + (m^2(\beta_k - \beta_q) + (\vec{k}_\perp - \vec{q}_\perp)^2)/(s(1+\beta_k-\beta_q)) + \mathrm{i}\epsilon}u(p_i')\right. \\
&\quad \left. - \overline{u}(p_f')\frac{\not{\tilde{p}}}{\alpha_k + (m^2\beta_k + k_\perp^2)/(s(1-\beta_k)) - \mathrm{i}\epsilon}u(p_i')\right) \quad ,
\end{aligned} \tag{2.131}$$

$\alpha_{k,q}$ und $\beta_{k,q}$ sind die SUDAKOV-Variablen der Zerlegungen von k bzw. q nach den lichtartigen Vektoren $\tilde{p}$ und $\tilde{p}'$. Entlang der oberen Teilchen-Linie, beschrieben durch den ersten Faktor, ist die α_k-Abhängigkeit gegenüber β_k um eine Potenz in s unterdrückt, in der unteren Teilchen-Linie entsprechend umgekehrt, so daß die Integrationen über α_k (β_k)

auf den zweiten (ersten) Term beschränkt werden können. Man sieht, daß die Beschreibung durch SUDAKOV- und Lichtkegelvariablen analog sind. Die Beschränkung auf die führende Komponente des metrischen Tensors (2.130) entspricht hier der Beobachtung in Abschnitt A.10 daß nur die $(-)$, bzw. $(+)$ Komponenten der Gamma-Matrizen zwischen den dominanten Termen der Teilchenpropagatoren überleben.

2.5 LORENTZ-Invarianz und Unitarität

Es soll in diesem Abschnitt gezeigen werden, daß das erhaltene Resultat (2.50) die exakte Lösung für die Streuung eines Elektrons an einem externen COULOMB-Feld ist.
Der T-Operator muß die folgende Identität erfüllen

$$T = \not{A} G \circ T + \not{A} \quad , \tag{2.132}$$

wobei $G\circ$ den Integraloperator $\int \mathrm{d}y G(x-y)\circ$ bezeichnet, mit $G(x-y)$ der GREENschen Funktion der freien DIRAC-Gleichung.
Der T-Operator ist allgemein durch den Integralkern in (2.81) nach Abspaltung der freien ein- und auslaufenden, ebenen Wellen gegeben. Er lautet für eine Wechselwirkung auf dem positiven Lichtkegel

$$T(x) = \mathrm{i}\delta(t+z)\gamma_+ \left(e^{-\mathrm{i}V_\perp(x_\perp)} - 1\right) \quad . \tag{2.133}$$

Für den Beweis berechnen wir den ersten Term auf der rechten Seite von (2.132) und berücksichtigen durch den Faktor $e^{-\mathrm{i}p_i y}$, daß die Operatoren in (2.132) durch die Wirkung auf die freie einlaufende Welle definiert sind. Mit $\not{A}(x) = \delta(x_+)V_\perp(x_\perp)\gamma_+$ folgt

$$\begin{aligned} &\delta(t+z)V_\perp(x_\perp)\gamma_+ \int \mathrm{d}^4y G(x-y)T(y)e^{-\mathrm{i}p_i y} \\ &= \delta(t+z)V_\perp(x_\perp)\gamma_+ \int \frac{\mathrm{d}^4q}{(2\pi)^4} e^{-\mathrm{i}(p_i-q)x} S_F(p_i-q)T(q) \quad . \end{aligned} \tag{2.134}$$

Mit

$$T(q) = 2\pi\mathrm{i}\delta(q_+)\gamma_+ T(q_\perp) \tag{2.135}$$

und

$$\gamma_+ S_F(p_i-q)\gamma_+ = \frac{2(p_{i+}-q_+)\gamma_+}{(p_i-q)^2 - m^2 + \mathrm{i}\epsilon} \tag{2.136}$$

folgt mit $p_{i+} > 0$ für (2.134)

$$\delta(t+z)V_\perp(x_\perp)\theta(t+z)\gamma_+ \int \frac{\mathrm{d}^2q_\perp}{(2\pi)^2} e^{-\mathrm{i}x_- p_{i+} - \mathrm{i}x_+\left(p_{i-} + \frac{q_\perp^2 - 2\vec{p}_{i\perp}\cdot\vec{q}_\perp}{p_{i+}}\right) + \mathrm{i}\vec{x}_\perp\cdot(\vec{p}_{i\perp}-\vec{q}_\perp)} T(q_\perp) \quad . \tag{2.137}$$

Aufgrund der δ-Funktion kann die FOURIER-Transformation über die transversalen Koordinaten ausgeführt werden. Mit den Identitäten (2.40) und (2.46) folgt

$$\not{A} G \circ T = \mathrm{i}\delta(t+z)\gamma_+ \left(e^{-\mathrm{i}V_\perp(x_\perp)} - 1\right) - \delta(x_+)V_\perp(x_\perp)\gamma_+ = T - \not{A} \quad . \tag{2.138}$$

Damit ist Eigenschaft (2.132) bewiesen.
Weiterhin läßt sich leicht zeigen, daß die S-Matrix (2.50) unitär ist

$$\int \frac{\mathrm{d}^3 p_f}{(2\pi)^3} S^\dagger(p_f, p_i) S(p_f, p_i') = (2\pi)^3 \delta(\vec{p}_i - \vec{p}_i') \delta_{s_i' s_i} \quad . \tag{2.139}$$

Die S-Matrix läßt sich folgendermaßen vereinfachen:

$$\begin{aligned} S(p_f, p_i) &= 2\pi\delta(p_{i0} - p_{f0}) \frac{m}{\sqrt{p_{i0} p_{f0}}} \overline{u}(p_f)\gamma_0 u(p_i) \int \mathrm{d}^2 x_\perp e^{\mathrm{i}(\vec{p}_{i\perp} - \vec{p}_{f\perp})\cdot \vec{x}_\perp} e^{-\mathrm{i}V_\perp(x_\perp)} \quad , \\ &\approx 2\pi\delta(p_{i0} - p_{f0}) \delta_{s_i s_f} \int \mathrm{d}^2 x_\perp e^{\mathrm{i}(\vec{p}_{i\perp} - \vec{p}_{f\perp})\cdot \vec{x}_\perp} e^{-\mathrm{i}V_\perp(x_\perp)} \quad . \end{aligned} \tag{2.140}$$

Hierbei wurde unter Berücksichtigung der Gültigkeitsbedingungen für (2.109) und der GORDON-Zerlegung

$$\overline{u}(p_f)\gamma_0 u(p_i) \approx \frac{p_{i0}}{m} \delta_{s_i s_f} \tag{2.141}$$

gesetzt. Die GORDON-Zerlegung [25] spaltet den Elektronenstrom in einen Konvektionsstrom – ähnlich einem nichtrelativistischen Strom – und einen Spinstrom auf, der im Grenzfall unendlicher Streuenergie und endlichem Impulsübertrag verschwindet. Ausgeschrieben lautet nun die linke Seite von (2.139)

$$\begin{aligned} \int \frac{\mathrm{d}^3 p_f}{(2\pi)^3} S^\dagger(p_f, p_i) S(p_f, p_i') &= \delta_{s_i s_f} \delta_{s_i' s_f} \int \frac{\mathrm{d}^3 p_f}{(2\pi)^3} (2\pi)^2 \delta(p_{i0} - p_{f0}) \delta(p_{i0}' - p_{f0}) \times \\ &\int \mathrm{d}^2 x_\perp \mathrm{d}^2 y_\perp e^{-\mathrm{i}(\vec{p}_{i\perp} \vec{p}_{f\perp})\cdot \vec{x}_\perp - \mathrm{i}(\vec{p}_{i\perp}' - \vec{p}_{f\perp})\cdot \vec{y}_\perp} e^{\mathrm{i}(V(x_\perp) - V(y_\perp))} \end{aligned} \tag{2.142}$$

Mit der Näherung, daß im Hochenergie-Limes $p_{i0} \sim p_{iz}$, und $p_{f0} \sim p_{fz}$ folgt sofort die rechte Seite von (2.139). Statt durch die Näherung (2.141) kann die Unitarität der S-Matrix auch durch Summation über die Spins und Ausnutzung der Spur-Theoreme gezeigt werden. Hierbei wird wie in (2.109) der Impulsübertrag als vernachlässigbar angenommen, so daß die Spin-Summe näherungsweise aus dem Impulsintegral herausgezogen werden kann.
Zuletzt soll noch die LORENTZ-Invarianz der Streumatrix bzw. -amplitude gezeigt werden, d.h. wir wollen beweisen, daß die Streumatrizen (2.50) und (2.64) bzw. die Streuamplituden (2.107) und (2.118) in physikalisch gleichwertiger Weise die Streuung eines Elektrons an einem externen COULOMB-Feld im Grenzfall unendlicher Relativenergie beschreiben. Diese Aufgabe ist insofern problematisch, als die jeweiligen Berechnungen der Amplitude nicht in Inertialsystemen durchgeführt worden sind, denn es wurde angenommen, die Quelle bewege sich mit Lichtgeschwindigkeit. Für den Nachweis der LORENTZ-Invarianz wird die Eikonal-Phase aus der Betrachtung herausgenommen, da sie nur von Transversalimpulsen abhängt. Wir nehmen zunächst an, daß die betrachteten Inertialsysteme durch eine sehr große aber endliche Rapidität y miteinander verbunden sind. Ausgangspunkt ist die LORENTZ-Transformation (A.18) für Spinoren. Wir finden (gestrichene Größen beziehen sich auf das Bezugsystem, in dem die Quelle ruht und das Elektron ultrarelativistisch

ist)

$$\begin{aligned}\overline{u}(p_f)\gamma_+u(p_i) &= \frac{1}{2}u^\dagger(p_f)(\mathbb{1}+\alpha_3)\gamma_0\gamma_0(\mathbb{1}+\alpha_3)u(p_i) \quad , \\ &= \frac{1}{2\cosh^2(\frac{y}{2})}\overline{u}(p'_f)\gamma_0 u(p'_i) \quad . \end{aligned} \tag{2.143}$$

Für $y \to \infty$ gilt $\cosh(\frac{y}{2}) \sim \frac{1}{2}e^{y/2}$ und damit $2\cosh^2(\frac{y}{2}) \sim \cosh(y)$. Weiter ergibt sich

$$\begin{aligned}\delta(p_{i+}-p_{f+}) &= \delta\left(\frac{1}{\cosh(y)}(\cosh(y)p_{i+}-\cosh(y)p_{f+})\right) \quad , \\ &\approx \delta\left(\frac{1}{2\cosh(y)}(p'_{i+}-p'_{f+})\right) \quad , \\ &\approx \cosh(y)\delta(p'_{i0}-p'_{f0}) \quad . \end{aligned} \tag{2.144}$$

Dabei wird ausgenutzt, daß für $y \to \infty$ gilt $p'_+ = e^y p_+ \sim 2\cosh(y)p_+$ und $p'_+ \sim 2p'_0$. Damit folgt also

$$\delta(p_{i+}-p_{f+})\overline{u}(p_f)\gamma_+u(p_i) \approx \lim_{p'_{i0}\to\infty} \delta(p'_{i0}-p'_{f0})\overline{u}(p'_f)\gamma_0 u(p'_i) \quad , \tag{2.145}$$

womit die Übereinstimmung der in beiden betrachteten Bezugsystemen gefundenen Amplituden gezeigt ist.

2.6 Impulsraumdarstellung der Hochenergie-Streumatrix

2.6.1 Streuung an einer Punktladung

In diesem Abschnitt soll die Eikonal-Streumatrix im Impulsraum explizit berechnet werden. Dazu muß nur der Transversalanteil der Streumatrix betrachtet werden, d.h. wir wollen den Ausdruck

$$S_\pm(\vec{k}_\perp) = \int \mathrm{d}^2x_\perp e^{-\mathrm{i}\vec{k}_\perp\cdot\vec{x}_\perp}e^{\pm\mathrm{i}\chi(\vec{x})} \tag{2.146}$$

auswerten. Für die Streuung an sphärisch-symmetrischen Potentialen findet man allgemein

$$S_-(\vec{k}_\perp) = S_-(k_\perp) = S^*_+(k_\perp) \quad , \tag{2.147}$$

d.h. die Eikonal-Streumatrix für die Positronstreuung ist durch die Komplex-Konjugierte der Elektron-Streumatrix gegeben. Für ein reines COULOMB-Potential lautet das Eikonal

$$\chi(\vec{x}_\perp) = 2Z\alpha \ln x_\perp \quad . \tag{2.148}$$

Die zweidimensionale FOURIER-Transformation des Ausdrucks

$$e^{-\mathrm{i}\chi(\vec{x}_\perp)} = x_\perp^{-2\mathrm{i}Z\alpha}$$

läßt sich nur im Sinne verallgemeinerter Funktionen auswerten. So ist für $Z\alpha = 0$

$$\int \mathrm{d}^2 x e^{-\mathrm{i}\vec{k}_\perp \cdot \vec{x}_\perp} = (2\pi)^2 \delta(\vec{k}_\perp) \quad . \tag{2.149}$$

Für $\vec{k}_\perp \neq \vec{0}$ ist $\int \mathrm{d}^2 x_\perp e^{-\mathrm{i}\vec{k}_\perp \cdot \vec{x}_\perp} e^{-\mathrm{i}\chi(\vec{x}_\perp)} = \int \mathrm{d}^2 x_\perp e^{-\mathrm{i}\vec{k}_\perp \cdot \vec{x}_\perp} \left(e^{-\mathrm{i}\chi(\vec{x}_\perp)} - 1\right)$, was sich mit [140]

$$\int \mathrm{d}z z^\mu J_\nu(z) = (\mu + \nu - 1) z J_\nu(z) S_{\mu-1,\nu-1}(z) - z J_{\nu-1}(z) S_{\mu,\nu}(z) \tag{2.150}$$

vollständig durch LOMMEL- und BESSEL-Funktionen berechnen läßt. Für die Auswertung an den Integrationsgrenzen muß von der Eichfreiheit der Eikonal-Streumatrix Gebrauch gemacht werden. Wir schreiben:

$$\begin{aligned}
\int \mathrm{d}^2 x_\perp e^{-\mathrm{i}\vec{k}_\perp \cdot \vec{x}_\perp} \left(x_\perp^{-\mathrm{i}2Z\alpha} - 1\right) \quad \rightarrow &\quad \lim_{R\to\infty} 2\pi \int_0^R \mathrm{d}x_\perp x_\perp J_0(k_\perp x_\perp) \left(\left(\frac{x_\perp}{R}\right)^{-\mathrm{i}2Z\alpha} - 1\right) \quad , \\
= &\quad \lim_{R\to\infty} \frac{2\pi}{k_\perp^2} \Big[(k_\perp R)^{\mathrm{i}2Z\alpha} \left(-\mathrm{i}2Z\alpha x_\perp J_0(x_\perp) S_{-2\mathrm{i}Z\alpha,-1}(x_\perp)\right. \\
&\quad \left. + x_\perp J_1(x_\perp) S_{1-2\mathrm{i}Z\alpha,0}(x_\perp)\right) - x_\perp J_1(x_\perp) \Big]_0^{k_\perp R} \quad , \\
= &\quad \lim_{R\to\infty} \left(\frac{4}{k_\perp^2}\right)^{1-\mathrm{i}Z\alpha} R^{\mathrm{i}2Z\alpha} \Gamma^2(1 - \mathrm{i}Z\alpha) \sin(\pi \mathrm{i} Z\alpha) \quad , \\
= &\quad \lim_{R\to\infty} \pi \mathrm{i} Z\alpha \frac{\Gamma(1-\mathrm{i}Z\alpha)}{\Gamma(1+\mathrm{i}Z\alpha)} R^{\mathrm{i}2Z\alpha} \left(\frac{4}{k_\perp^2}\right)^{1-\mathrm{i}Z\alpha} \quad .
\end{aligned} \tag{2.151}$$

Der R-abhängige Term ist eine physikalisch irrelevante Phase. Die LOMMEL-Funktion $S_{\mu,\nu}(x)$ hat die Form [75, 140]

$$\begin{aligned}
S_{\mu,\nu}(x) &= s_{\mu,\nu}(x) + 2^{\mu-1} \Gamma(\frac{1}{2}\mu - \frac{1}{2}\nu + \frac{1}{2}) \Gamma(\frac{1}{2}\mu + \frac{1}{2}\nu + \frac{1}{2}) \\
&\quad \times \left(\sin\left(\frac{1}{2}(\mu - \nu)\pi\right) J_\nu(x) - \cos\left(\frac{1}{2}(\mu - \nu)\pi\right) N_\nu(x) \right) \quad ,
\end{aligned} \tag{2.152}$$

$$s_{\mu,\nu}(x) = x^{\mu-1} \sum_{m=0}^{\infty} \frac{(-1)^m \left(\frac{x}{2}\right)^{2m+2} \Gamma(\frac{1}{2}\mu - \frac{1}{2}\nu + \frac{1}{2}) \Gamma(\frac{1}{2}\mu + \frac{1}{2}\nu + \frac{1}{2})}{\Gamma(\frac{1}{2}\mu - \frac{1}{2}\nu + m + \frac{3}{2}) \Gamma(\frac{1}{2}\mu + \frac{1}{2}\nu + m + \frac{3}{2})} \quad . \tag{2.153}$$

Für die Berechnung der unteren Grenze wurde $s_{\mu,\nu}(x) \rightarrow 0$ und $J_0(x) N_1(x) - J_1(x) N_0(x) = -2/(\pi x)$ benutzt, die obere Grenze mit

$$\begin{aligned}
S_{\mu,\nu}(x) &= x^{\mu-1} \sum_{m=0}^{p-1} \frac{(-1)^m \Gamma(\frac{1}{2} - \frac{1}{2}\mu + \frac{1}{2}\nu + m) \Gamma(\frac{1}{2} - \frac{1}{2}\mu - \frac{1}{2}\nu + m)}{\left(\frac{x}{2}\right)^{2m} \Gamma(\frac{1}{2} - \frac{1}{2}\mu + \frac{1}{2}\nu) \Gamma(\frac{1}{2} - \frac{1}{2}\mu - \frac{1}{2}\nu)} + \mathcal{O}(x^{\mu-2p}) \quad , \\
&\approx x^{\mu-1} \left(1 - \frac{(\mu-1)^2 - \nu^2}{x^2} + \frac{((\mu-1)^2 - \nu^2)((\mu-3)^2 - \nu^2)}{x^4} - \cdots \right)
\end{aligned} \tag{2.154}$$

abgeschätzt (die in [75] angegebene Formel ist nicht korrekt). $N_\nu(x)$ ist die BESSEL-Funktion zweiter Art (NEUMANN-Funktion).

Wie jedoch in Anhang A.11.1 gezeigt wird, beinhaltet das Ergebnis (2.151) bereits den singulären Beitrag $\sim \delta(\vec{k}_\perp)$, so daß dieser Ausdruck sogar als FOURIER-Transformierte der vollen S-Matrix angesehen werden muß und nicht bloß, wie oft in der Literatur zu finden, der S-Matrix für $\vec{k}_\perp \neq \vec{0}$ bzw. der T-Matrix [33, 40, 43, 74]. Es gilt demnach

$$S_\pm(\vec{k}_\perp) = \mp\pi \mathrm{i} Z\alpha \frac{\Gamma(1 \pm \mathrm{i}Z\alpha)}{\Gamma(1 \mp \mathrm{i}Z\alpha)} \left(\frac{4}{k_\perp^2}\right)^{1 \pm \mathrm{i}Z\alpha} = \mp \frac{4\pi Z\alpha}{k_\perp^2} \left[\mathrm{i} \frac{\Gamma(1 \pm \mathrm{i}Z\alpha)}{\Gamma(1 \mp \mathrm{i}Z\alpha)} \left(\frac{4}{k_\perp^2}\right)^{\pm \mathrm{i}Z\alpha}\right] \tag{2.155}$$

Ähnlich zum nichtrelativistischen Fall [50, 103] sammeln sich die Einflüsse höherer Ordnungen in einer reinen Phase. Die TAYLOR-Entwicklung der Eikonal-Streumatrix nach Potenzen von $Z\alpha$ lautet [56]

$$\begin{aligned} &\pi \mathrm{i} Z\alpha \frac{\Gamma(1 - \mathrm{i}Z\alpha)}{\Gamma(1 + \mathrm{i}Z\alpha)} \left(\frac{4}{k_\perp^2}\right)^{1 - \mathrm{i}Z\alpha} \\ &\approx (2\pi)^2 \delta(\vec{k}_\perp) + 4\pi \mathrm{i} Z\alpha \frac{1}{k_\perp^2} + 4\pi(\mathrm{i}Z\alpha)^2 \frac{\ln(k_\perp^2/4) + C}{k_\perp^2} \\ &+ 2\pi(\mathrm{i}Z\alpha)^3 \frac{\ln^2(k_\perp^2/4) + 4C\ln(k_\perp^2/4) + 4C^2}{k_\perp^2} + \cdots \quad . \end{aligned} \tag{2.156}$$

Mit der EULERschen Konstanten C. Man mag hier den zweiten Term $\sim 1/k_\perp^2$ als FOURIER-Transformierte des Eikonals auffassen, d.h. als Impulsraumdarstellung des Transversalanteils des asymptotischen Potentials (2.26). In [79] wurde jedoch gezeigt, daß diese Zuordnung falsch ist und die FOURIER-Transformierte des Logarithmus eher zufällig auf den Hochenergielimes (2.99) führt. Die Ursache für diesen Fehler liegt darin, daß die Linearität der FOURIER-Transformation nur für endliche Summen garantiert ist und, angewandt auf unendliche Reihen wie die TAYLOR-Entwicklung der Exponentialfunktion, zu fehlerhaften Ergebnissen führen kann. Vor diesem Hintergrund erweist sich auch die Reduktion der exakten Hochenergie-Streuamplitude für die Bewegung eines Elektrons im Feld kollidierender Ionen (siehe Abschnitt 3.2) auf die niedrigste Ordnung Störungstheorie, wie in [126] durchgeführt, als unzutreffend. Die FOURIER-Transformation des Eikonals wird in Anhang A.11.2 vorgeführt.

2.6.2 Streuung an einer ausgedehnten Ladungsverteilung – der Eikonal-Formfaktor

Wir berechnen hier die FOURIER-Transformierte

$$S_-(\vec{k}_\perp) = \int \mathrm{d}^2 x_\perp e^{-\mathrm{i}\vec{k}_\perp \cdot \vec{x}_\perp} e^{-\mathrm{i}\chi(\vec{x}_\perp)} \tag{2.157}$$

für den Fall einer ausgedehnten, statischen Ladungsverteilung $\varrho(r)$. Es ist nicht möglich, einen allgemeinen analytischen Ausdruck für die Eikonal-Streumatrix zu finden und die Berechnung muß für eine bestimmte Ladungsverteilung jeweils numerisch durchgeführt werden.

Ausgehend von der allgemeinen Form des Eikonals

$$\chi(\vec{x}_\perp) = \int_{-\infty}^{\infty} \mathrm{d}t A_0(t, z, \vec{x}_\perp) \tag{2.158}$$

erhält man

$$\chi(\vec{x}_\perp) = Z\alpha \int \mathrm{d}^3r' \varrho(r') \ln(|\vec{x}_\perp - \vec{x}'_\perp|^2) \quad . \tag{2.159}$$

Hierbei ist

$$A_0(t, z, \vec{x}_\perp) = \int \mathrm{d}^3r' \varrho(r') \frac{Z\alpha\gamma}{\sqrt{(z' - \gamma(z + \beta t))^2 - (\vec{x}'_\perp - \vec{x}_\perp)^2}} \tag{2.160}$$

die Faltung der retardierten GREENschen Funktion mit der Ladungsverteilung $\varrho(r)$. Sie wurde hier der Einfachheit halber als kugelsymmetrisch angenommen und auf 1 normiert. Die Eichfreiheit erlaubt es wiederum, den divergenten Anteil des Zeit-Integrals in (2.158) zu vernachlässigen. Gleichung (2.159) kann auch direkt über die Eikonalisierungseigenschaft der FEYNMAN-Diagramme im Grenzfall unendlicher Energie erhalten werden. Man findet

$$\chi(\vec{x}_\perp) = \int \frac{\mathrm{d}^2k_\perp}{(2\pi)^2} e^{-\mathrm{i}\vec{k}_\perp \cdot \vec{x}_\perp} F(k_\perp) \frac{4\pi Z\alpha}{k_\perp^2 + \mu^2} \quad . \tag{2.161}$$

Dabei ist $F(k_\perp)$ der Ladungs-Formfaktor für $\omega/\gamma \to 0$

$$F(k_\perp) = \int \mathrm{d}^2x_\perp e^{-\mathrm{i}\vec{k}_\perp \cdot \vec{x}_\perp} T(x_\perp) \quad , \tag{2.162}$$

mit $T(x_\perp) = \int_{-\infty}^{\infty} \mathrm{d}z \varrho(z, \vec{x}_\perp)$ der nuklearen Dickefunktion. Man findet [62]

$$\chi(\vec{x}_\perp) = 4\pi Z\alpha \left[\ln(x_\perp) \int_0^{x_\perp} x' \mathrm{d}x' T(x') + \int_{x_\perp}^{\infty} x' \mathrm{d}x' \ln(x') T(x') \right] \quad , \tag{2.163}$$

bzw. [5]

$$\chi(\vec{x}_\perp) = 2Z\alpha \left[\ln(x_\perp) + 4\pi \int_{x_\perp}^{\infty} r^2 \mathrm{d}r \varrho(r) \left(\ln \frac{1 + \sqrt{1 - (x_\perp/r)^2}}{x_\perp/r} - \sqrt{1 - (x_\perp/r)^2} \right) \right] \quad . \tag{2.164}$$

In Analogie zur ersten BORNschen Näherung, in der der Effekt einer endlich ausgedehnten Ladungsverteilung durch den Ladungs-Formfaktor ausgedrückt wird, läßt sich im Fall der Eikonal-Wechselwirkung ein *Eikonal-Formfaktor* definieren. Diese Betrachtungsweise unterstützt das Bild vom Eikonal-Austausch bei hohen Streuenergien und erlaubt eine einfache Interpretation gemessener Streuquerschnitte (siehe Abschnitt auf Seite 49). Wir schreiben also ($k_\perp \neq 0$)

$$\int \mathrm{d}^2x_\perp e^{-\mathrm{i}\vec{k}_\perp \cdot \vec{x}_\perp} e^{-\mathrm{i}\chi(\vec{x}_\perp)} = \int \mathrm{d}^2x_\perp e^{-\mathrm{i}\vec{k}_\perp \cdot \vec{x}_\perp} \left(e^{-\mathrm{i}\chi(\vec{x}_\perp)} - 1 \right) = \frac{4\pi Z\alpha}{k_\perp^2} F_{\mathrm{eik}}(k_\perp) \quad . \tag{2.165}$$

Für den Fall einer Punktladung ist $F_{\mathrm{eik}}(k_\perp)$ eine reine Phase (siehe (2.155)) :

$$F_{\mathrm{eik}}(k_\perp) = \mathrm{i} \frac{\Gamma(1 - \mathrm{i}Z\alpha)}{\Gamma(1 + \mathrm{i}Z\alpha)} \left(\frac{k_\perp^2}{4} \right)^{\mathrm{i}Z\alpha} \tag{2.166}$$

Aus (2.163) bzw. (2.164) folgt direkt, daß das Eikonal im Außenraum der Ladungsverteilung mit dem einer Punktladung übereinstimmt:

$$\chi(\vec{x}_\perp) \simeq 2Z\alpha \ln x_\perp \tag{2.167}$$

für $x_\perp > R_0$, wobei R_0 allgemein die Ausdehnung der Ladungsverteilung bezeichnet. Nutzt man erneut die Eichfreiheit des Eikonals, so findet man mit (2.150) für den Eikonal-Formfaktor

$$\begin{aligned} F_{\text{eik}}(k_\perp) &= \frac{1}{2Z\alpha}\Bigg[\int_0^{k_\perp R_0} \mathrm{d}x_\perp x_\perp J_0(x_\perp)\left(e^{-\mathrm{i}\chi(x_\perp/k_\perp)+2\mathrm{i}Z\alpha\ln R_0}-1\right) \\ &\quad - (k_\perp R_0)^{1+2\mathrm{i}Z\alpha}\Big[(-2\mathrm{i}Z\alpha)J_0(k_\perp R_0)S_{-2\mathrm{i}Z\alpha,-1}(k_\perp R_0) \\ &\quad + J_1(k_\perp R_0)S_{1-2\mathrm{i}Z\alpha,0}(k_\perp R_0)\Big] + k_\perp R_0 J_1(k_\perp R_0)\Bigg] \quad . \end{aligned} \tag{2.168}$$

Die Eichung bewirkt auch hier wieder, daß der analytische Ausdruck für große $k_\perp R_0$ endlich ist. Darüber hinaus ist $\chi(x_\perp/k_\perp) - 2Z\alpha\ln R_0$ ausschließlich eine Funktion von $x_\perp/(k_\perp R_0)$. Einen anderen Ausdruck für $F_{\text{eik}}(k_\perp)$ erhält man durch die Umformung [62]

$$\int \mathrm{d}^2x_\perp e^{-\mathrm{i}\vec{k}_\perp\cdot\vec{x}_\perp}\left(e^{-\mathrm{i}\chi(\vec{x}_\perp)}-1\right) = -\frac{1}{k_\perp^2}\int \mathrm{d}^2x_\perp\left(\Delta e^{\mathrm{i}\vec{k}_\perp\cdot\vec{x}_\perp}\right)\left(e^{-\mathrm{i}\chi(\vec{x}_\perp)}-1\right) \quad . \tag{2.169}$$

Unter der Annahme einer Abschirmung des Potentials, $\chi(\vec{x}) \to 0$ für $x \to \infty$, liefert partielle Integration (siehe Anhang A.11.3)

$$\begin{aligned} F_{\text{eik}}(k_\perp) &= -\frac{1}{4\pi Z\alpha}\int \mathrm{d}^2x_\perp\left(\Delta e^{-\mathrm{i}\vec{k}_\perp\cdot\vec{x}_\perp}\right)\left(e^{-\mathrm{i}\chi(\vec{x}_\perp)}-1\right) \quad , \\ &= \int \mathrm{d}^2x_\perp e^{-\mathrm{i}\vec{k}_\perp\cdot\vec{x}_\perp}e^{-\mathrm{i}\chi(\vec{x}_\perp)}\left[\mathrm{i}T(x_\perp) + \frac{4\pi Z\alpha}{x_\perp^2}\left(\int_0^{x_\perp}\mathrm{d}x' x' T(x')\right)^2\right] \quad . \end{aligned} \tag{2.170}$$

Für große $x_\perp$ lautet der zweite Term in (2.170)

$$e^{-\mathrm{i}\chi(\vec{x}_\perp)}\frac{4\pi Z\alpha}{x_\perp^2}\left(\int_0^{x_\perp}\mathrm{d}x'_\perp x'_\perp T(x'_\perp)\right)^2 \approx e^{-2\mathrm{i}Z\alpha\ln x_\perp}\frac{Z\alpha}{\pi x_\perp^2} \quad , \tag{2.171}$$

so daß auch hier mit (2.150) eine analytische Lösung für den Außenraum der Ladungsverteilung gefunden werden kann:

$$\begin{aligned} F_{\text{eik}}(k_\perp) &\approx 2\pi\int_0^{R_0}\mathrm{d}x_\perp x_\perp J_0(k_\perp x_\perp)e^{-\mathrm{i}\chi(x_\perp)}\left[\mathrm{i}T(x_\perp) + \frac{4\pi Z\alpha}{x_\perp^2}\left(\int_0^{x_\perp}\mathrm{d}x' x' T(x')\right)^2\right] \\ &\quad +2\mathrm{i}Z\alpha k_\perp^{1+2\mathrm{i}Z\alpha}R_0[(2+2\mathrm{i}Z\alpha)J_0(k_\perp R_0)S_{-2-2\mathrm{i}Z\alpha,-1}(k_\perp R_0) \\ &\quad +J_1(k_\perp R_0)S_{-1-2\mathrm{i}Z\alpha,0}(k_\perp R_0)] \quad . \end{aligned} \tag{2.172}$$

Für konkrete Rechnungen brauchbare Ausdrücke der LOMMEL-Funktionen existieren nur in Form einer asymptotischen Entwicklung für große Argumente (2.154). Der Parameter

R_0 muß in (2.168) bzw. (2.172) so gewählt werden, daß einerseits die gesamte Ladungsverteilung im Bereich $x_\perp \leq R_0$ eingeschlossen ist, andererseits $k_\perp R_0$ so groß ist, daß man sich auf wenige Terme von (2.154) beschränken kann. Für $k_\perp R_0 \geq 10$ erzielt man bereits mit den ersten drei Termen der asymptotischen Reihe eine relative Genauigkeit von $< 0.05\%$. Der Vorteil der halbanalytischen Methoden (2.168) und (2.172) liegt daher gerade im Bereich großer Impulsüberträge, in dem durch sie die numerische Berechnung des Eikonal-Formfaktors erheblich beschleunigt werden kann. Die verbleibenden Integrtionen über den Raumbereich der Ladungsverteilung kann durch GAUSS-Integration ausgeführt werden.

Modellrechnungen

In dieser Arbeit werden die Eikonal-Formfaktoren für vier verschiedene Ladungsverteilungen berechnet.

i) GAUSS-förmige Ladungsverteilung

$$\varrho(r) = \frac{Q_0^3}{(2\pi)^{3/2}} e^{-(Q_0^2/2)r^2} \quad . \tag{2.173}$$

Das Eikonal $\chi(x_\perp)$ berechnet sich zu

$$\chi(\vec{x}_\perp) = Z\alpha(\ln x_\perp^2 + E_1(x_\perp^2 Q_0^2/2)) \quad , \tag{2.174}$$

E_1 ist die Exponential-Integral Funktion [3].

ii) Dipol-Ladungsverteilung

$$\varrho(r) = \frac{\Lambda^2}{4\pi r} e^{-\Lambda r} \quad , \tag{2.175}$$

mit

$$\chi(\vec{x}_\perp) = Z\alpha(\ln x_\perp^2 + 2K_0(\Lambda x_\perp)) \quad . \tag{2.176}$$

Im Impulsraum lautet der Dipol-Formfaktor

$$F(k_\perp) = \frac{\Lambda^2}{k_\perp^2 + \Lambda^2} \quad , \tag{2.177}$$

was auf eine PAULI-VILLARS Regularisierung der COULOMB-Wechselwirkung führt

$$\frac{1}{k_\perp^2} \frac{\Lambda^2}{k_\perp^2 + \Lambda^2} = \frac{1}{k_\perp^2} - \frac{1}{k_\perp^2 + \Lambda^2} \quad . \tag{2.178}$$

iii) Homogen geladene Kugel

$$\varrho(r) = \frac{3}{4\pi R^3} \theta(R - r) \quad , \tag{2.179}$$

wobei R der Radius der Kugel ist. Das Eikonal lautet

$$\begin{aligned} \chi(\vec{x}_\perp) &= 2Z\alpha \Bigg\{ \theta(R - x_\perp) \Bigg[\ln(R) + \ln\left(1 + \sqrt{1 - \left(\frac{x_\perp}{R}\right)^2}\right) \\ &\quad - \frac{1}{3}\sqrt{1 - \left(\frac{x_\perp}{R}\right)^2}\left(4 - \left(\frac{x_\perp}{R}\right)^2\right) \Bigg] + \theta(x_\perp - R)\ln(x_\perp) \Bigg\} \quad . \end{aligned} \tag{2.180}$$

iv) FORD-HILL Ladungsverteilung

$$\varrho(r) = \varrho_0 \left[\theta(R-r)\left(1 - \frac{1}{2}e^{-n(1-r/R)}\right) + \theta(r-R)\frac{1}{2}e^{-n(r/R-1)}\right] \quad , \tag{2.181}$$

mit

$$\varrho_0 = \frac{3}{4\pi R^3\left(1 + 6/n^2 + 3e^{-n}/n^3\right)} \quad . \tag{2.182}$$

Das Eikonal ergibt sich zu

$$\begin{aligned}
\chi(\vec{x}_\perp) \;=\; & 2Z\alpha\Bigg\{\theta(R-x_\perp)4\pi\varrho_0\left[2\ln x_\perp\frac{R^3}{n^3}\left(\frac{nx_\perp}{R}\cosh\left(n-\frac{nx_\perp}{R}\right)\right.\right.\\
& \left.+\sinh\left(n-\frac{nx_\perp}{R}\right)+\frac{e^{-n}}{2}\right)\\
& +\frac{R^3}{3}\left(\ln(R+\sqrt{R^2-x_\perp^2})-\sqrt{1-\left(\frac{x_\perp}{R}\right)^2}-\frac{1}{3}\left(1-\left(\frac{x_\perp}{R}\right)^2\right)^{3/2}\right)\\
& -\frac{R}{n}\int_{x_\perp}^{R}\mathrm{d}r\sinh\left(n-\frac{nr}{R}\right)\left(2r\ln(r+\sqrt{r^2-x_\perp^2})-\sqrt{r^2-b^2}\right)\\
& \left.+e^n\frac{R^2}{n^2}\left(\frac{x_\perp}{2}K_1\left(\frac{nx_\perp}{R}\right)+\frac{R}{n}K_0\left(\frac{nx_\perp}{R}\right)\right)\right]\\
& +\theta(x_\perp-R)\left[\ln x_\perp+4\pi\varrho_0e^n\frac{R^2}{n^2}\left(\frac{x_\perp}{2}K_1\left(\frac{nx_\perp}{R}\right)+\frac{R}{n}K_0\left(\frac{nx_\perp}{R}\right)\right)\right]\Bigg\}
\end{aligned} \tag{2.183}$$

Diskussion der Eikonal-Formfaktoren

Für die Diskussion der berechneten Formfaktoren erweist sich die Form (2.170) als vorteilhaft. Für $Z\alpha \to 0$ kann der zweite Term vernachlässigt werden. Mit $e^{-\mathrm{i}\chi(x_\perp)} \approx 1$ reduziert sich der Eikonal-Formfaktor somit auf die erste BORNsche Näherung

$$F_{\text{eik}}(k_\perp) \approx \mathrm{i}\int \mathrm{d}^2k_\perp e^{-\mathrm{i}\vec{k}_\perp\cdot\vec{x}_\perp}T(x_\perp) = \mathrm{i}F(k_\perp) \quad . \tag{2.184}$$

Abbildung 2.5 zeigt die Eikonal-Formfaktoren für die Ladungsverteilungen i) - iv). Die numerischen Berechnungen wurden jeweils für verschiedene Ordnungszahlen Z durchgeführt, die Ausdehnung der Quelle ist in allen Fällen an einen Bleikern angepaßt worden. Dies sind im einzelnen die Werte: i) $Q_0 = 60$ MeV [54], ii) $\Lambda = 68.35$ MeV gemäß $\Lambda^2 = 0.164\text{GeV}^2A^{-2/3}$ [133] - in [83, 84] wird $\Lambda = 83$ MeV benutzt, der in [93] angegebene Wert $\Lambda = 30$ MeV ist wesentlich zu klein, iii) $R = 1.12A^{1/3}\,\text{fm} \simeq 6.636\,\text{fm}$ und iv) $n = 9$, $R = 6.3$ fm. Die Parameter des FORD-HILL Modells wurden an Daten angepaßt (siehe folgenden Abschnitt). Als Vergleich sind die zugehörigen Formfaktoren in erster BORNscher Näherung angegeben. Sie lauten

$$F^{(i)}(k_\perp) = e^{-Q_0^2k_\perp^2} \quad , \tag{2.185}$$

$$F^{(ii)}(k_\perp) = \frac{\Lambda^2}{k_\perp^2+\Lambda^2} \quad , \tag{2.186}$$

$$F^{(iii)}(k_\perp) = 3\frac{j_1(k_\perp R)}{k_\perp R} = 3\frac{\sin(k_\perp R) - k_\perp R\cos(k_\perp R)}{(k_\perp R)^3} \quad , \tag{2.187}$$

$$F^{(iv)}(k_\perp) = \frac{4\pi\varrho_0}{k_\perp}\left[R\,j_1(k_\perp R) + \frac{R^2}{(n^2+k_\perp^2R^2)}\left(k_\perp R\cos(k_\perp R) + \frac{(n^2-k_\perp^2R^2)}{(n^2+k_\perp^2R^2)}\sin(k_\perp R)\right)\right.$$
$$\left. + \frac{k_\perp R^3 n e^{-n}}{(n^2+k_\perp^2R^2)^2}\right] \quad . \tag{2.188}$$

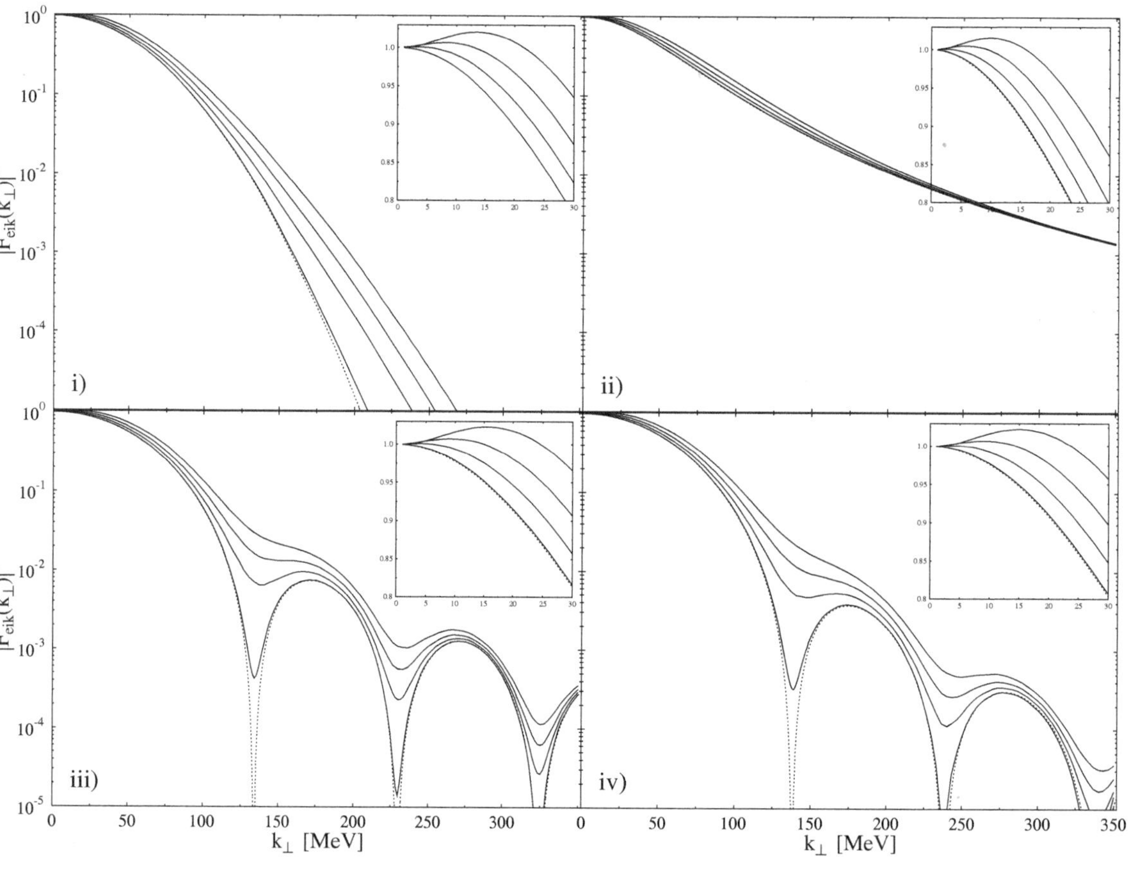

Abbildung 2.5: Die Eikonal-Formfaktoren für die Ladungsverteilungen i) - iv). Zur separaten Betrachtung der Z-Abhängigkeit wurde die Ausdehnung der Ladungsverteilung für einen Bleikern fixiert. Die Ordnungszahlen sind jeweils von unten nach oben $Z = 10, 40, 60, 80$. Die gepunktete Linie gibt die erste BORNsche Näherung wieder. Bei kleinen Impulsüberträgen $k_\perp$ kann der Eikonal-Formfaktor größer als Eins werden.

In Abbildung 2.6 ist eine konkrete Rechnung für einen leichten (Ca) und einen schweren Kern (Pb), jeweils mit den Ladungsverteilungen iii) und iv), gezeigt. Für iv) lauten die Parameter für Kalzium: $n = 4.6$, $R = 3.7$ fm. Der Beitrag des ersten Terms in (2.170) ist ebenfalls angegeben. Man sieht, daß die Abweichung des Eikonal-Formfaktors von der ersten BORNschen Näherung hauptsächlich durch den zweiten Term bestimmt ist und stark von Z abhängt. Diese Abhängigkeit erklärt sich durch den zusätzlichen Faktor $\sim Z$ relativ zum ersten Term.

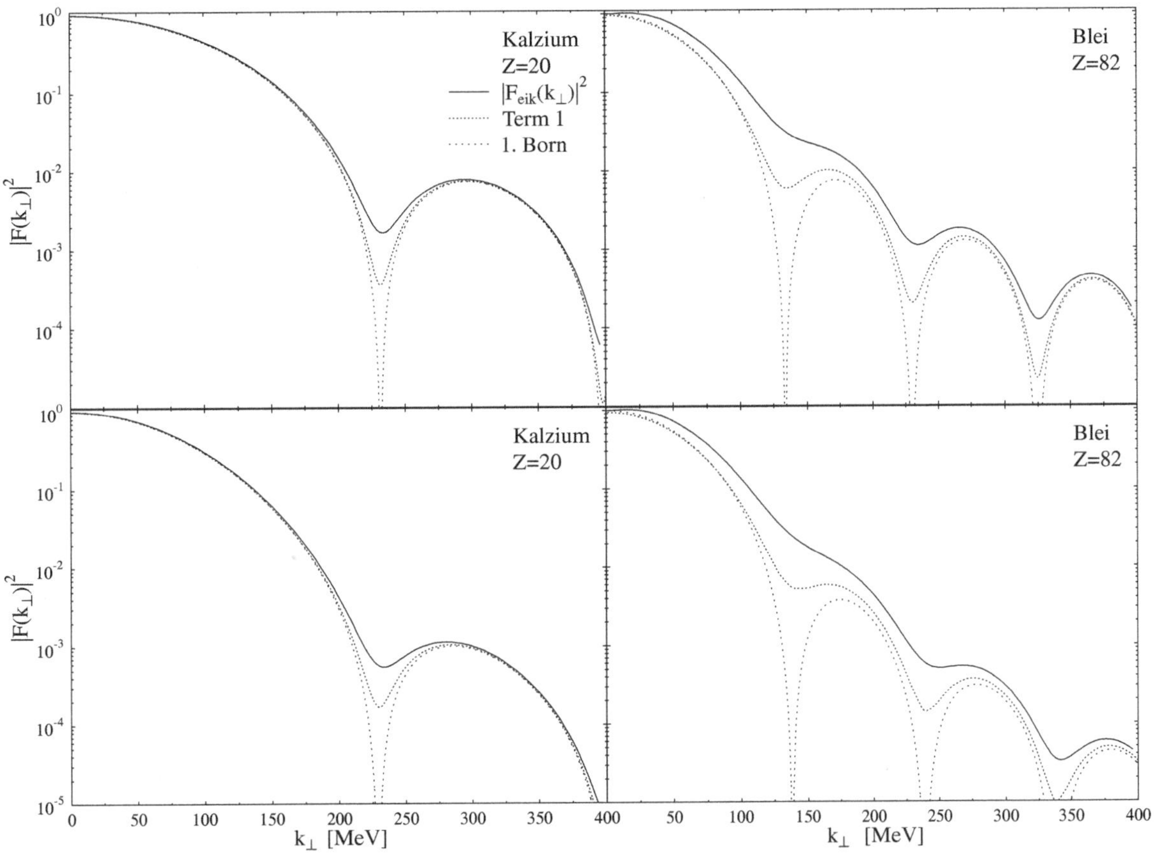

Abbildung 2.6: Der Eikonal-Formfaktor für die Ladungsverteilungen iii) (obere Abbildungen) und iv) jeweils für einen Kalzium- und einen Bleikern. Das scharfe Abschneiden der Ladungsverteilung iii) bei $x_\perp = R$ führt zu einem schwächeren Abfall bei großen Impulsüberträgen.

Man sieht, daß die in der Eikonal-Näherung betrachteten höheren Ordnungen die scharfen Diffraktionsminima auffüllen bzw. für große Z teilweise vollständig auswaschen [5, 62]. Dieses im Einklang mit Daten geforderte Verhalten wurde sowohl in Rechnungen mit verzerrten COULOMB-Wellen [76] als auch in Partialwellenentwicklungen [86, 148, 149] gefunden (für den Zusammenhang der Eikonal-Näherung mit der Partialwellenentwicklung der Streuamplitude siehe Anhang A.12).
Für große Impulsüberträge ist der Eikonal-Formfaktor stets größer als die BORNsche Näherung und kleiner als eins, wohingegen im Bereich kleiner Impulsüberträge eine Oszillation von $\mid F_{\text{eik}}(k_\perp) \mid^2$ um eins und um $\mid F(k_\perp) \mid^2$ gefunden wird (Abbildung 2.7). Es

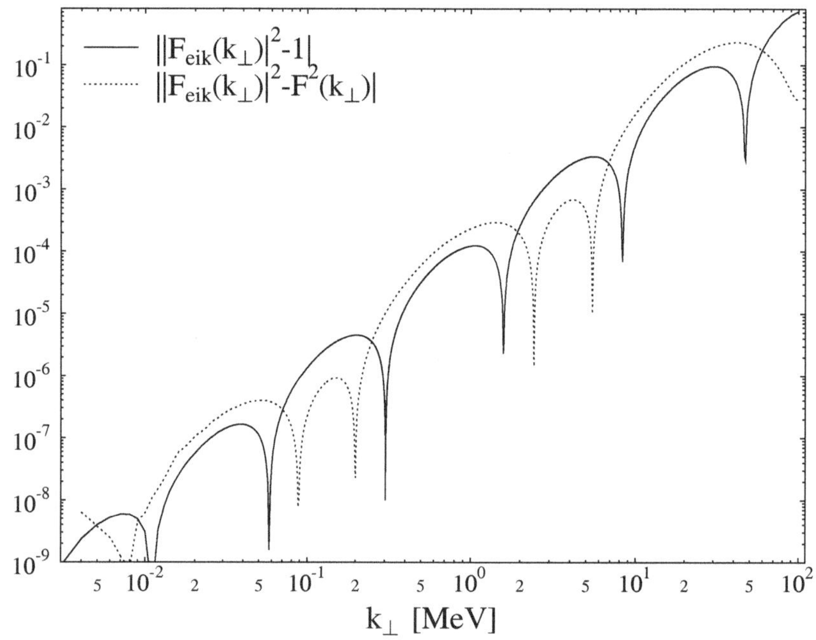

Abbildung 2.7: Das Verhalten des Eikonal-Formfaktors bei kleinen Impulsüberträgen $q_\perp R_0 \ll 1$. Zur Verstärkung der Oszillationen wurde die Berechnung für $Z = 130$ durchgeführt. Als Ladungsverteilung wurde eine homogen geladene Kugel angenommen, mit R für einen Bleikern.

gilt näherungsweise ($k_\perp R_0 \ll 1$) [59] (siehe Anhang A.11.4)

$$\mid F_{\text{eik}}(k_\perp) \mid^2 \approx 1 + \frac{k_\perp^2 R_0^2}{Z\alpha} a \sin\left(2Z\alpha \ln \frac{k_\perp R_0}{2} - \psi\right) \tag{2.189}$$

a und ψ sind der Betrag und das Argument von

$$e^{2\arg\Gamma(1+\mathrm{i}Z\alpha)}\left(\int_0^1 \mathrm{d}x x e^{-\mathrm{i}\tilde{\chi}(x)} - \frac{1}{2-2\mathrm{i}\nu}\right) \tag{2.190}$$

$\tilde{\chi}(x) = \chi(R_0 x) - 2Z\alpha \ln R_0$ hängt nur von x ab, so daß (2.189) bis $\mathcal{O}(k_\perp^2 R_0^2)$ unabhängig ist von der Ausdehnung der Ladungsverteilung. R_0 bezeichnet den generischen Parameter für die Ausdehnung der Ladungsverteilung, d.h. beispielsweise $R_0 = R$ für eine homogen geladene Kugel oder $R_0 = 1/\Lambda$ für die Dipol-Ladungsverteilung. Aus (2.189) folgt,

daß sich die Oszillationen des Eikonal-Formfaktors mit abnehmenden R_0 zu größeren Impulsüberträgen erstrecken. Im Grenzfall $k_\perp \to 0$ findet man natürlich $\mid F_{\text{eik}}(k_\perp) \mid^2 \approx 1$ (siehe auch [62]). Das Verhalten bei kleinen Impulsüberträgen rührt von der Wechselwirkung in großen Abständen von der Quelle her und wird daher vom zweiten Term in (2.170) bestimmt, da der erste Term mit $T(x_\perp) \simeq 0$ für $x_\perp > R_0$ auf den Raumbereich der Ladungsverteilung beschränkt ist. Da (2.167) für beliebige Ladungsverteilungen gilt, ist das Verhalten bei kleinen $k_\perp$ universell.
Die Oszillationen des Eikonal-Formfaktors, denenzufolge der differentielle Wirkungsquerschnitt $d\sigma \propto \mid F_{\text{eik}}(k_\perp) \mid^2$ für die Streuung eines Elektrons im Feld einer ausgedehnten Quelle für bestimmte Impulsüberträge größer wird als der Punktladungs-Wirkungsquerschnitt, stellen ein Kohärenzphänomen des betrachteten Multi-Photonen-Austauschs dar.

Datenvergleich

In diesem Abschnitt soll der Einfluß von Korrekturen höherer Ordnung durch den Vergleich von Rechnungen und experimentellen Daten diskutiert werden. Es ergibt sich zusätzlich die Schwierigkeit, daß die Eikonal-Näherung nur bei unendlich hohen Streuenergien exakt ist und hinsichtlich der im Experiment zur Verfügung stehenden endlichen Energien korrigiert werden muß.
In der Eikonal-Näherung werden die streuenden Teilchen auf geraden Trajektorien propagiert, der Einfluß des Feldes $V(r)$ demnach vernachlässigt. Das Feld bewirkt die Änderung der Energie des Teilchens beim Anflug an das Streuzentrum

$$p_0 \to p_0 + V(r) \quad . \tag{2.191}$$

Die Modulation der DEBROGLIE-Wellenlänge des Teilchens [5] läßt das Streuzentrum um den Faktor $(1 + V(r)/p_0)$ vergrößert bzw. verkleinert erscheinen. Als Folge werden Strukturen des Formfaktors bei $k_\perp$ zu Impulsüberträgen $k_\perp/(1+V(r)/p_0)$ verschoben. In einem attraktiven (repulsiven) Potential werden Strukturen wie etwa Diffraktionsminima zu kleineren (größeren) Impulsen verschoben.
Eine solche Asymmetrie zwischen beispielweise Elektron- und Positronstreuung tritt erst in höheren Ordnungen der Störungstheorie auf, da in der ersten BORNschen Näherung die Propagation der Teilchen im äußeren Feld nicht eingeht. Die Verschiebung und Auffüllung der Diffraktionsminima relativ zur ersten BORNschen Näherung ist in der impliziten Berücksichtigung höherer Ordnungen in einer Partialwellenentwicklung beobachtet worden [86, 148, 149] (siehe in diesem Zusammenhang auch Anhang A.12). Für $p_0 \to \infty$ wird der Korrekturfaktor ≈ 1. Dadurch verschwindet die Asymmetrie zwischen Elektron- und Positronstreuung. Dies entspricht wieder dem Bild eines einfachen (Eikonal-) Austauschs ohne Propagation der Teilchen im äußeren Feld und ist in Einklang mit dem in Abschnitt 2.3.3 angesprochenen POMERANCHUK-Theorem.
Wegen $(1 + V(r)/p_0) \approx 1/(1 - V(r)/p_0)$ für große E, ist die Korrektur für Antiteilchen gerade das Inverse der Teichen-Korrektur.
Zuletzt muß wegen der scheinbaren Vergrößerung des Streuzentrums um den Faktor $(1 + V(r)/p_0)$ auch der Wirkungsquerschnitt ($\sim$ Fläche) um den Faktor $(1 + V(r)/p_0)^2$

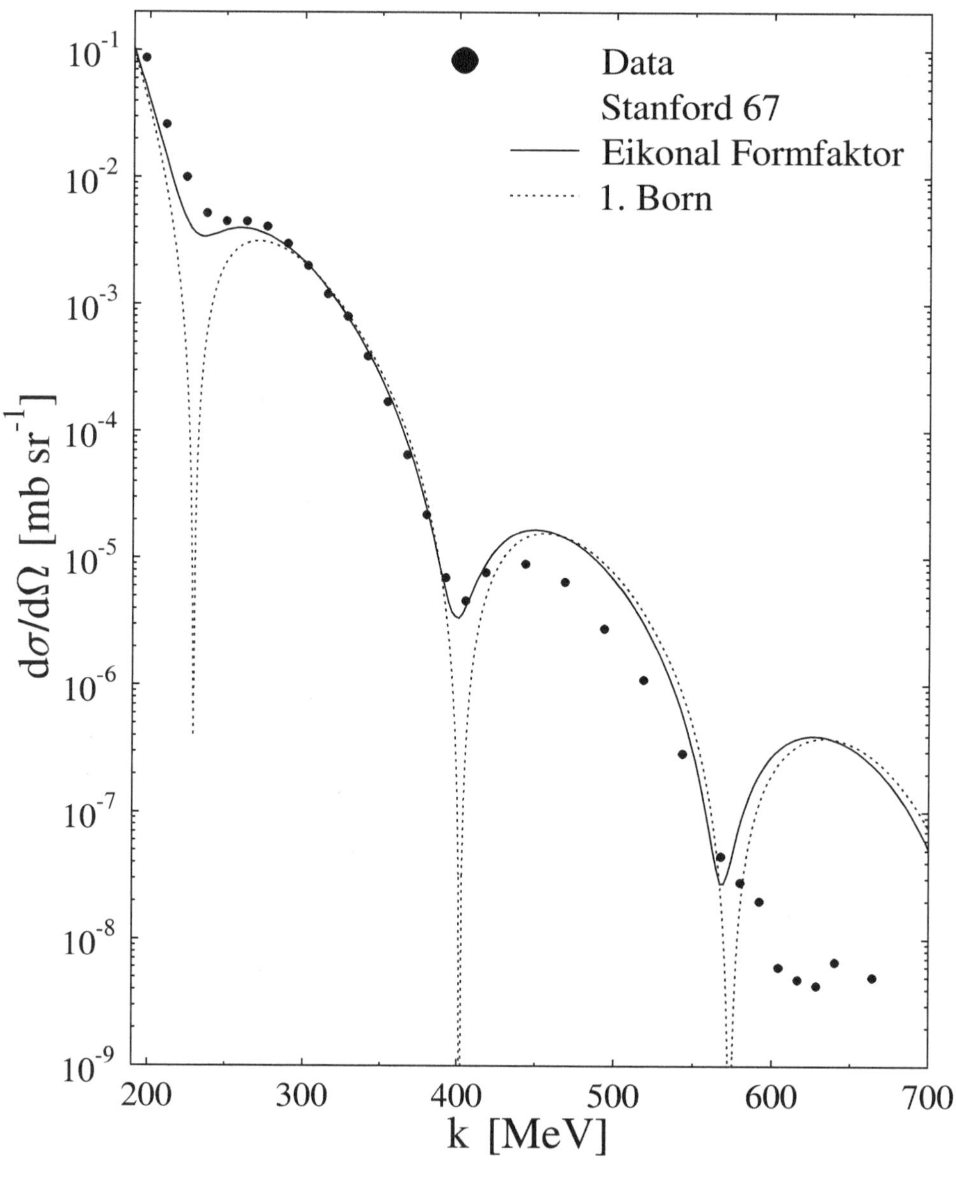

Abbildung 2.8: Vergleich des Eikonal-Formfaktors für die FORD-HILL Ladungsverteilung eines Kalziumkerns ($n = 4.6$, $R = 3.7$ fm) mit Daten [16].

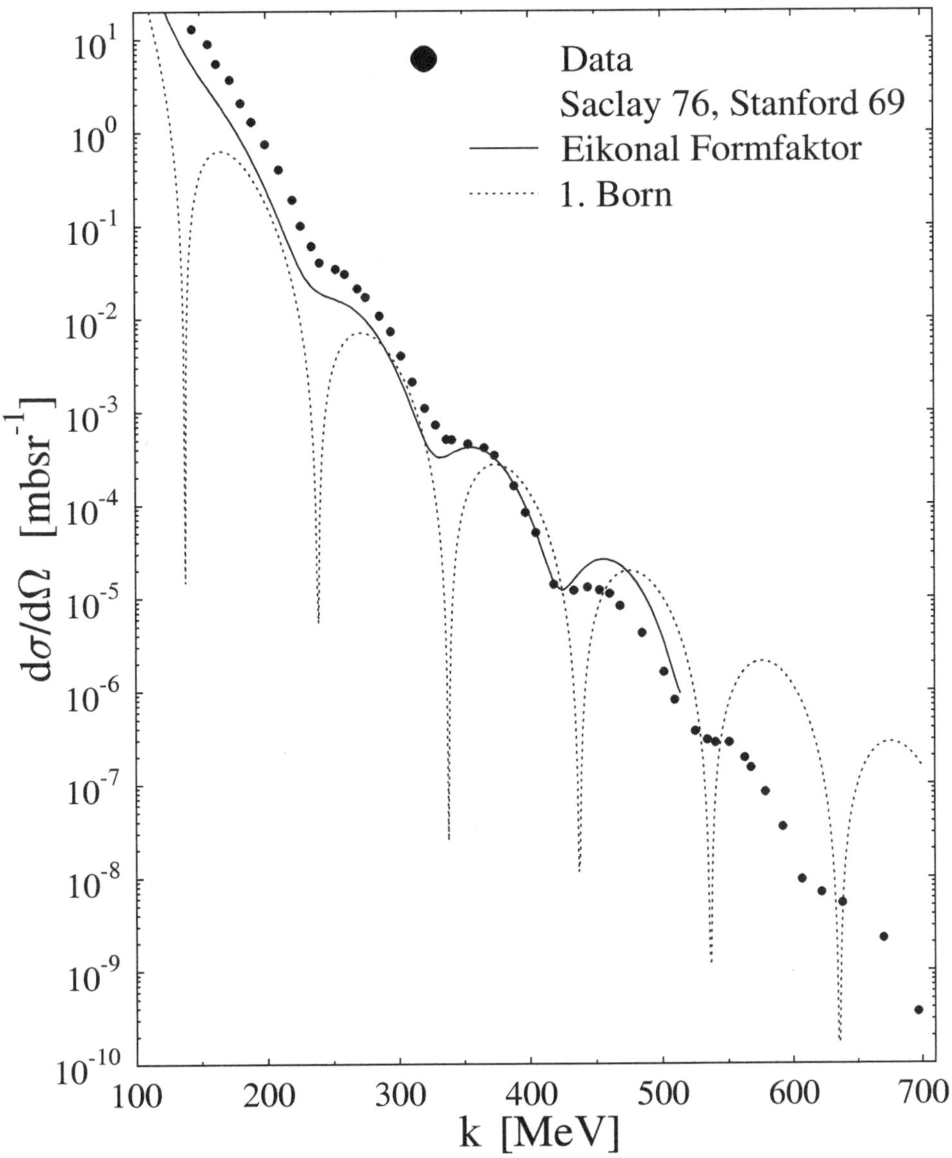

Abbildung 2.9: Vergleich des Eikonal-Formfaktors Bleikerns ($n = 9$, $R = 6.3$ fm) mit Daten [68].

vergrößert werden. Für eine vernünftige Abschätzung des Effektes nimmt man für den Korrekturfaktor das Potential am Kernradius $V(R)$ [63].
Das Wesen der hier benutzten Korrektur macht man sich leicht klar. Wir betrachten die Streuung von Teilchen an einer vollständig absorbierenden schwarzen Kugel mit Radius R. Der Wirkungsquerschnitt ist $\sigma = \pi R^2$. Erzeugt diese Kugel zusätzlich ein attraktives Kraftfeld, treffen auch noch Teilchen mit Stoßparameter $b > R$ auf die Kugel. Ein Modell, das dieses Feld nicht berücksichtigt, den Wirkungsquerschnitt jedoch beschreiben will, geht zwangsläufig von einer größeren Ausdehnung der Kugel aus. Die einfachste – phänomenologische – Korrektur stellt daher eine Vorschrift dar, wie die wahre Ausdehnung des Streuzentrums in die scheinbar größere Ausdehnung umzurechnen ist.
In [62] ist der Korrekturfaktor mit dem falschen Vorzeichen angegeben worden. Dies bewirkt eine Verschiebung der Strukturen im Wirkungsquerschnitt zu größeren Impulsüberträgen und entspricht der Beschreibung der Streuung von Positronen.
Der Wirkungsquerschnitt ist durch den MOTTschen Streuquerschnitt, multipliziert mit dem Eikonal-Formfaktor gegeben

$$\frac{d\sigma}{d\Omega} \approx Z^2\alpha^2 \frac{4p_0^2 - k_\perp^2}{k_\perp^4} \mid F_{\text{eik}}(k_\perp) \mid^2 \quad , \tag{2.192}$$

in dem die oben diskutierten Modifikationen vorzunehmen sind.
Die Abbildungen 2.8 und 2.9 zeigen die gemessenen differentiellen Wirkungsqerschnitte für 750 MeV Elektronen an Kalzium [16] bzw. 502 MeV Elektronen an Blei [68]. Die Rechnungen wurde mit einer FORD-HILL Ladungsverteilung mit $n = 4.6$, $R = 3.7$ fm (Kalzium) und $n = 9$, $R = 6.3$ fm (Blei) durchgeführt. Die Ergebnisse mit Eikonal-Formfaktor wurden gemäß obigen Überlegungen korrigiert. Man sieht, daß die Berücksichtigung höherer Ordnungen die gemessen Wirkungsquerschnitte wesentlich besser beschreiben. Bei großen Impulsüberträgen $k_\perp \sim p_0$ verliert die Eikonal-Näherung ihre Gültigkeit. Für die alternative Beschreibung gemessener Wirkungsquerschnitte sei auf die Partialwellenentwicklung der Streuamplitude in [86] verwiesen.

2.7 Die WEIZSÄCKER-WILLIAMS-Methode der äquivalenten Photonen

Die elektromagnetischen Felder einer ultrarelativistischen Ladung sind fast identisch mit einem freien, transversal polarisierten Strahlungsfeld. So ist es in erster Ordnung Störungstheorie äquivalent zu sagen, eine Wechselwirkung finde mit einem ultrarelativistischen Teilchen oder einem Schwarm reeller Photonen mit einer bestimmten Energieverteilung statt. Es soll hier mit Hilfe der in Abschnitt 2.4 vorgestellten Formulierung der Störungstheorie durch SUDAKOV-Variablen gezeigt werden, wie sich diese Äquivalenz herleiten läßt. Für alternative Herleitungsmethoden sei auf die zahlreiche Literatur verwiesen [31, 49, 51, 64, 104, 144, 145].
Allgemein läßt sich im Hochenergielimes die Streuamplitude schreiben als

$$\mathcal{M}^{(n)} = \int \prod_{i=1}^{n-1} d^2k_\perp^{(i)} \prod_{i=1}^{n-1} \frac{1}{k_\perp^{(i)2}} Q_{\mu_1\mu_2\cdots\mu_n} R_{\nu_1\nu_2\cdots\nu_n} (\tilde{p}'^{\mu_1} \ldots \tilde{p}'^{\mu_n})(\tilde{p}^{\nu_1} \ldots \tilde{p}^{\nu_n}) \quad , \tag{2.193}$$

mit $\tilde{p}$ und $\tilde{p}'$ den lichtartigen Vektoren aus Abschnitt 2.4. Hierbei beschreiben Q bzw. R die Prozesse entlang der oberen bzw. unteren Teilchenlinie. Diese können im allgemeinen sowohl elastisch als auch inelastisch sein. Die Eichinvarianz der Streuamplitude fordert nun

$$k^{(i)\mu_i} Q_{\mu_1\mu_2\cdots\mu_i\cdots\mu_n} = k^{(j)\nu_j} R_{\nu_1\nu_2\cdots\nu_j\cdots\nu_n} \equiv 0 \quad . \tag{2.194}$$

Dies ist gleichbedeutend mit der Bedingung, daß die streuenden Teilchen durch erhaltene Ströme beschrieben werden. Mit der Zerlegung (2.125) findet man beispielsweise [78]

$$k^{(i)\mu_i} Q_{\mu_1\mu_2\cdots\mu_i\cdots\mu_n} = (\alpha_i \tilde{p} + \beta_i \tilde{p}' + k_\perp^{(i)})^{\mu_i} Q_{\mu_1\mu_2\cdots\mu_i\cdots\mu_n} = 0 \quad , \tag{2.195}$$

woraus folgt

$$Q_{\mu_1\mu_2\cdots\mu_i\cdots\mu_n} \tilde{p}'^{\mu_i} \approx Q_{\mu_1\mu_2\cdots\mu_i\cdots\mu_n} \frac{k_\perp^{(i)\mu_i}}{\beta_i} \quad . \tag{2.196}$$

Dies setzt voraus, daß $\alpha_i \tilde{p}/|k_\perp^{(i)}| \ll 1$, was gewährleistet ist, da die intermediären Propagatoren in Q proportional zu $\tilde{p}$ sind und in der dominanten Region $\alpha_i, \beta_i \sim \mathcal{O}(1/s)$. Der $\tilde{p}$-Anteil von $k^{(i)\mu_i}$ liefert also einen Beitrag der Ordnung $1/s$ verglichen mit den anderen Komponenten. Analog kann entlang der unteren Teilchenlinie der $\tilde{p}'$ Anteil des Photonimpulses vernachlässigt werden.

2.7.1 Ein-Photon-Austausch

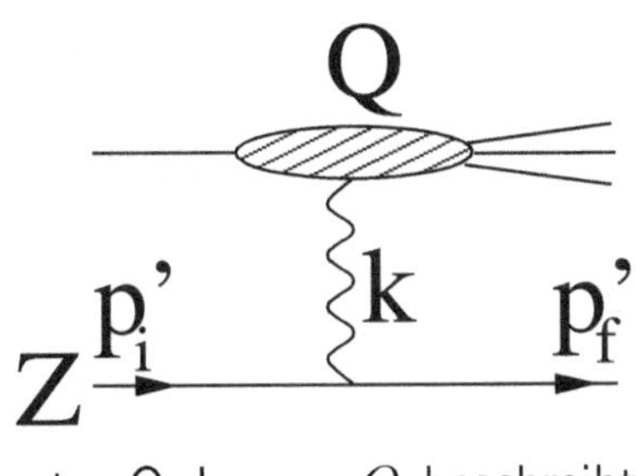

Abbildung 2.10: Streuprozess in erster Ordnung. Q beschreibt hier einen beliebigen Prozess, der auch in der Wechselwirkung mit einem reellen Photon k möglich ist.

Die Amplitude für einen Streuvorgang in erster Ordnung (siehe Abbildung 2.10) lautet

$$\mathcal{M}^{(1)} = \frac{1}{s\alpha\beta + k_\perp^2} Q_\mu Ze\overline{u}(p_f')\gamma_\nu u(p_i') \frac{2\tilde{p}'^\mu \tilde{p}^\nu}{s} \quad , \tag{2.197}$$

$$\approx \frac{\vec{k}_\perp}{\beta k_\perp^2} \vec{Q}_\perp Ze\overline{u}(p_f')\gamma_\nu u(p_i') \frac{2\tilde{p}^\nu}{s} \quad . \tag{2.198}$$

Der Ausdruck

$$\vec{\mathcal{A}}_\perp := \frac{\vec{k}_\perp}{\beta k_\perp^2} \frac{2\tilde{p}^\nu}{s} Ze\overline{u}(p_f')\gamma_\nu u(p_i') \tag{2.199}$$

wird als MøLLER-Potential $\vec{\mathcal{A}}_\perp$ verstanden. Es ist die Lösung der inhomogenen MAXWELL-Gleichung mit $Ze\overline{u}(p'_f)\gamma_\nu u(p'_i)$ als Stromdichte der äußeren Quelle. Es ist davon auszugehen, daß das untere Teilchen näherungsweise semiklassisch beschrieben werden darf (der Spinstrom in der GORDON-Zerlegung verschwindet) und schreiben

$$\vec{\mathcal{A}}_\perp \approx \frac{1}{m'}\frac{\vec{k}_\perp}{\beta k_\perp^2} Ze\delta_{s's} \quad . \tag{2.200}$$

Hierbei soll $p_f'^\mu \approx p_i'^\mu$ gelten, d.h. daß der an das Strahlungsfeld abgegebene Impuls gegenüber dem Impuls des unteren Teilchens vernachlässigbar ist.
Mit $\frac{1}{2}\beta\sqrt{s} \approx \omega$ wird die Energie des Photons und mit $\frac{1}{2}(1-\beta)\sqrt{s} \sim \frac{1}{2}\sqrt{s} \approx p'_{i0}$ die Energie des unteren Teilchens vor und nach dem Stoß bezeichnet. Das MøLLER-Potential lautet also (Anfangs- und Endspin des Teilchens sind gemäß des KRONECKER-Deltas gleichgesetzt worden)

$$\vec{\mathcal{A}}_\perp \approx \frac{\vec{k}_\perp}{\omega}\frac{Ze}{k_\perp^2}\frac{p'_{i0}}{m'} \quad . \tag{2.201}$$

Eingesetzt in (2.198) lautet die Streuamplitude

$$\mathcal{M}^{(1)} = \vec{Q}_\perp \cdot \vec{\mathcal{A}}_\perp = \vec{Q}_\perp \cdot \frac{\vec{k}_\perp}{\omega}\frac{1}{k_\perp^2} Ze\frac{p'_{i0}}{m'} \quad . \tag{2.202}$$

Für den Wirkungsquerschnitt bedeutet das

$$\sigma = \int \frac{\mathrm{d}^4p'}{(2\pi)^3} m'\delta(p_2'^2 - m'^2)\mathrm{d}\varrho|\mathcal{M}|^2(2\pi)^4 \frac{\delta(\sum_i p_i - \sum_f p_f)}{4\sqrt{(p_i p_i')^2 - m^2m'^2}} \quad , \tag{2.203}$$

$$= \int \frac{s\mathrm{d}\alpha\mathrm{d}\beta\mathrm{d}^2k_\perp}{2(2\pi)^3} m'\delta(-\alpha s + s\alpha\beta - k_\perp^2)\mathrm{d}\varrho|\mathcal{M}|^2(2\pi)^4 \frac{\delta(\sum_i p_i - \sum_f p_f)}{4\sqrt{(p_i p_i')^2 - m^2m'^2}} \quad , \tag{2.204}$$

$$= \int \frac{s\mathrm{d}\beta\mathrm{d}^2k_\perp}{2(2\pi)^3 s(1-\beta)} m'\mathrm{d}\varrho|\mathcal{M}|^2(2\pi)^4 \frac{\delta(\sum_i p_i - \sum_f p_f)}{4\sqrt{(p_i p_i')^2 - m^2m'^2}} \quad , \tag{2.205}$$

$$= \int \frac{\mathrm{d}\omega\mathrm{d}^2k_\perp}{(2\pi)^3 2p'_{i0}}\mathrm{d}\varrho|\vec{Q}_\perp \cdot \frac{\vec{k}_\perp}{\omega}|^2\frac{1}{k_\perp^4}4\pi Z^2\alpha\, 4p_{i0}'^2(2\pi)^4\delta(\sum_i p_i - \sum_f p_f)\frac{1}{8p_{i0}p'_{i0}} \quad . \tag{2.206}$$

$\mathrm{d}\varrho$ bezeichnet die Phasenraumdichte aller Teilchen aus dem Prozess Q_μ im Endzustand. Im letzten Schritt wurde $p_{i0} \sim p'_{i0} \approx \sqrt{s}/2$ gesetzt.
Gleichung (2.206) stimmt mit dem Wirkungsquerschnitt überein, den man in temporaler Eichung in erster Ordnung Störungstheorie erhält. Die Vernachlässigung des Longitudinalanteils der Wechselwirkung erfordert die Gültigkeit der Bedingung (2.21), die der Voraussetzung für (2.196) entspricht.
An dieser Stelle sollen die für die WEIZSÄCKER-WILLIAMS-Näherung entscheidenden Annahmen getroffen werden:
i) Die Virtualität des ausgetauschten Photons ist auf der durch die Masse des streuenden Teilchens gesetzten Skala vernachlässigbar, ($|k^2| \ll m^2$).

ii) Die Größe $\vec{Q}_\perp$ beschreibt einen Prozeß, der auch durch die Wechselwirkung mit einem reellen Photon möglich ist. Sie ist nahezu unabhängig vom Transversalimpuls des ausgetauschten Photons, d.h. $\omega \approx k_3 \gg |k_\perp|$.
Die erste Annahme, daß der Impulsübertrag verschwindet, ist bereits in (2.200) eingeflossen. Da $k^2 \approx -k_\perp^2$ bedeutet (i) konkret $k_\perp \ll m$. Für die Streuung an einer Ladungsverteilung der Ausdehnung R ergibt sich als obere Schranke $k_\perp \ll \min(m, 1/R)$, den Impulsüberträge $k_\perp \gtrsim 1/R$ sind durch den Ladungs-Formfaktor unterdrückt. Im Falle einer zusammengesetzten Ladungsverteilung ist durch diese Bedingung zudem die kohärente Wechselwirkung aller Ladungsträger mit dem oberen Teilchen gewährleistet. Annahme (ii) läßt sich anschaulich so deuten, daß die durch das untere Teilchen erzeugten $\vec{E}$- und $\vec{B}$-Felder nahezu transversal sind und senkrecht aufeinander stehen. Der durch sie gebildete POYNTING-Vektor, der das klassische Strahlungsfeld beschreibt, zeigt dann nahezu parallel zur Bewegungsrichtung des Teilchens.
Unter diesen Voraussetzungen vereinfacht sich der Wirkungsquerschnitt weiter zu ($\phi = \angle(\vec{Q}_\perp, \vec{k}_\perp)$)

$$\sigma = \int \mathrm{d}\omega \mathrm{d}\varrho |\vec{Q}_\perp|^2 \frac{1}{8p_{i0}\omega}(2\pi)^4 \delta(\sum_i p_i - \sum_f p_f) \int \mathrm{d}^2k_\perp \frac{Z^2\alpha}{\pi^2} |\vec{k}_\perp|^2 \cos^2\phi \frac{1}{\omega k_\perp^4} \quad . \tag{2.207}$$

Der Term

$$\int \mathrm{d}\varrho |\vec{Q}_\perp|^2 \frac{1}{8p_{i0}\omega}(2\pi)^4 \delta^4(\sum_i p_i - \sum_f p_f) \tag{2.208}$$

wird als Wirkungsquerschnitt $\sigma^{(r)}(\omega)$ für die Reaktion des oberen Teilchens mit einem reellen Photon angesehen, sofern wie bei (ii) $\omega \gg |k_\perp|$ angenommen wird. Das Photon ist dann rein transversal polarisiert, $\epsilon^\mu \approx (0, \vec{\epsilon}_\perp, 0)$. Das Integral über den Azimuthalwinkel ergibt $2\pi/2$. Der Faktor $1/2$ wird dem Wirkungsquerschnitt $\sigma^{(r)}$ zugeschrieben, was der Mittelung über die Polarisationerichtungen des einlaufenden Photons entspricht [104]. Insgesamt ergibt sich also

$$\sigma = \int \mathrm{d}\omega \sigma^{(r)}(\omega) n(\omega) \quad . \tag{2.209}$$

$n(\omega)$ steht hier für den Ausdruck

$$n(\omega) = \int_{k_\perp^{\min}}^{k_\perp^{\max}} \mathrm{d}k_\perp \frac{2Z^2\alpha}{\pi} |\vec{k}_\perp|^3 \frac{1}{\omega k_\perp^4} \tag{2.210}$$

und wird als Energie-Verteilungsfunktion des den elektromagnetischen Feldern des unteren Teilchens gleichgesetzten Photonenschwarms interpretiert. Die Integrationsgrenzen werden durch die Gültigkeitsbedingungen der gemachten Näherungen bestimmt. Es gilt somit $k_\perp^{\max} = \min(m, 1/R_0)$. $k_\perp^{\min}$ folgt aus der Bedingung, daß $|k|^2 \approx k_\perp^2$, was mit (2.99) auf $k_\perp \gg \omega/\gamma$ führt. γ ist der LORENTZ-Faktor des felderzeugenden, hier unteren Teilchens im betrachteten Bezugsystem. Man erhält so ($k_\perp^{\max} = m$)

$$n(\omega) = \frac{2Z^2\alpha}{\omega\pi} \ln\left(\frac{\gamma m}{\omega}\right) \quad . \tag{2.211}$$

Behält man in (2.200) den longitudinalen Anteil des Impulsübertrags, $|k|^2 = k_\perp^2 + \omega^2/\gamma^2$, so wird die einzige untere Schranke für den transversalen Impulsübertrag durch die Transversalitätsbedingung der Vektorpotentials, (2.21) bzw. (2.196) gestellt: $k_\perp \gg \omega/\gamma^2$. Da jedoch an der unteren Grenze das $k_\perp$-Integral bereits durch den Longitudinalanteil regularisiert ist, kann der Integrationsbereich bis $k_\perp = 0$ erstreckt werden. In logarithmischer Genauigkeit erhält man ebenfalls (2.211).
Mit einem Ladungs-Formfaktor, der Impulsüberträge $|k| > 1/R_0$ abschneidet, schreiben wir die Photonverteilungsfunktion $n(\omega)$

$$\begin{aligned} n(\omega) &= \frac{2Z^2\alpha}{\omega\pi} \int_0^\infty \mathrm{d}k_\perp |\vec{k}_\perp|^3 \frac{\left|F\left(\frac{\omega^2}{\gamma^2} + k_\perp^2\right)\right|^2}{\left(\frac{\omega^2}{\gamma^2} + k_\perp^2\right)^2} , \\ &= \int \mathrm{d}^2 b \frac{Z^2\alpha}{\omega\pi^2} \left| \int_0^\infty \mathrm{d}k_\perp k_\perp^2 \frac{F\left(\frac{\omega^2}{\gamma^2} + k_\perp^2\right)}{\frac{\omega^2}{\gamma^2} + k_\perp^2} J_1(bk_\perp) \right|^2 , \\ &= \int \mathrm{d}^2 b \, n(\omega, \vec{b}) . \end{aligned} \tag{2.212}$$

b bezeichnet den Stoßparameter des betrachteten Streuprozesses,d.h. den transversalen Abstand der Quelle relativ zur Reaktion. Physikalisch ist diese Interpretation nur in der externen-Feld Näherung bzw. in semiklassischer Näherung erlaubt. Im Falle einer punktförmigen Ladungsquelle $F \equiv 1$ erhält man mit der FOURIER-Darstellung der MACDONALD-Funktion für $n(\omega, \vec{b})$

$$n(\omega, \vec{b}) = \frac{Z^2\alpha}{\pi^2} \frac{\omega}{\gamma^2} \left[K_1\left(\frac{\omega b}{\gamma}\right) \right]^2 . \tag{2.213}$$

Da in (2.212) davon ausgegangen wird, daß das Abschneiden des Integrals bei $k_\perp^{\max}$ durch den Formfaktor gewährleistet ist, was im betrachteten Fall verletzt ist, muß (2.213) die Beschränkung $b > \lambda\!\!\!^{-} = 1/m$ auferlegt werden. Die COMPTON-Wellenlänge eines Elektrons ist beispielsweise $\lambda\!\!\!^{-} \approx 386$ fm.
Im Limes $\gamma \to \infty$ gilt

$$n(\omega, \vec{b}) \approx \frac{Z^2\alpha}{\pi^2} \frac{1}{b^2\omega} . \tag{2.214}$$

In Anhang D.2.1 wird eine Ortsrauminterpretation für den beschränkten Impulsbereich gegeben.

2.7.2 Eikonal-Austausch

Wie in Abschnitt 2.3.2 diskutiert, kann die exakte COULOMB-Streuung eines Teilchens im Hochenergielimes durch Eikonal-Austausch beschrieben werden. Die Eikonal-Wechselwirkung hat wie ein Photon die Tensorstruktur $g^{\mu\nu}$, d.h. alle in der Eikonal-Wechselwirkung ausgetauschten Photonen haben dieselbe Polarisation [93]. Diese wird gemäß (2.130) umgeschrieben. In [126] wurde gezeigt, daß der Übergangsstrom der streuenden Teilchen in der Eikonal-Wechselwirkung erhalten ist, weshalb weiterhin die Vereinfachung (2.196) vorgenommen werden kann. Folgt man den weiteren Schritten wie im vorangegangenen Abschnitt, findet man für den Eikonal-Austausch die Verteilungsfunktion *effektiver* Photonen

$$n_{\mathrm{eff}}(\omega) = \frac{2Z^2\alpha}{\omega\pi} \int dk_\perp k_\perp^3 \frac{|F_{\mathrm{eik}}(k_\perp)|^2}{k_\perp^4} \quad . \tag{2.215}$$

Die Grenzen sind wie in (2.210). Für ein COULOMB-Potential ist $F_{\mathrm{eik}}(k_\perp)$ eine Phase und die Photonverteilungsfunktion nimmt dieselbe Form an wie im Fall des Ein-Photon-Austauschs. Durch die Impulsraumdarstellung der FSM-Wellenfunktionen motiviert (siehe Anhang A.13), wird für die untere Grenze auch im Fall des Eikonal-Austauschs die Regularisierung durch den longitudinalen Anteil des Impulsübertrages, $k_\perp^2 \to -|k|^2 = k_\perp^2 + \omega^2/\gamma^2$ benutzt. Für ein reines COULOMB-Potential entspricht diese Regularisierung im Ortsraum der Ersetzung [57]

$$e^{i2Z\alpha \ln x_\perp} - 1 \to \frac{2^{1-iZ\alpha}}{\Gamma(iZ\alpha)} \left(\frac{x_\perp \gamma}{\omega}\right)^{-iZ\alpha} K_{iZ\alpha}\left(\frac{\omega x_\perp}{\gamma}\right) \quad . \tag{2.216}$$

Im Limes $\omega/\gamma \to 0$ geht die rechte Seite in die linke über. Im Ortsraum lautet die effektive Photon-Verteilungsfunktion

$$n_{\mathrm{eff}}(\omega, \vec{b}) = \frac{Z^2\alpha}{\pi^2} \frac{\omega}{\gamma^2} \frac{\sinh(\pi Z\alpha)}{(\pi Z\alpha)} \left| K_{1+iZ\alpha}\left(\frac{\omega b}{\gamma}\right)\right|^2 \quad . \tag{2.217}$$

Im Vergleich mit (2.213) ergibt sich, daß das modifizierte Potential (2.216) im Bereich großer Argumente $b\omega/\gamma$ asymptotisch eine um den Faktor

$$\frac{n_{\mathrm{eff}}(\omega, \vec{b})}{n(\omega, \vec{b})} = \frac{\sinh(\pi Z\alpha)}{\pi Z\alpha} \tag{2.218}$$

erhöhte Anzahl Photonen liefert als das reine COULOMB-Potential.
Wir bemerken, daß die Verteilungsfunktion gemäß

$$n_{\mathrm{eff}}(\omega) = n_{\mathrm{eff}}^g(\omega) + n_{\mathrm{eff}}^u(\omega) \tag{2.219}$$

faktisch in eine Summe der Verteilungsfunktionen von geraden bzw. ungeraden Anzahlen von Photonen zerfällt, mit

$$n_{\mathrm{eff}}^g(\omega, \vec{b}) = \frac{Z^2\alpha}{\pi^2}\frac{1}{\omega} \left| \int dk_\perp k_\perp^2 \Re\left(\frac{F_{\mathrm{eik}}(k_\perp^2 + \omega^2/\gamma^2)}{k_\perp^2 + \omega^2/\gamma^2}\right) J_1(bk_\perp)\right|^2 \quad , \tag{2.220}$$

$$n_{\mathrm{eff}}^u(\omega, \vec{b}) = \frac{Z^2\alpha}{\pi^2}\frac{1}{\omega} \left| \int dk_\perp k_\perp^2 \Im\left(\frac{F_{\mathrm{eik}}(k_\perp^2 + \omega^2/\gamma^2)}{k_\perp^2 + \omega^2/\gamma^2}\right) J_1(bk_\perp)\right|^2 \quad . \tag{2.221}$$

Die Größen n_{eff}^g und n_{eff}^u sind jedoch praktisch bedeutungslos, da sie, separat betrachtet, explizit von der benutzten Eichung abhängen.
Für die numerische Berechnung der effektiven Photonverteilungsfunktion erweist sich die Zerlegung (2.219) als vorteilhaft. n_{eff}^g und n_{eff}^u wurden durch GAUSS-Integration über

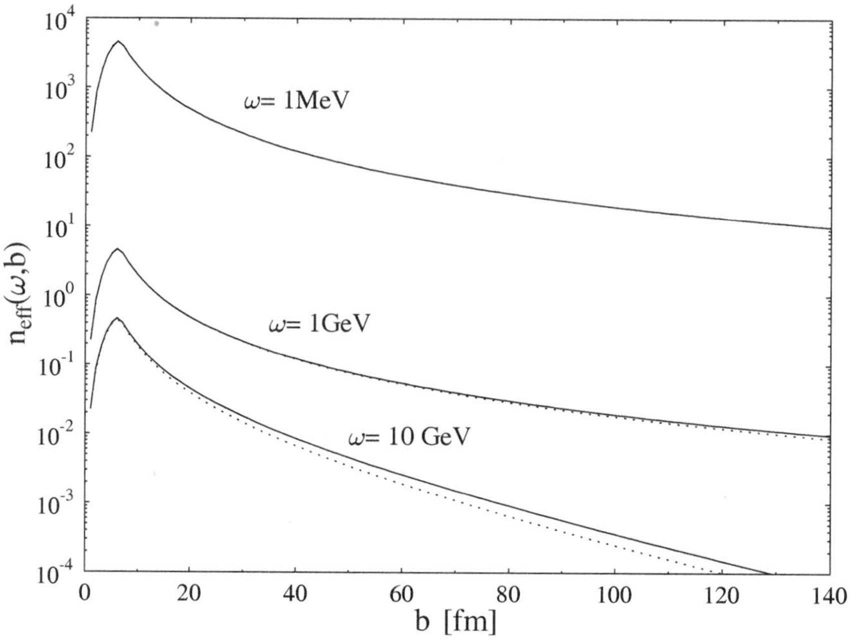

Abbildung 2.11: Die effektive Photonverteilungsfunktion für die Ladungsverteilung einer homogen geladenen Kugel in Vergleich zur Photonverteilungsfunktion in erster BORNscher Näherung (gepunktet).

kubische Spline-Interpolationen des Real- und Imaginärteils des Eikonal-Formfaktors berechnet. Als Ausgangspunkt diente hier der Eikonal-Formfaktor in der Form (A.100). Abbildung 2.11 zeigt die effektive Photonverteilungsfunktion für die Ladungsverteilung einer homogen geladenen Kugel für einen Bleikern bei LHC-Energie ($\gamma = 3000$). Als Vergleich ist zusätzlich die Photonverteilungsfunktion einer homogen geladenen Kugel in erster BORNscher Näherung aufgetragen. In Übereinstimmung mit den Näherungen in [57] geht die effektive Photonverteilungsfunktion für kleine Argumente $\omega b/\gamma$ in die Photonverteilung in BORNscher Näherung über. Für große Argumente gelten jeweils die Punktladungs-Ergebnisse.

Kapitel 3

Elektronpropagation im Feld zweier ultrarelativistischer Ionen

Hier sollen die Erkenntnisse des vorangegangenen Kapitels auf die Bewegung eines Elektrons im Feld zweier ultrarelativistischer Ionen angewandt werden. Die Ionen können sich in gleicher bzw. entgegengesetzter Richtung bewegen. Zur Vereinfachung wird angenommen, die Ionen bewegten sich auf Lichtkegeln (siehe Abbildung 3.1).

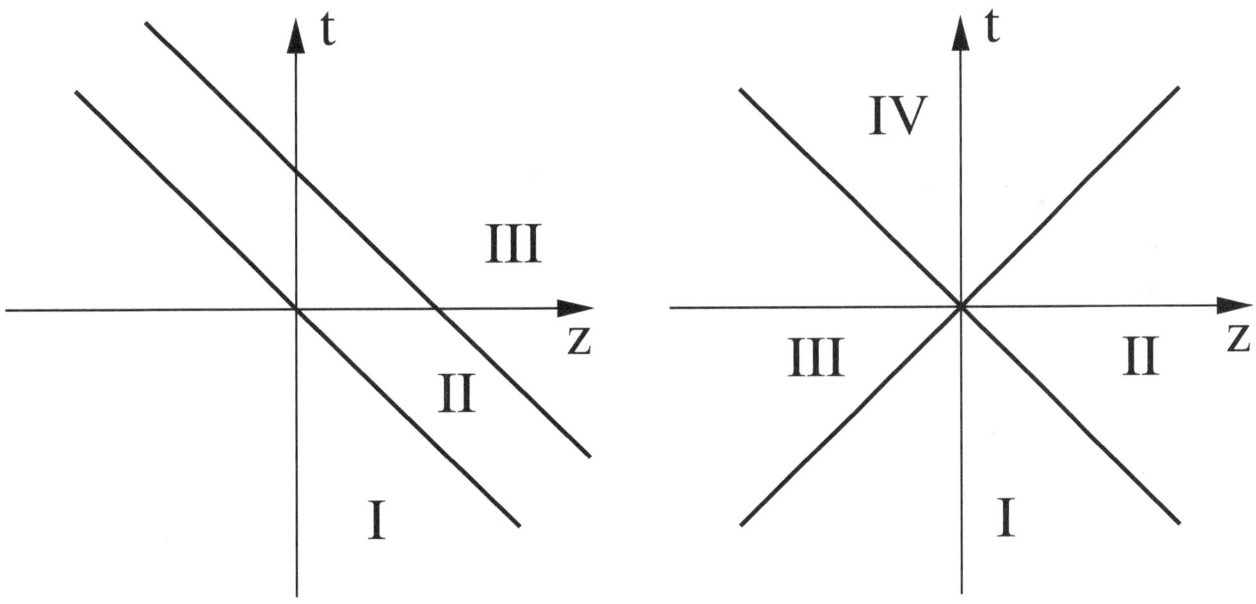

Abbildung 3.1: Die Feldgeometrie für die Elektronstreuung an zwei ultrarelativistischen Ionen mit gleicher (linke Abbildung) und entgegengesetzter Bewegungsrichtung.

Die Wechselwirkung des Elektrons mit beiden Ionen hat die Form

$$-(1\!\!1 + \beta\alpha_3)\frac{Z_1\alpha\gamma}{\sqrt{\gamma^2(z+\beta t)^2 + \vec{x}_\perp^2}} - (1\!\!1 + \beta\alpha_3)\frac{Z_2\alpha\gamma}{\sqrt{\gamma^2(z-a+\beta t)^2 + (\vec{x}_\perp - \vec{b})^2}}$$

$$\overset{\lim_{\gamma\to\infty}}{\longrightarrow} (1\!\!1 + \alpha_3)\delta(z+t)2Z_1\alpha\ln x_\perp + (1\!\!1 + \alpha_3)\delta(z-a+t)2Z_2\alpha\ln|\vec{x}_\perp - \vec{b}\,| \qquad (3.1)$$

bzw.

$$
\begin{aligned}
&-(1\!\mathrm{l}+\beta\alpha_3)\frac{Z_1\alpha\gamma}{\sqrt{\gamma^2(z+\beta t)^2+\vec{x}_\perp^2}}-(1\!\mathrm{l}-\beta\alpha_3)\frac{Z_2\alpha\gamma}{\sqrt{\gamma^2(z-\beta t)^2+(\vec{x}_\perp-\vec{b})^2}} \\
&\stackrel{\lim\limits_{\gamma\to\infty}}{\longrightarrow}\ (1\!\mathrm{l}+\alpha_3)\delta(z+t)2Z_1\alpha\ln x_\perp+(1\!\mathrm{l}-\alpha_3)\delta(z-t)2Z_2\alpha\ln\mid\vec{x}_\perp-\vec{b}\mid \qquad (3.2)
\end{aligned}
$$

$\vec{b}$ ist der Stoßparameter, a die longitudinale Versetzung der Ionen. Mit der Transformation (A.26) folgt, daß in den betrachteten Fällen die Trajektorien der Ionen drei bzw. vier Raumbereiche mit unterschiedlichen Eichungen separieren.
Mit der LORENTZ-Transformationseigenschaft der Streuamplitude kann über die Feldkonfiguration (3.1) die Streuung ultrarelativistischer Elektronen an zwei ruhenden Zentren berechnet werden. Die Streulösung im Feld (3.2) dient später für weitere Betrachtungen zur Paarproduktion in Schwerionenkollisionen.

3.1 Streuung an zwei Ionen mit gleicher Bewegungsrichtung

Haben die Ionen in ihrem Ruhesystem den Abstand $(a', \vec{b})$, so folgt nach einer inhomogenen LORENTZ-Transformation $a = a'/\gamma$. In (3.1) ist im Limes $\gamma \to \infty$ jedoch zunächst $a \neq 0$ angenommen worden.

3.1.1 Nichtstörungstheoretischer Ansatz

Mit der Stetigkeitsbedingung (2.37) für die an jede Ion-Trajektorie angrenzenden Raumbereiche findet man in gleicher Weise wie in Abschnitt 2.2.1 für die Wellenfunktion eines Elektrons

$$
\begin{aligned}
\psi(x) &= \frac{1}{2}\int\frac{\mathrm{d}^2q_\perp}{(2\pi)^2}\frac{\mathrm{d}^2k_\perp}{(2\pi)^2}e^{-\mathrm{i}p_{i+}x_- -\mathrm{i}\frac{q_\perp^2+m^2}{p_{i+}}x_+ -\mathrm{i}\frac{k_\perp^2-q_\perp^2}{p_{i+}}a/2+\mathrm{i}\vec{q}_\perp\cdot\vec{x}_\perp} \\
&\left\{\int\mathrm{d}^2x'_\perp e^{\mathrm{i}\vec{x}'_\perp\cdot(\vec{k}_\perp-\vec{q}_\perp)}e^{-\mathrm{i}\theta(x_+-a/2)2Z_2\alpha\ln|\vec{x}'_\perp-\vec{b}|}\right\}\left\{\int\mathrm{d}^2y_\perp e^{\mathrm{i}\vec{y}_\perp\cdot(\vec{p}_{i\perp}-\vec{k}_\perp)}e^{-\mathrm{i}\theta(x_+)2Z_1\alpha\ln y_\perp}\right\} \\
&\left[(1\!\mathrm{l}+\alpha_3)+\frac{(\vec{\alpha}_\perp\cdot\vec{q}_\perp+\gamma_0 m)(1\!\mathrm{l}+\alpha_3)}{p_{i+}}\right]\sqrt{\frac{m}{p_{i0}}}u(p_i) \quad . \qquad (3.3)
\end{aligned}
$$

Nach einfachen Umformungen ergibt sich im Raumbereich II ($x_+ > a/2$)

$$
\begin{aligned}
\psi(x) &= \mathrm{i}\int\frac{\mathrm{d}^4p_f}{(2\pi)^4}\frac{\not{p}_f+m}{p_f^2-m^2+\mathrm{i}\epsilon}e^{-\mathrm{i}p_f x}\int\frac{\mathrm{d}^2k_\perp}{(2\pi)^2}\int\mathrm{d}^4x' e^{\mathrm{i}x'(p_f-k)}\delta(t'+z'-a) \\
&e^{-\mathrm{i}2Z_2\alpha\ln|\vec{x}'_\perp-\vec{b}|}\int\mathrm{d}^2y_\perp e^{\mathrm{i}\vec{y}_\perp\cdot(\vec{p}_{i\perp}-\vec{k}_\perp)}e^{-\mathrm{i}2Z_1\alpha\ln y_\perp}\gamma_+\sqrt{\frac{m}{p_{i0}}}u(p_i) \quad . \qquad (3.4)
\end{aligned}
$$

Für eine kürzere Notation bezeichnen $k_+ = p_{i+}$ und $k_- = (k_\perp^2 + m^2)/p_{i+}$. Mit (2.12) ergibt sich daraus für die Streumatrix [56]

$$\begin{aligned} S(p_f, p_i) &= 2\pi\delta(p_{f+} - p_{i+}) \int \frac{\mathrm{d}^2 k_\perp}{(2\pi)^2} e^{\mathrm{i}\left(-\frac{k_\perp^2+m^2}{2p_{i+}} + \frac{p_{f-}}{2}\right)a} \\ &\times \left\{ \int \mathrm{d}^2 y_\perp e^{\mathrm{i}\vec{y}_\perp \cdot (\vec{k}_\perp - \vec{p}_{f\perp})} e^{-\mathrm{i}2Z_2\alpha \ln|\vec{y}_\perp - \vec{b}|} \right\} \left\{ \int \mathrm{d}^2 y_\perp e^{\mathrm{i}\vec{y}_\perp \cdot (\vec{p}_{i\perp} - \vec{k}_\perp)} e^{-\mathrm{i}2Z_1\alpha \ln y_\perp} \right\} \\ &\times \frac{m}{\sqrt{p_{f0}p_{i0}}} \overline{u}(p_f)\gamma_+ u(p_i) \quad . \end{aligned} \tag{3.5}$$

Nach Abschnitt 2.5 erhält man die S-Matrix im Ruhesystem der Streuzentren aus (3.5) mit den Ersetzungen $\delta(p_{f+} - p_{i+})\gamma_+ \to \delta(p_{f0} - p_{i0})\gamma_0$ und $a \to a'$. Dieses Ergebnis entspricht dem GLAUBER-Resultat für die Zwei-Zentren Streuung [73, 74], das ursprünglich im Rahmen einer nichtrelativistischen Streutheorie erhalten wurde. Die formale Übereinstimmung mit dem vorliegenden Ergebnis ist auf das semiklassische Verhalten durch die Vernachlässigbarkeit des Spins in der Hochenergiestreuung zurückzuführen.

3.1.2 Störungstheoretischer Ansatz

Die Streuung eines Teilchens an einem von zwei Zentren generierten Potential wird in der Störungstheorie allgemein durch die WATSON-Reihe beschrieben [61, 141], die sich nach einfachen Umordnungen der Störungsreihe symbolisch wie folgt schreiben läßt:

$$\mathcal{M} = \overline{u}(p')(\mathcal{F}_1 + \mathcal{F}_2 + \mathcal{F}_1 S_F \mathcal{F}_2 + \mathcal{F}_2 S_F \mathcal{F}_1 + \underbrace{\mathcal{F}_1 S_F \mathcal{F}_2 S_F \mathcal{F}_1 + \cdots}_{\text{Reflexionsterme}})u(p) \quad . \tag{3.6}$$

$\mathcal{F}_1$ bzw. $\mathcal{F}_2$ stellen die vollständige Wechselwirkung mit dem ersten, bzw. dem zweiten Streuzentrum dar. Das GLAUBER-Resultat (3.5) ist bekanntermaßen äquivalent zu den ersten vier Termen der WATSON-Reihe [80]. Die sogenannten Reflexionsterme, die die alternierende Streuung des Teilchens an beiden Streuzentren beschreiben, verschwinden [28, 80]. Für kurzreichweitige Potentiale mit verschwindendem Überlapp im Ortsraum findet man direkt eine intuitive Begründung für dieses Verhalten: Für eine alternierende Streuung an zwei Streuzentren muß mindestens einer der Streuwinkel groß sein. Der dazu benötigte große longitudinale Impulsübertrag verschwindet jedoch im Hochenergielimes, so daß die Reflexionsterme ebenfalls verschwinden.
Mit den Wechselwirkungen (entsprechend Ion 1 bzw. Ion 2)

$$\begin{aligned} V^{(1)} &= 2\pi\delta(q_+) \left[\int \mathrm{d}^2 x e^{-\mathrm{i}\vec{x}_\perp \cdot \vec{q}_\perp} V_\perp^{(1)}(\vec{x}_\perp) \right] \gamma_+ = 2\pi\delta(q_+) V_\perp^{(1)}(\vec{q}_\perp)\gamma_+ \\ V^{(2)} &= 2\pi\delta(q_+) e^{\mathrm{i}q_- \frac{a}{2}} \left[\int \mathrm{d}^2 x e^{-\mathrm{i}\vec{x}_\perp \cdot \vec{q}_\perp} V_\perp^{(2)}(\vec{x}_\perp) \right] \gamma_+ = 2\pi\delta(q_+) e^{\mathrm{i}q_- \frac{a}{2}} V_\perp^{(2)}(\vec{q}_\perp)\gamma_+ \end{aligned} \tag{3.7}$$

findet man für eine Wechselwirkung mit beiden Ionen [56]

$$\mathcal{M} = \delta(p_{f+} - p_{i+}) \int \frac{\mathrm{d}k_- \mathrm{d}^2 k_\perp}{(2\pi)^2} e^{\mathrm{i}\frac{p_{f-} - k_-}{2} a} \frac{p_{i+}}{p_{i+}k_- - k_\perp^2 - m^2 + \mathrm{i}\epsilon}$$

$$\times V_\perp^{(1)}(\vec{k}_\perp - \vec{p}_{i\perp})V_\perp^{(2)}(\vec{p}_{f\perp} - \vec{k}_\perp)\overline{u}(p_f)\gamma_+ u(p_i)$$

$$= \begin{cases} -2\pi\delta(p_{f+} - p_{i+}) \int \frac{\mathrm{d}^2 k_\perp}{(2\pi)^2} e^{\mathrm{i}\left(-\frac{k_\perp^2+m^2}{2p_{i+}} + \frac{p_{f-}}{2}\right)a} & \\ \times V_\perp^{(1)}(\vec{k}_\perp - \vec{p}_{i\perp})V_\perp^{(2)}(\vec{p}_{f\perp} - \vec{k}_\perp)\,\overline{u}(p_f)\gamma_+ u(p_i) & a > 0,\, p_{i+} > 0 \\ 0 & a < 0,\, p_{i+} > 0 \quad . \end{cases} \tag{3.8}$$

Eine Wechselwirkung mit beiden Ionen in umgekehrter Zeitordnung $a < 0$ ist nicht möglich, für die Streuung eines Positrons ($p_+ < 0$) jedoch zwingend. Wie in Abbildung 3.1 zu sehen ist, muß für eine Wechselwirkung mit beiden Ionen in umgekehrter Zeitordnung die Propagation des Elektrons zwischen beiden Wechselwirkungen raumartig sein, was jedoch durch die δ-Funktion des positiven Lichtkegelimpulses und die Lage des k_- Pols bei $k_- = (k_\perp^2 + m^2)/p_{i+} > 0$ ausgeschlossen ist. Alternierende Wechselwirkungen sind aus Kausalitätsgründen nicht möglich. Aus diesem physikalischen Grund wurde auch im Limes $\gamma \to \infty$ $a \neq 0$ gesetzt. Die Wechselwirkungen mit beiden Ionen können aufsummiert und schließlich $V_\perp^{(1)}$ bzw. $V_\perp^{(2)}$ durch die modifizierten Potentiale (2.120) ersetzt werden. Mit (3.8), den Amplituden für die Einfachstreuungen (2.107) und dem S-Matrix-Element der freien Propagation (siehe (A.17)) erhält man so über (2.15) die Streumatrix (3.5).
Die Erweiterung des Ergebnisses auf die Streuung an beliebig vielen Ionen, die sich jeweils an den Positionen $z_i\vec{e}_z$ befinden, ist trivial. Man erhält in jeweils niedrigster Ordnung ($\vec{k}_\perp^{(0)} = \vec{p}_{i\perp}$)

$$\begin{aligned} \mathcal{M} &= \mathrm{i}(-\mathrm{i})^n 2\pi\delta(p_{f+} - p_{i+}) e^{\mathrm{i}\frac{p_{f-}}{2}z_n - \mathrm{i}\frac{p_{i-}}{2}z_1} \int \prod_{i=1}^{n-1} \frac{\mathrm{d}^2 k_\perp^{(i)}}{(2\pi)^2} \\ &\times \left(\prod_{i=1}^{n-1} e^{\mathrm{i}\left(-\frac{k_\perp^{(i)2}+m^2}{2p_+}\right)(z_{i+1}-z_i)} V_\perp^{(i)}(\vec{k}_\perp^{(i)} - \vec{k}_\perp^{(i-1)}) \right) \\ &\times V_\perp^{(n)}(\vec{p}_{f\perp} - \vec{k}_\perp^{(n-1)})\,\overline{u}(p_f)\gamma_+ u(p_i) \quad . \end{aligned} \tag{3.9}$$

In der exakten Amplitude werden die Wechselwirkungen mit den Ionen ebenfalls duch Eikonal-Austausch (2.120) beschrieben. Dieses Resultat ist der wesentliche Bestandteil des GLAUBER-GRIBOV-Formalismus für Vielfachstreuung (siehe beispielsweise [17, 142, 123]). Die vorgeführten Rechnungen gelten für beliebige Wechselwirkungen V, die im Hochenergielimes analog zu (3.7) faktorisieren, d.h. das GLAUBER-Resultat und dessen Verallgemeinerung gelten gleichermaßen für nicht-elektromagnetische Wechselwirkungen.

3.2 Streuung an kollidierenden Ionen

Für die Berechnung der Elektronpropagation im Feld kollidierender Ionen müssen zwei unterschiedliche Pfade kohärent addiert werden: Ein Elektron in Raumbereich I (Abbildung 3.1) kann über die Regionen II oder III in die Region IV gelangen. Weitere Pfade existieren nicht, da die Regionen II und III raumartig voneinander getrennt sind.

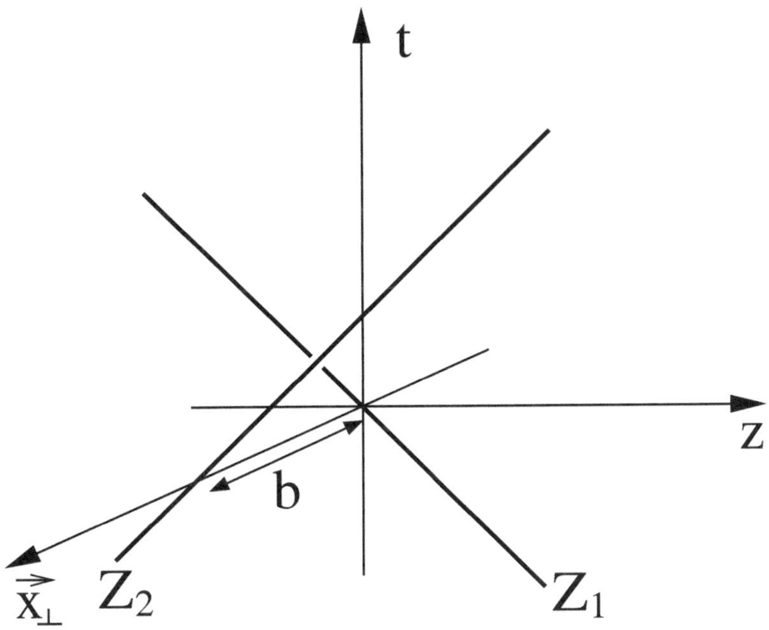

Abbildung 3.2: Stoßgeometrie der Schwerionenkollision.

3.2.1 Nichtstörungstheoretischer Ansatz

Die Wellenfunktionen in den Raumbereichen II und III können sofort aufgeschrieben werden (siehe Gleichung (2.45))

$$\begin{aligned}\psi_{\rm II}(x) &= \frac{1}{2}\int\frac{\mathrm{d}^2k_\perp}{(2\pi)^2}e^{-\mathrm{i}p_{i+}x_- -\mathrm{i}\frac{k_\perp^2+m^2}{p_{i+}}x_+ +\mathrm{i}\vec{k}_\perp\cdot\vec{x}_\perp}\left\{\int\mathrm{d}^2y_\perp e^{\mathrm{i}\vec{y}_\perp\cdot(\vec{p}_{i\perp}-\vec{k}_\perp)}e^{-\mathrm{i}2Z_1\alpha\theta(x_+)\ln y_\perp}\right\}\\ &\quad\left[(1\!\!1+\alpha_3)+\frac{\vec{\alpha}_\perp\cdot\vec{k}_\perp+\gamma_0 m}{p_{i+}}(1\!\!1+\alpha_3)\right]\sqrt{\frac{m}{p_{i0}}}u(p_i)\end{aligned}\tag{3.10}$$

$$\begin{aligned}\psi_{\rm III}(x) &= \frac{1}{2}\int\frac{\mathrm{d}^2k_\perp}{(2\pi)^2}e^{-\mathrm{i}p_{i-}x_+ -\mathrm{i}\frac{k_\perp^2+m^2}{p_{i-}}x_- +\mathrm{i}\vec{k}_\perp\cdot\vec{x}_\perp}\left\{\int\mathrm{d}^2y_\perp e^{\mathrm{i}\vec{y}_\perp\cdot(\vec{p}_{i\perp}-\vec{k}_\perp)}e^{-\mathrm{i}2Z_2\alpha\theta(x_-)\ln|\vec{y}_\perp-\vec{b}|}\right\}\\ &\quad\left[(1\!\!1-\alpha_3)+\frac{\vec{\alpha}_\perp\cdot\vec{k}_\perp+\gamma_0 m}{p_{i-}}(1\!\!1-\alpha_3)\right]\sqrt{\frac{m}{p_{i0}}}u(p_i)\quad .\end{aligned}\tag{3.11}$$

Mit den bekannten Regeln, gemäß derer die Elektron-Wellenfunktion beim Durchgang durch den Lichtkegel die Eikonal-Phase aufnimmt, lautet die Wellenfunktion für den Übergang von Raumbereich II → IV

$$\begin{aligned}\psi_{\rm II\to IV}(x) &= \psi_{\rm II}(x)+\int\mathrm{d}^4y\int\frac{\mathrm{d}^4q}{(2\pi)^4}\frac{\not{q}+m}{q^2-m^2+\mathrm{i}\epsilon}e^{-\mathrm{i}qy}\\ &\quad\times(1\!\!1-\alpha_3)\frac{\mathrm{i}}{2}\delta(y_-)\left(e^{-\mathrm{i}2Z_2\alpha\ln|\vec{y}_\perp-\vec{b}|}-1\right)\psi_{\rm II}(y)\quad .\end{aligned}\tag{3.12}$$

Durch Einsetzen von (3.10) ergibt sich

$$\begin{aligned}\psi_{\mathrm{II}\to\mathrm{IV}}(x) &= \psi_{\mathrm{II}}(x) + \frac{1}{2}\int \mathrm{d}y_+\mathrm{d}^2y_\perp \int \frac{\mathrm{d}q_-\mathrm{d}^2q_\perp}{(2\pi)^3}\frac{\frac{1}{2}(1\!\mathrm{l}-\alpha_3)q_- + \vec{\alpha}_\perp\cdot\vec{q}_\perp + \gamma_0 m}{q_-} \\ &\quad\times e^{-\mathrm{i}\frac{q_\perp^2+m^2}{q_-}x_- - \mathrm{i}q_-(x_+-y_+)+\mathrm{i}\vec{q}_\perp\cdot(\vec{x}_\perp-\vec{y}_\perp)}\left(e^{-\mathrm{i}2Z_2\alpha\theta(x_-)\ln|\vec{y}_\perp-\vec{b}|}-1\right) \\ &\quad\times\int\frac{\mathrm{d}^2k_\perp}{(2\pi)^2}e^{-\mathrm{i}\frac{k_\perp^2+m^2}{p_{i+}}y_+ + \mathrm{i}\vec{k}_\perp\cdot\vec{y}_\perp}\left\{\int \mathrm{d}^2x'_\perp e^{\mathrm{i}\vec{x}'_\perp\cdot(\vec{p}_{i\perp}-\vec{k}_\perp)}e^{-\mathrm{i}2Z_1\alpha\theta(y_+)\ln x'_\perp}\right\} \\ &\quad\times\frac{\vec{\alpha}_\perp\cdot\vec{k}_\perp+\gamma_0 m}{p_{i+}}(1\!\mathrm{l}+\alpha_3)\sqrt{\frac{m}{p_{i0}}}u(p_i) \quad . \end{aligned} \tag{3.13}$$

Die y_+-Integration bedarf aufgrund der Sprungfunktion in der Eikonal-Phase der Wechselwirkung mit Ion 1 einer näheren Betrachtung. Man schreibt dazu

$$\begin{aligned}&\int \mathrm{d}^2x'_\perp e^{\mathrm{i}\vec{x}'_\perp\cdot(\vec{p}_{i\perp}-\vec{k}_\perp)}e^{-\mathrm{i}2Z_1\alpha\theta(y_+)\ln x'_\perp} \\ &= \int \mathrm{d}^2x'_\perp e^{\mathrm{i}\vec{x}'_\perp\cdot(\vec{p}_{i\perp}-\vec{k}_\perp)}\theta(y_+)\left(e^{-\mathrm{i}2Z_1\alpha\ln x'_\perp}-1\right) + (2\pi)^2\delta(\vec{p}_{i\perp}-\vec{k}_\perp) \quad . \end{aligned} \tag{3.14}$$

Der Anteil $\sim \delta(\vec{p}_{i\perp}-\vec{k}_\perp)$ läßt sich leicht berechnen. Der nichttriviale Anteil lautet

$$\begin{aligned}&\sim \frac{\mathrm{i}}{2}\int \mathrm{d}^2y_\perp \int \frac{\mathrm{d}q_-\mathrm{d}^2q_\perp}{(2\pi)^3}\frac{\frac{1}{2}(1\!\mathrm{l}-\alpha_3)q_- + \vec{\alpha}_\perp\cdot\vec{q}_\perp + \gamma_0 m}{q_-}e^{-\mathrm{i}\frac{q_\perp^2+m^2}{q_-}x_- - \mathrm{i}q_-x_+ + \mathrm{i}\vec{q}_\perp\cdot(\vec{x}_\perp-\vec{y}_\perp)} \\ &\quad\times\left(e^{-\mathrm{i}2Z_2\alpha\theta(x_-)\ln|\vec{y}_\perp-\vec{b}|}-1\right)\int\frac{\mathrm{d}^2k_\perp}{(2\pi)^2}\frac{1}{q_- - (k_\perp^2+m^2)/p_{i+}+\mathrm{i}\epsilon}e^{\mathrm{i}\vec{k}_\perp\cdot\vec{y}_\perp} \\ &\quad\times\left\{\int \mathrm{d}^2x'_\perp e^{\mathrm{i}\vec{x}'_\perp\cdot(\vec{p}_{i\perp}-\vec{k}_\perp)}\left(e^{-\mathrm{i}2Z_1\alpha\ln x'_\perp}-1\right)\right\} \\ &\quad\times\frac{\vec{\alpha}_\perp\cdot\vec{k}_\perp+\gamma_0 m}{p_{i+}}(1\!\mathrm{l}+\alpha_3)\sqrt{\frac{m}{p_{i0}}}u(p_i) \quad . \end{aligned} \tag{3.15}$$

Die Singularität bei $q_- = 0$ wird um $\mathrm{i}\epsilon'$ in die obere Halbebene geschoben. Läge dieser Pol in der unteren Halbebene, erhielte man im Limes $\epsilon' \longrightarrow 0$ einen exponentiell wachsenden Beitrag $(x_-, x_+ > 0)$. So jedoch liefert dieser Pol einen exponentiell gedämpften Beitrag für $x_+ < 0, x_- > 0$ und keinen Beitrag für $x_-, x_+ > 0$, d.h. das Integral wird durch das Residuum an der Stelle $q_- = (k_\perp^2+m^2)/p_{i+} - \mathrm{i}\epsilon$ bestimmt. Mit dieser Vorschrift erhält man für die Wellenfunktion

$$\begin{aligned}\psi_{\mathrm{II}\to\mathrm{IV}} &= \frac{1}{2}\int\frac{\mathrm{d}^2q_\perp}{(2\pi)^2}\int\frac{\mathrm{d}^2k_\perp}{(2\pi)^2}e^{-\mathrm{i}\frac{k_\perp^2+m^2}{p_{i+}}x_+ - \mathrm{i}\frac{q_\perp^2+m^2}{k_\perp^2+m^2}p_{i+}x_- + \mathrm{i}\vec{q}_\perp\cdot\vec{x}_\perp} \\ &\quad\times\left[1+\frac{\vec{\alpha}_\perp\cdot\vec{q}_\perp+\gamma_0 m}{k_\perp^2+m^2}p_{i+}\right]\left\{\int \mathrm{d}^2y_\perp e^{\mathrm{i}\vec{y}_\perp\cdot(\vec{k}_\perp-\vec{q}_\perp)}e^{-\mathrm{i}2Z_2\alpha\theta(x_-)\ln|\vec{y}_\perp-\vec{b}|}\right\} \\ &\quad\times\left\{\int \mathrm{d}^2y_\perp e^{\mathrm{i}\vec{y}_\perp\cdot(\vec{p}_{i\perp}-\vec{k}_\perp)}e^{-\mathrm{i}2Z_1\alpha\theta(x_+)\ln y_\perp}\right\} \\ &\quad\times\frac{\vec{\alpha}_\perp\cdot\vec{k}_\perp+\gamma_0 m}{p_{i+}}(1\!\mathrm{l}+\alpha_3)\sqrt{\frac{m}{p_{i0}}}u(p_i) \quad . \end{aligned} \tag{3.16}$$

Analog findet man den Anteil der Wellenfunktion, der über den Bereich III nach IV gelangt. Insgesamt lautet die Wellenfunktion des Elektrons, das sich in der Feldkonfiguration zweier kollidierender Ionen bewegt

$$\begin{aligned}
\psi(x) &= \frac{1}{2}\int\frac{\mathrm{d}^2q_\perp}{(2\pi)^2}\int\frac{\mathrm{d}^2k_\perp}{(2\pi)^2}\int\mathrm{d}^2y'_\perp\int\mathrm{d}^2y_\perp e^{\mathrm{i}\vec{q}_\perp\cdot\vec{x}_\perp} \\
&\quad e^{\mathrm{i}\vec{y}'_\perp\cdot(\vec{k}_\perp-\vec{q}_\perp)+\mathrm{i}\vec{y}_\perp\cdot(\vec{p}_{i\perp}-\vec{k}_\perp)}e^{-\mathrm{i}2Z_2\alpha\theta(x_-)\ln|\vec{y}'_\perp-\vec{b}|}e^{-\mathrm{i}2Z_1\alpha\theta(x_+)\ln y_\perp} \\
&\quad \Bigg\{e^{-\mathrm{i}\frac{k_\perp^2+m^2}{p_{i+}}x_+-\mathrm{i}\frac{q_\perp^2+m^2}{k_\perp^2+m^2}p_{i+}x_-} \\
&\quad \times\left[1+\frac{\vec{\alpha}_\perp\cdot\vec{q}_\perp+\gamma_0 m}{k_\perp^2+m^2}p_{i+}\right]\frac{\vec{\alpha}_\perp\cdot\vec{k}_\perp+\gamma_0 m}{p_{i+}}(\mathbb{1}+\alpha_3) \\
&\quad +e^{-\mathrm{i}\frac{(\vec{p}_{i\perp}+\vec{q}_\perp-\vec{k}_\perp)^2+m^2}{p_{i-}}x_--\mathrm{i}\frac{q_\perp^2+m^2}{(\vec{p}_{i\perp}+\vec{q}_\perp-\vec{k}_\perp)^2+m^2}p_{i-}x_+} \\
&\quad \times\left[1+\frac{\vec{\alpha}_\perp\cdot\vec{q}_\perp+\gamma_0 m}{(\vec{p}_{i\perp}+\vec{q}_\perp-\vec{k}_\perp)^2+m^2}p_{i-}\right]\frac{\vec{\alpha}_\perp\cdot(\vec{p}_{i\perp}+\vec{q}_\perp-\vec{k}_\perp)+\gamma_0 m}{p_{i-}}(\mathbb{1}-\alpha_3)\Bigg\} \\
&\quad \times\sqrt{\frac{m}{p_{i0}}}u(p_i) \quad . \qquad (3.17)
\end{aligned}$$

Es läßt sich leicht zeigen, daß diese Wellenfunktion die DIRAC-Gleichung löst und aufgrund der Eindeutigkeit der Lösung exakt ist. Für die Wechselwirkung mit zwei ultrarelativistischen, kollidierenden Ionen hat sie die Form (vergl. (2.36))

$$\begin{aligned}
(\mathrm{i}\partial_{x_+}-\delta(x_+)V_\perp^{(1)}(\vec{x}_\perp))\psi_+ &= -(\mathrm{i}\vec{\alpha}_\perp\cdot\vec{\nabla}_\perp-\gamma_0 m)\psi_- \\
(\mathrm{i}\partial_{x_-}-\delta(x_-)V_\perp^{(2)}(\vec{x}_\perp))\psi_- &= -(\mathrm{i}\vec{\alpha}_\perp\cdot\vec{\nabla}_\perp-\gamma_0 m)\psi_+ \quad .
\end{aligned} \qquad (3.18)$$

Hier sei darauf hingewiesen, daß die in [11] angegebenen Wellenfunktionen nicht die $x_\pm$ Abhängigkeit der Eikonal-Phasen aufweisen und somit nicht im gesamten Raumgebiet gültig sind.

Für die Streumatrix findet man [11, 56, 126]

$$\begin{aligned}
S(p_f,p_i) &= \mathrm{i}\int\frac{\mathrm{d}^2k_\perp}{(2\pi)^2}\left\{\int\mathrm{d}^2x_\perp e^{-\mathrm{i}\vec{x}_\perp\cdot(\vec{k}_\perp-\vec{p}_{i\perp})}e^{-\mathrm{i}2Z_1\alpha\ln x_\perp}\right\} \\
&\quad \times\left\{\int\mathrm{d}^2x_\perp e^{-\mathrm{i}\vec{x}_\perp\cdot(\vec{p}_{f\perp}-\vec{k}_\perp)}e^{-\mathrm{i}2Z_2\alpha\ln|\vec{x}_\perp-\vec{b}|}\right\} \\
&\quad \times\frac{m}{\sqrt{p_{f0}p_{i0}}}\Bigg(\overline{u}(p_f)\frac{-\vec{\alpha}_\perp\cdot\vec{k}_\perp+\gamma_0 m}{p_{i+}p_{f-}-k_\perp^2-m^2+\mathrm{i}\epsilon}\gamma_+u(p_i) \\
&\quad +\overline{u}(p_f)\frac{-\vec{\alpha}_\perp\cdot(\vec{p}_{i\perp}+\vec{p}_{f\perp}-\vec{k}_\perp)+\gamma_0 m}{p_{i-}p_{f+}-(\vec{p}_{i\perp}+\vec{p}_{f\perp}-k_\perp)^2-m^2+\mathrm{i}\epsilon}\gamma_-u(p_i)\Bigg) \qquad (3.19)
\end{aligned}$$

In [126] wurde dieses Ergebnis über die Kontinuitätsgleichung des einlaufenden Elektronenstroms und die Anwendung des GAUSSschen Satzes auf die durch $\{(x_+=0,\ x_->0);\ (x_+>0,\ x_-=0)\}$ definierte Hyperfläche erhalten.

3.2.2 Störungstheoretischer Ansatz

Die der Streumatrix (3.19) über (2.15) entsprechende Amplitude entspricht ebenfalls den vier führenden Termen der WATSON-Reihe, d.h. die Reflexionsterme tragen hier ebenfalls nicht bei. Um dies zu zeigen, betrachtet man die Einfachstreuung an Ion 1 (2.107)

$$\mathcal{M}^{(1)} = 2\pi \mathrm{i}\delta(p_{f+}-p_{i+})\left\{\int \mathrm{d}^2x_\perp e^{-\mathrm{i}\vec{x}_\perp\cdot(\vec{p}_{f\perp}-\vec{p}_{i\perp})}\left(e^{-\mathrm{i}2Z_1\alpha\ln x_\perp}-1\right)\right\}\overline{u}(p_f)\gamma_+u(p_i) \quad . \tag{3.20}$$

Mit (A.10) und der DIRAC-Identität (2.91) kann dies umgeformt werden in

$$\begin{aligned}
\mathcal{M}^{(1)} &= -\left\{\int \mathrm{d}^2x_\perp e^{-\mathrm{i}\vec{x}_\perp\cdot(\vec{p}_{f\perp}-\vec{p}_{i\perp})}\left(e^{-\mathrm{i}2Z_1\alpha\ln x_\perp}-1\right)\right\}\\
&\quad\times\left(\overline{u}(p_f)\gamma_-\frac{\not{p}_f+m}{2p_{f-}(p_{i+}-p_{f+})+\mathrm{i}\epsilon}\gamma_+u(p_i)\right.\\
&\quad\left.+\overline{u}(p_f)\gamma_+\frac{\not{p}_i+m}{2p_{i-}(p_{f+}-p_{i+})+\mathrm{i}\epsilon}\gamma_-u(p_i)\right)\\
&= -\int\frac{\mathrm{d}^2k_\perp}{(2\pi)^2}(2\pi)^2\delta(\vec{p}_{f\perp}-\vec{k}_\perp)\left\{\int \mathrm{d}^2x_\perp e^{-\mathrm{i}\vec{x}_\perp\cdot(\vec{k}_\perp-\vec{p}_{i\perp})}\left(e^{-\mathrm{i}2Z_1\alpha\ln x_\perp}-1\right)\right\}\\
&\quad\times\left(\overline{u}(p_f)\frac{-\vec{\alpha}_\perp\cdot\vec{k}_\perp+\gamma_0m}{p_{i+}p_{f-}-k_\perp^2-m^2+\mathrm{i}\epsilon}\gamma_+u(p_i)\right.\\
&\quad\left.+\overline{u}(p_f)\frac{-\vec{\alpha}_\perp\cdot(\vec{p}_{i\perp}+\vec{p}_{f\perp}-\vec{k}_\perp)+\gamma_0m}{p_{i-}p_{f+}-(\vec{p}_{i\perp}+\vec{p}_{f\perp}-k_\perp)^2-m^2+\mathrm{i}\epsilon}\gamma_-u(p_i)\right) \quad ,
\end{aligned}\tag{3.21}$$

was klar in (3.19) enthalten ist. Analog ergibt sich die Einfachstreuung an Ion 2. Aufgespalten in Ein- bzw. Zweifachstreuterme lautet die Gesamtamplitude [59]

$$\begin{aligned}
\mathcal{M} &= 2\pi\mathrm{i}\delta(p_{f+}-p_{i+})\left\{\int \mathrm{d}^2x_\perp e^{-\mathrm{i}\vec{x}_\perp\cdot(\vec{p}_{f\perp}-\vec{p}_{i\perp})}\left(e^{-\mathrm{i}2Z_1\alpha\ln x_\perp}-1\right)\right\}\overline{u}(p_f)\gamma_+u(p_i)\\
&\quad+2\pi\mathrm{i}\delta(p_{f-}-p_{i-})\left\{\int \mathrm{d}^2x_\perp e^{-\mathrm{i}\vec{x}_\perp\cdot(\vec{p}_{f\perp}-\vec{p}_{i\perp})}\left(e^{-\mathrm{i}2Z_2\alpha\ln|\vec{x}_\perp-\vec{b}|}-1\right)\right\}\overline{u}(p_f)\gamma_-u(p_i)\\
&\quad-\int\frac{\mathrm{d}^2k_\perp}{(2\pi)^2}\left\{\int \mathrm{d}^2x_\perp e^{-\mathrm{i}\vec{x}_\perp\cdot(\vec{k}_\perp-\vec{p}_{i\perp})}\left(e^{-\mathrm{i}2Z_1\alpha\ln x_\perp}-1\right)\right\}\\
&\quad\quad\times\left\{\int \mathrm{d}^2x_\perp e^{-\mathrm{i}\vec{x}_\perp\cdot(\vec{p}_{f\perp}-\vec{k}_\perp)}\left(e^{-\mathrm{i}2Z_2\alpha\ln|\vec{x}_\perp-\vec{b}|}-1\right)\right\}\\
&\quad\times\left(\overline{u}(p_f)\frac{-\vec{\alpha}_\perp\cdot\vec{k}_\perp+\gamma_0m}{p_{i+}p_{f-}-k_\perp^2-m^2+\mathrm{i}\epsilon}\gamma_+u(p_i)\right.\\
&\quad\left.+\overline{u}(p_f)\frac{-\vec{\alpha}_\perp\cdot(\vec{p}_{i\perp}+\vec{p}_{f\perp}-\vec{k}_\perp)+\gamma_0m}{p_{i-}p_{f+}-(\vec{p}_{i\perp}+\vec{p}_{f\perp}-\vec{k}_\perp)^2-m^2+\mathrm{i}\epsilon}\gamma_-u(p_i)\right)
\end{aligned}\tag{3.22}$$

Die exakte Amplitude (3.22) fordert das Verschwinden aller Reflexionsterme. Im Gegensatz zum vorangegangenen Abschnitt verschwinden jedoch in der betrachteten Feldkonfiguration zweier kollidierender Ionen nicht alle Reflexionsterme identisch, wie in [56]

unzutreffend geäußert wurde. Da sich Reflexionsterme unterschiedlicher Ordnungen nicht gegeneinander wegheben können, muß sich in jeder Ordnung separat die Summe aller Reflexionsterme aufheben.
Die Reflexionsterme beschreiben die Produktion und Absorption virtueller Elektron-Positron Paare in den Raumbereichen II bzw. III (siehe Abbildung 3.3). Die Berechnung einiger ausgewählter Reflexionsterme ist in Anhang B vorgeführt.

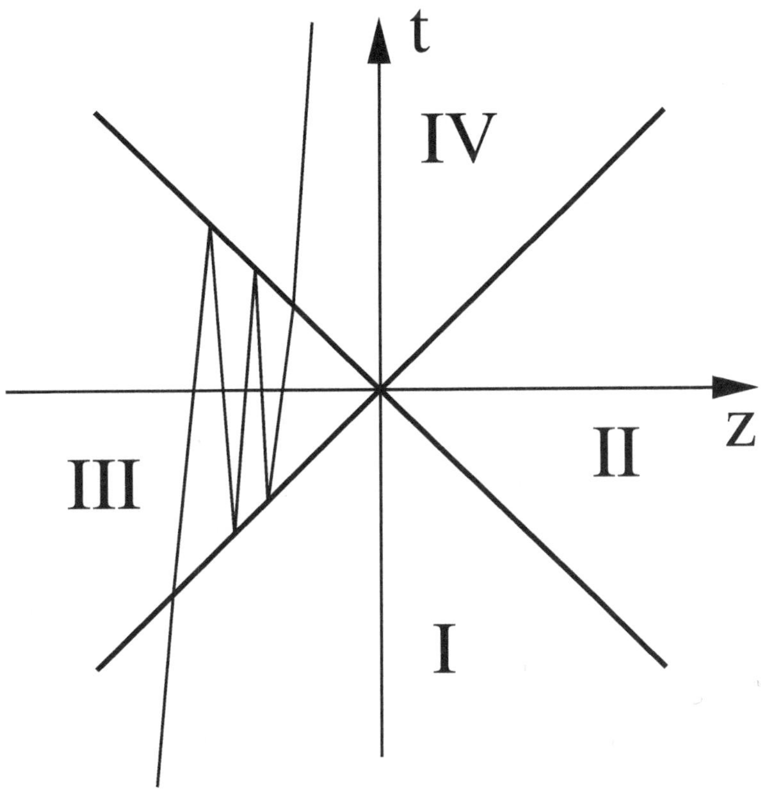

Abbildung 3.3: Höhere Ordnung der WATSON-Reihe.

Teil II

Elektron – Positron Paarproduktion

Kapitel 4

Einführung

Der expliziten Berechnung der Paarproduktion in den folgenden Kapiteln soll in den nächsten beiden Abschnitten zunächst eine Betrachtung über die allgemeine Struktur der Paarproduktionsamplitude und über deren Berechnungsmethoden vorangehen.

4.1 Diagrammatische Darstellung der Paarproduktion

Die vollständige Beschreibung eines Streu- bzw. Produktionsprozesses führt auf eine unitäre Streumatrix S_{fi}, die

$$\sum_f S^{\dagger}_{i'f} S_{fi} = \delta_{i'i} \tag{4.1}$$

genügt. Die Unitarität der Streumatrix drückt bei elastischen Streuvorgängen die Teilchenzahlerhaltung aus, bzw. sorgt allgemein dafür, daß die Summe der Wahrscheinlichkeiten aller möglichen Reaktionskanäle Eins ist. In der Störungstheorie erlaubt (4.1), ausgehend von einfachen Feynman-Diagrammen in niedrigster Ordnung, alle notwendigen Diagramme für eine unitäre Streumatrix iterativ zu konstruieren. Mit $S_{fi} = \delta_{fi} - \mathrm{i}\mathcal{M}_{fi}(\prod_f K_f)(\prod_i K_i)$ folgt aus (4.1)

$$\Im \mathcal{M}_{i'i} = -\frac{\mathrm{i}}{2} \sum_f \mathcal{M}^{\dagger}_{i'f} \mathcal{M}_{fi} \left(\prod_f K_f \right)^2 \quad . \tag{4.2}$$

Der Imaginärteil der Streuamplitude ist demnach mit deren direkten Produkt verknüpft. Für $i' = i$ läßt sich die rechte Seite der Gleichung durch den totalen Wirkungsquerschnitt ausdrücken und man erhält das sogenannte optische Theorem [104]. (4.2) ist eine Konsistenzgleichung für die vollständige Amplitude. Sie kann jedoch auch auf genäherte Amplituden angewandt werden, um diese iterativ zu vervollständigen [47]. Startet man beispielsweise bei der Elektronstreuung dieses Unitarisierungsschema, die sogenannte *S-Kanal Unitarisierung*, mit der ersten Bornschen Näherung, können zusammen mit der geforderten Eichinvarianz der Amplitude alle Diagramme konstruiert werden, die für die Berechnung der Eikonal-Streumatrix nötig sind (siehe Abbildung 4.1)

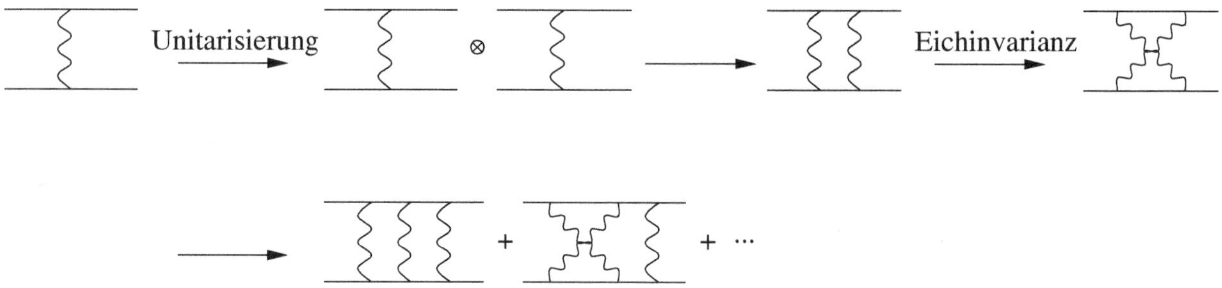

Abbildung 4.1: Konstruktion der vollständigen Eikonal-Streuamplitude.

Die so erhaltene Amplitude ist lediglich in der Hinsicht vollständig, daß die zugehörige Streumatrix unitär ist (siehe Abschnitt 2.5). Strahlungskorrekturen sind in ihr beispielsweise nicht enthalten. Darüber hinaus muß der exakte Streuprozeß nicht ausschließlich durch den Austausch von Photonen vonstatten gehen.
Für die Paarproduktion werden in externer Feldnäherung als *Iterationskeime* die Diagramme 4.2 betrachtet. Zusätzlich kann zu beiden Diagrammen eine beliebige Anzahl

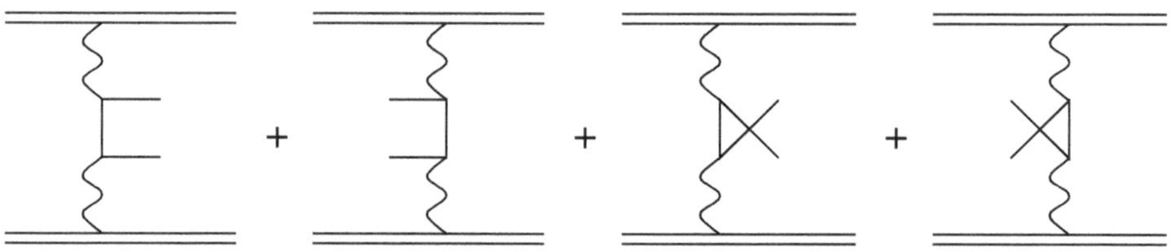

Abbildung 4.2: Iterationskeime für die Paarproduktion.

nicht-wechselwirkender Elektron-Positron Paare hinzuaddiert werden. Im ersten Iterationsschritt werden durch (4.2) Diagramme zur multiplen Paarproduktion bzw. -vernichtung sowie sogenannte Vakuumdiagramme (Elektron-Schleifen) und gemischte Annihilations- und Produktionsdiagramme generiert (Abbildung 4.3). Durch die Weiterführung

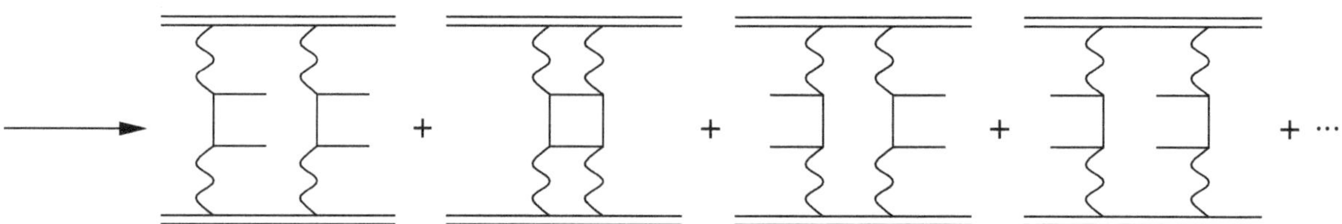

Abbildung 4.3: Durch Iteration erhaltene, zusätzliche Diagrammklassen in der Paarproduktion.

des Unitarisierungsschemas ergibt sich außerdem der Mehrfach-Austausch von Vakuumdiagrammen.
Es ist offensichtlich, daß die erhaltene Amplitude zwar unitär aber insofern unvollständig ist, als zusätzlich zu (4.2) Paarproduktions- und Annihilationsdiagramme in höherer Ordnung $Z_i\alpha$ betrachtet werden müssen. Dazu werden elastische Elektron- und Positron-Streudiagramme als zusätzliche Iterationskeime in die Betrachtung mit einbezogen (Abbildung 4.4).

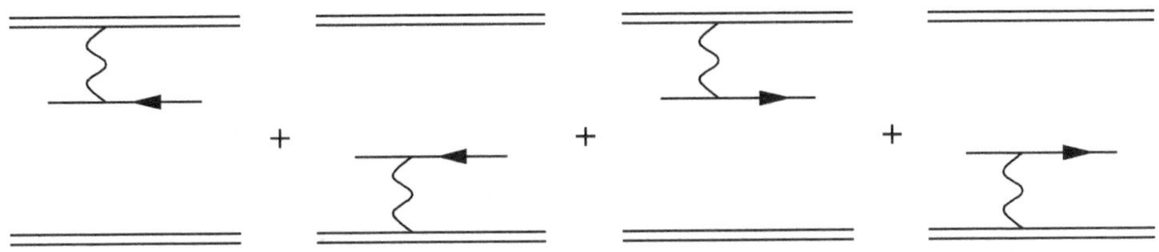

Abbildung 4.4: Elastische Elektron- und Positron-Streuterme als zusätzliche Iterationskeime zur Beschreibung der Paarproduktion in höherer Ordnung.

Die Unitaritätsbedingung (4.2) für die Amplitude verknüpft verschiedene FEYNMAN-Diagramme. Insbesondere werden elastische und inelastische Diagramme zueinander in Beziehung gesetzt.
In Analogie zur Eikonalisierung der Amplitude im Falle des reinen Photon-Austauschs findet man im Hochenergielimes eine allgemeine Exponentierungseigenschaft für den Austausch beliebiger Einheiten, z.B. Vakuum-Diagramme [36]. In der externen Feldnäherung gilt diese Eigenschaft unabhängig von der Geschwindigkeit der äußeren Felder [83]. Weiterhin können alle durch die Unitarisierung erhaltenen Diagramme in einer *erweiterten* Eikonal-Amplitude zusammengefaßt werden [47],

$$\mathcal{M} \sim \int \mathrm{d}^2 x_\perp e^{-\mathrm{i}\vec{q}_\perp \cdot \vec{x}_\perp} \left(e^{-\mathrm{i}\chi(\vec{x}_\perp)} - 1 \right) \tag{4.3}$$

Dabei ist hier $\chi(\vec{x})$ durch den Operator zu ersetzen, dessen Matrixelemente mit den Amplituden der Iterationskeime übereinstimmen. Für die Iterationskeime in Abbildung (4.2) entspricht diese Form der ersten Ordnung der MAGNUS-Näherung [83, 91].
Bei Vernachlässigung der Vakuumdiagramme ist die resultierende Unitaritätsverletzung der betrachteten Amplitude bekannt [18]. Unter der Annahme unabhängiger Mehrfachpaarerzeugungen kann die Wahrscheinlichkeit für die multiple Produktion in Form einer manifest unitären POISSON-Verteilung genähert werden [13, 18, 23, 55, 83, 125], wobei der Mittelwert durch die störungstheoretische Amplitude für die Erzeugung eines Paares gegeben ist. Mit der Bedingung unabhängiger Mehrfachpaarerzeugungen werden beispielsweise Prozesse der Form 4.5 vernachlässigt. Eine Betrachtung dieser Diagramme

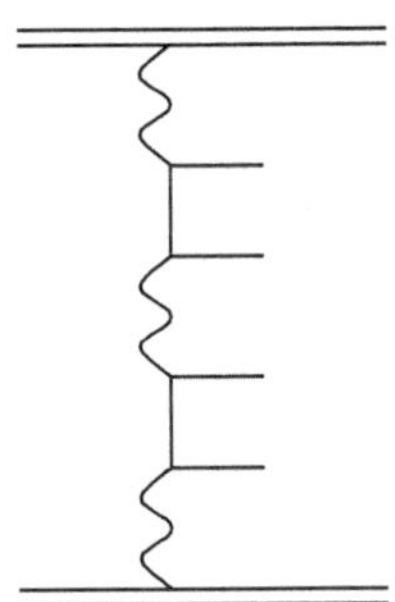

Abbildung 4.5: Korrelierte Mehrfach-Paarproduktion.

findet sich in [47].
In dieser Arbeit werden ebenfalls die Vakuumdiagramme vernachlässigt und die Berechnung beschränkt sich auf alle Diagramme 4.6, die nach obiger Interpretation die durchschnittliche Anzahl der in einem Schwerionenstoß produzierten Paare liefern.

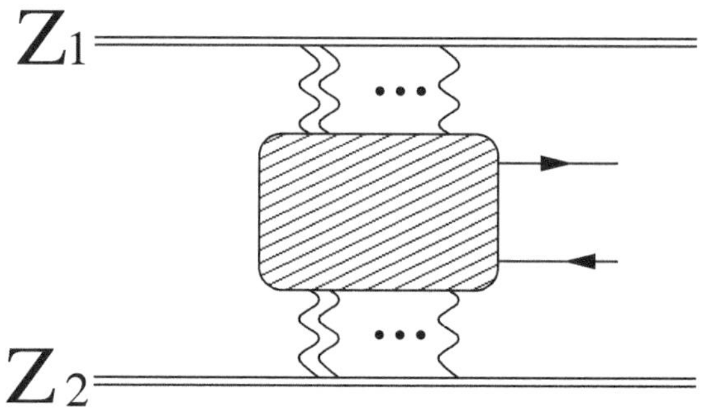

Abbildung 4.6: Paarerzeugung in allen Ordnungen der Wechselwirkung mit beiden Ionen.

4.2 Methoden zur Berechnung der Paarproduktionsamplitude

4.2.1 Berechnung über die Streuamplitude mittels Crossing-Symmetrie

Elektronpropagation und Paarproduktion im Feld kollidierender Schwerionen stellen zwei Crossing-Kanäle der gleichen Reaktion dar. Ist die Amplitude für einen der beiden Prozesse bekannt, kann sie für den jeweils anderen durch Uminterpretation der ein- und auslaufenden Teilchen erhalten werden. Konkret bedeutet dies, daß die Paarproduktionsamplitude durch die Substitution

$$\begin{aligned} p_f &\rightarrow p^{(e)} \\ p_i &\rightarrow -p^{(p)} \end{aligned} \tag{4.4}$$

aus der Streuamplitude erhalten wird

$$\mathcal{M}^{AAe^- \rightarrow AAe^-} \xrightarrow{(4.4)} \mathcal{M}^{AA \rightarrow AAe^+e^-} \quad . \tag{4.5}$$

$p^{(p)}$ und $p^{(e)}$ sind der Positron- und der Elektronimpuls. An dieser Stelle wird deutlich, daß sich die Vernachlässigung von Strahlungskorrekturen (Vertexkorrektur) zur Elektronstreuung in den Kapiteln 2 und 3 unter anderem in einem Fehlen der Endzustandswechselwirkung der produzierten Teilchen im Paarproduktionskanal äußert.
Im folgenden Kapitel wird demonstriert, daß die Anwendung der Crossing-Symmetrie auf die Hochenergie-Streuamplitude (3.22) nicht die richtige Paarproduktionsamplitude liefert. Die Ursache hierfür liegt in der analytischen Struktur der Elektronpropagatoren, die es nicht erlaubt, den Grenzwert unendlicher Energie mit den Longitudinalimpuls-Integrationen der Amplitude zu vertauschen.

4.2.2 Auswahl der führenden Diagramme

Mit einfachen Überlegungen kann man die im Hochenergielimes dominierenden Anteile der Paarproduktionsamplitude separieren, ohne die Amplitude selbst berechnen zu müssen. Dazu wird die Amplitude wie folgt nach Ein- und Mehrphotonen-Austausch zerlegt [94]

$$\mathcal{M} = \mathcal{M}_{\mathrm{Born}} + \mathcal{M}_1 + \widetilde{\mathcal{M}}_1 + \mathcal{M}_2 \tag{4.6}$$

$\mathcal{M}_{\text{Born}}$ ist die Amplitude der Zwei-Photon-Graphen. $\mathcal{M}_1$ bzw. $\widetilde{\mathcal{M}}_1$ und $\mathcal{M}_2$ beschreiben die Wechselwirkung des Paares in erster Ordnung mit einem der Kerne und in höherer (≥ 2) Ordnung mit dem jeweils anderen (Abb. 4.7), bzw. in höherer Ordnung mit beiden Kernen (Abb. 4.8).

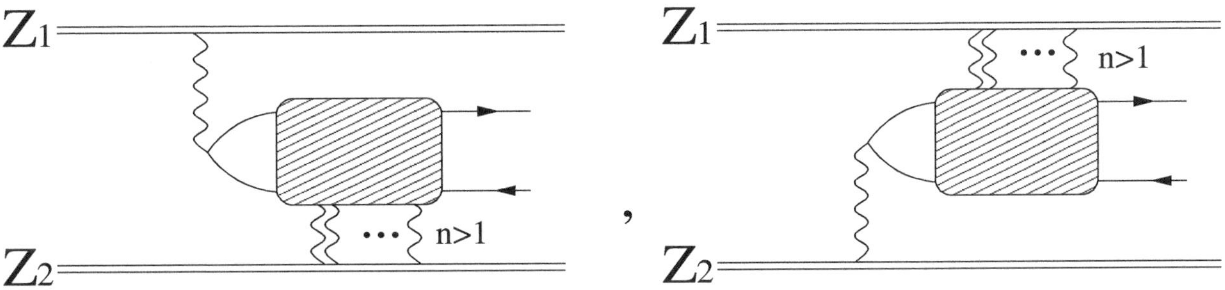

Abbildung 4.7: Paarproduktionsamplitude in erster Ordnung in der Wechselwirkung mit einem Ion und höherer Ordnung mit dem jeweils anderen Ion.

Die Größe der einzelnen Glieder wird nun durch die Anzahl großer Logarithmen bestimmt, mit denen sie in den Wirkungsquerschnitt eingehen. Diese treten, grob gesagt, dann auf, wenn im Wirkungsquerschnitt der Ein-Photon-Austausch mit einem bestimmten Kern quadriert auftritt und über den von diesem Photon übertragenen Transversalimpuls integriert wird (siehe Anhang D.1.2). In logarithmischer Genauigkeit ergibt diese Integration gerade die Photonverteilungsfunktion dieses Kerns.

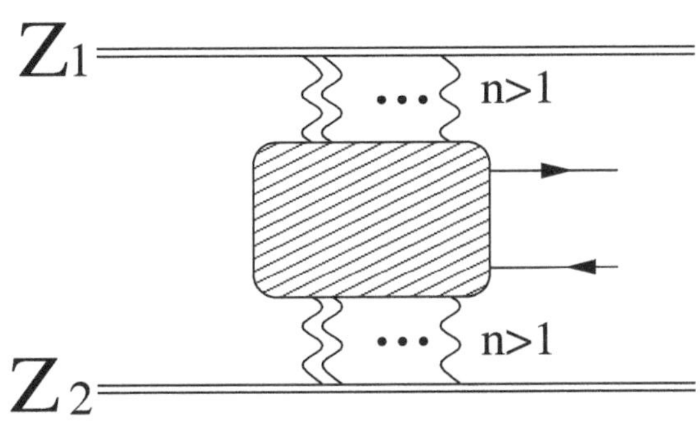

Abbildung 4.8: Paarproduktion in höherer Ordnung in der Wechselwirkung mit beiden Ionen.

Der Wirkungsquerschnitt lautet (Γ bezeichnet hier den Phasenraum der produzierten Teilchen)

$$\begin{aligned}\sigma &= \int d^2b \int d\Gamma \Big[\mid \mathcal{M}_{\text{Born}} \mid^2 \\ &\quad +2\Re\left(\mathcal{M}_{\text{Born}}\mathcal{M}_1^*\right) + \mid \mathcal{M}_1 \mid^2 \\ &\quad +2\Re\left(\mathcal{M}_{\text{Born}}\widetilde{\mathcal{M}}_1^*\right) + \mid \widetilde{\mathcal{M}}_1 \mid^2 \\ &\quad +2\Re\left(\mathcal{M}_{\text{Born}}\mathcal{M}_2^* + \mathcal{M}_1\widetilde{\mathcal{M}}_1^* + \mathcal{M}_1\mathcal{M}_2^* + \widetilde{\mathcal{M}}_1\mathcal{M}_2^*\right) + \mid \mathcal{M}_2 \mid^2 \Big] \end{aligned} \tag{4.7}$$

Im ersten Term tritt dieser Fall genau zweimal auf, so daß er mit zwei WEIZSÄCKER-WILLIAMS Logarithmen ($\sim \ln \gamma_1\gamma_2$) in den Wirkungsquerschnitt eingeht. Dabei sind γ_1

bzw. γ_2 die LORENTZ-Faktoren der Kerne im betrachteten Bezugsystem. Die Terme der zweiten und dritten Zeile erhalten jeweils einen Logarithmus und die Terme der vierten Zeile keinen. Relativ zum Zwei-Photon-Graphen sind diese Anteile des Wirkungsquerschnitts daher um einen Faktor $\sim 1/\ln\gamma_1\gamma_2$ bzw. $\sim 1/\ln^2\gamma_1\gamma_2$ unterdrückt. Darüber hinaus kann man zeigen, daß sie zusätzlich um mindestens einen Faktor $(Z\alpha)^2$ unterdrückt sind. Für große Energien der Ionen wie etwa in den Beschleunigeranlagen RHIC und LHC kann daher der relative Beitrag der letzten Terme mit $< 0.4\%$ abgeschätzt werden [94, 101]. Der Anteil $\mathcal{M}_2$ der Amplitude und die Interferenzterme von $\mathcal{M}_1$ und $\widetilde{\mathcal{M}}_1$ im Wirkungsquerschnitt können daher direkt vernachlässigt werden.
In Kapitel 7 wird die Berechnung der Korrekturen höherer Ordnung zum Wirkungsquerschnitt der Paarproduktion in relativistischen Schwerionenkollisionen in WEIZSÄCKER-WILLIAMS-Näherung vorgeführt.

Kapitel 5

Crossing-Symmetrie

5.1 Anwendung der Crossing-Symmetrie auf die Streuamplitude

Die Propagation von Elektronen im Feld kollidierender Schwerionen und die Erzeugung von Elektron-Positron Paaren in dieser Feldkonfiguration sind Crossing-Kanäle der gleichen verallgemeinerten Reaktion. Die direkte Ersetzung (4.4) in der Streuamplitude (3.22) liefert für die Paarproduktion folgendes Bild:

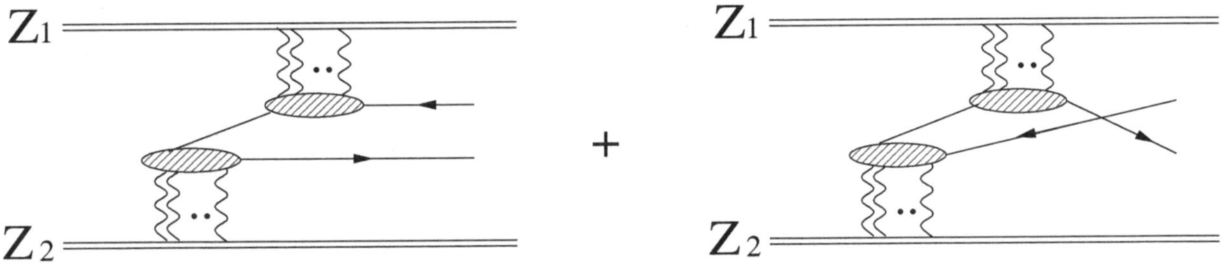

Abbildung 5.1: Graphische Darstellung des Paarproduktionsprozesses durch die naive Anwendung der Crossing-Symmetrie auf die Streuamplitude.

Im Feld eines einzelnen Ions kann aus Energieerhaltungsgründen kein Paar erzeugt werden, so daß im Paarproduktionskanal nur die Zweifachstreuung beiträgt. Reflexionsterme, entsprechend den höheren Ordnungen der Watson-Reihe, verschwinden innerhalb der oben skizzierten Vorgehensweise ebenfalls für die Paarproduktion. Die Wechselwirkungen mit dem äußeren Feld können durch Eikonal-Austausch (siehe Abschnitt 2.3.2 und 2.7.2) beschrieben werden, wodurch sich eine Analogie zur niedrigsten Ordnung Störungstheorie ergibt [56, 57, 85].

Zunächst muß man jedoch die Wechselwirkungen mit den Ionen genauer betrachten. Das effektive Potential (2.120) für die Beschreibung des Eikonal-Austauschs weist im Impulsraum neben der diskutierten Transversalimpulsabhängigkeit auch in Form von Signumfunktionen eine Abhängigkeit von den longitudinalen Impulskomponenten auf, was sich durch direkte Aufsummation aller Ordnungen beweisen läßt (siehe Abschnitt 2.3.3)

$$\mathcal{F}_{(1,2)}(\vec{q}_\perp, q_\pm) = \int \mathrm{d}^2 x_\perp e^{-\mathrm{i}\vec{q}_\perp \cdot \vec{x}_\perp} \mathrm{sgn}(q_\pm) \left(e^{-\mathrm{sgn}(q_\pm)\mathrm{i}V_\perp^{(1,2)}(\vec{x}_\perp)} - 1 \right) \quad . \tag{5.1}$$

$q_\pm$ ist der jeweils in den Wechselwirkungen mit den Ionen 1 und 2 erhaltene Lichtkegelimpuls. Mit der üblichen Ersetzung (4.4) werden somit die Vorzeichen der an das auslaufende Positron angrenzenden Eikonal-Wechselwirkung geändert [59]. Diese Tatsache wurde in [11, 56, 126] nicht berücksichtigt.

Am Beispiel der Crossing-Kanäle Bremsstrahlung und Photoproduktion im äußeren Feld soll hier weiterhin motiviert werden, daß im Hochenergielimes durch die oben vorgenommene Ersetzung (4.4) in der Streuamplitude (3.22) und unter Berücksichtigung von (5.1) nur ein beschränkter Satz von Diagrammen erhalten wird, der die Paarproduktion in Schwerionenkollisionen nicht vollständig beschreibt.

Für große aber endliche Energien des einlaufenden Elektrons bzw. Photons lassen sich beide Prozesse in manifest Crossing-invarianter Weise durch FSM-Wellenfunktionen beschreiben [21, 104]. In Übereinstimmung mit den störungstheoretischen Ergebnissen [43] kann im Hochenergielimes die vollständige Wechselwirkung in allen Ordnungen $Z\alpha$ graphisch folgendermaßen dargestellt werden.

$\lim_{p_{i0} \to \infty} \mathcal{M}^{\mathrm{Brems}} \quad \to$

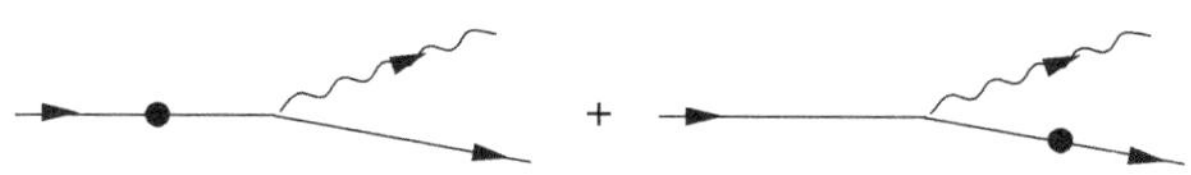

$\lim_{\omega \to \infty} \mathcal{M}^{\mathrm{Paar}} \quad \to$

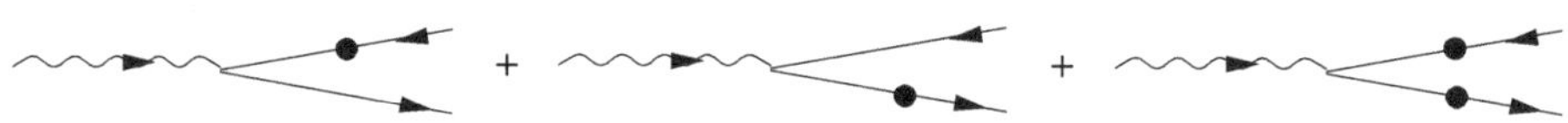

wobei die Punkte die Eikonal-Wechselwirkung mit dem äußeren Feld darstellen. Es ist deutlich zu sehen, daß die anfänglich vorhandene Crossing-Symmetrie der Amplituden verloren gegangen ist. Nur die ersten zwei der drei Paarproduktions-Diagramme sind über (4.4) und (5.1) sowie der Ersetzung $\vec{k} \to -\vec{k}$ mit der Bremsstrahlung verbunden. Das letzte Diagramm, in dem beide produzierten Teilchen mit dem Feld in allen Ordnungen wechselwirken, kann hingegen nicht durch Uminterpretation des einlaufenden Elektrons aus der Bremsstrahlung erhalten werden. Eine Wechselwirkung des Elektrons sowohl vor als auch nach der Emission des Photons verschwindet in diesem Kanal [131] (siehe auch Anhang E.3).

5.2 Analytische Eigenschaften der Streuamplitude im Hochenergielimes

Die Klasse von Diagrammen, die die Wechselwirkung beider produzierter Teilchen mit dem Feld beinhaltet, entspricht in der vorliegenden Feldgeometrie einer Schwerionenkollision den Reflexionstermen der WATSON-Reihe, deren Verschwinden im Fall der Streuung gezeigt werden konnte.

Die Ursache für das unterschiedliche Verhalten der Reflexionsterme im Paarproduktionskanal ist die Polstruktur der Elektronpropagatoren. Für die Wechselwirkung eines Elektrons mit Ionen, die sich mit endlicher Geschwindigkeit bewegen, müssen in höheren Ordnungen der Störungsreihe Kombinationen der Form

$$\begin{aligned} & 2\pi\delta(k_0 \pm \beta k_3 - p_0 \mp \beta p_3)\gamma_0(1\!\!1 \pm \beta\alpha_3)\frac{\not{k} + m}{k^2 - m^2 + \mathrm{i}\epsilon} \\ &= 2\pi \frac{-k_3\frac{\alpha_3}{\gamma^2} + (p_0 \pm \beta p_3)(1\!\!1 \mp \beta\alpha_3) - (\vec{\alpha}_\perp \cdot \vec{k}_\perp - \gamma_0 m)(1\!\!1 \pm \beta\alpha_3)}{-\frac{k_3^2}{\gamma^2} \mp 2\beta k_3(p_0 \pm \beta p_3) + (p_0 \pm \beta p_3)^2 - m_\perp^2 + \mathrm{i}\epsilon} \end{aligned} \tag{5.2}$$

betrachtet werden. k_3 hat einfache Pole bei

$$\begin{aligned} k_3 &= \begin{cases} \mp\beta(p_0 \pm \beta p_3)\gamma^2 + \gamma\sqrt{(p_0 \pm \beta p_3)^2\gamma^2 - m_\perp^2} + \mathrm{i}\epsilon \\ \mp\beta(p_0 \pm \beta p_3)\gamma^2 - \gamma\sqrt{(p_0 \pm \beta p_3)^2\gamma^2 - m_\perp^2} - \mathrm{i}\epsilon \end{cases} \\ &\approx \begin{cases} (|p_\pm| \pm p_\pm)\gamma^2 - \frac{1}{2}m_\perp^2/|p_\pm| + \mathrm{i}\epsilon \\ -(|p_\pm| \mp p_\pm)\gamma^2 + \frac{1}{2}m_\perp^2/|p_\pm| - \mathrm{i}\epsilon \end{cases} \end{aligned} \tag{5.3}$$

In der Wechselwirkung mit dem in positiver z-Richtung laufenden Ion ist beispielsweise für $p_+ > 0$ (einlaufendes Elektron) in der oberen Halbebene $\Re(k_3) \sim \mathcal{O}(\gamma^2)$ und in der unteren $\Re(k_3) \sim \mathcal{O}(1)$. Für ein einlaufendes Positron mit $p_+ < 0$ gilt hingegen $\Re(k_3) \sim \mathcal{O}(-1)$ in der oberen Halbebene und $\Re(k_3) \sim \mathcal{O}(-\gamma^2)$ in der unteren. Für einen endlichen LORENTZ-Faktor γ umfaßt demnach eine in der oberen Halbebene geschlossene Integrationskontur für die Elektronpropagation einen Pol der Ordnung $\mathcal{O}(\gamma^2)$, der nach Ersetzung (4.4) zu einen Pol der Ordnung $\mathcal{O}(-1)$ für die Streuung eines Positrons wird. Da die Amplitude über die Residuen der k_3-Singularitäten im Integrationsgebiet direkt von den Polstellen abhängt, kann die Ersetzung (4.4) auch nach vollständiger Berechnung der Amplitude vorgenommen werden.

Wird der Grenzprozess $\gamma \longrightarrow \infty$ vor Ausführung der Integration über den longitudinalen Impulsübertrag durchgeführt, verschiebt sich für die Elektronpropagation der k_3-Pol ins Unendliche und verschwindet auf diese Weise aus der Integrationskontur. Die Singularität der Positronstreuung ist jedoch konstant bei $k_3 = -m_\perp^2/(2|p_-|) + \mathrm{i}\epsilon$. Da in beiden Prozessen nicht mehr die gleiche Anzahl an Polen umschlossen wird, kann der Übergang zwischen den Crossing-Kanälen nicht mehr im Endausdruck der Amplitude vollzogen werden.

Eine ähnliche Modifikation der Polstruktur der Elektronpropagatoren im Hochenergielimes wird auch im Eikonal-Propagator durchgeführt. Wie in Kapitel 2.3.2 gezeigt, kann eine solche Vereinfachung für die Berechnung eines bestimmten Reaktionskanals äußerst nützlich sein, die Crossing-Invarianz der Amplitude wird jedoch eingebüßt.

Zur Konkretisierung dieser Überlegungen betrachten wir eine alternierende Wechselwirkung mit beiden Ionen in niedrigster Ordnung Die Amplitude lautet im Limes $\gamma \longrightarrow \infty$

$$\mathcal{M} = \int \frac{\mathrm{d}^2 k_\perp^{(1)} \mathrm{d}^2 k_\perp^{(2)}}{(2\pi)^4} e^{-\mathrm{i}\vec{b}\cdot\vec{K}_\perp} \frac{-4\pi Z_2\alpha}{(\vec{k}_\perp^{(1)} - \vec{p}_{i\perp})^2} \frac{-4\pi Z_1\alpha}{(\vec{k}_\perp^{(2)} - \vec{k}_\perp^{(1)})^2} \frac{-4\pi Z_2\alpha}{(\vec{p}_{f\perp} - \vec{k}_\perp^{(2)})^2}$$

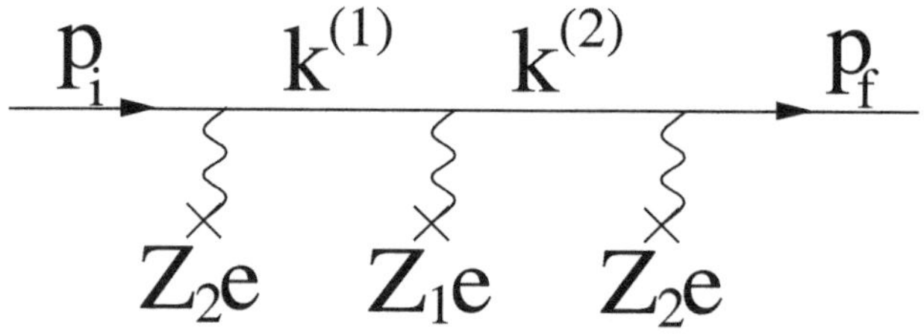

Abbildung 5.2: Einfachstes Reflexions-Diagramm, dessen Crossing-Invarianz im Hochenergielimes verloren geht.

$$\begin{aligned}&\times\overline{u}(p_f)\gamma_-(\not{k}^{(2)}+m)\gamma_+(\not{k}^{(1)}+m)\gamma_-u(p_i)\\&\times\frac{1}{4}\int\frac{\mathrm{d}k_+^{(2)}}{2\pi}\frac{1}{\left[p_{f-}k_+^{(2)}-m_\perp^{(2)2}+\mathrm{i}\epsilon\right]\left[p_{i-}k_+^{(2)}-m_\perp^{(1)2}+\mathrm{i}\epsilon\right]}\end{aligned} \tag{5.4}$$

($\vec{K}_\perp = \vec{k}_\perp^{(1)} - \vec{p}_{i\perp} + \vec{p}_{f\perp} - \vec{k}_\perp^{(2)}$). $m_\perp^{(i)2}$ bezeichnet die *transversale Masse* $m_\perp^{(i)2} = m^2 + k_\perp^{(i)2}$. Für die Elektronpropagation verschwindet dieser Ausdruck (siehe Anhang B). Im Paarproduktionskanal $p^{(p)} = -p_i$, $p^{(e)} = p_f$ erhält man hingegen das Resultat

$$\begin{aligned}\mathcal{M} &= \int\frac{\mathrm{d}^2k_\perp^{(1)}\mathrm{d}^2k_\perp^{(2)}}{(2\pi)^4}e^{-\mathrm{i}\vec{b}\cdot\vec{K}_\perp}\frac{-4\pi Z_2\alpha}{(\vec{k}_\perp^{(1)}+\vec{p}_\perp^{(p)})^2}\frac{-4\pi Z_1\alpha}{(\vec{k}_\perp^{(2)}-\vec{k}_\perp^{(1)})^2}\frac{-4\pi Z_2\alpha}{(\vec{p}_\perp^{(e)}-\vec{k}_\perp^{(2)})^2}\\&\quad\times\overline{u}(p^{(e)})\gamma_-(\not{k}^{(2)}+m)\gamma_+(\not{k}^{(1)}+m)\gamma_-v(p^{(p)})\\&\quad\times\mathrm{i}\frac{1}{4}\frac{1}{m_\perp^{(1)2}p_-^{(e)}+m_\perp^{(2)2}p_-^{(p)}}\quad.\end{aligned} \tag{5.5}$$

Die Amplitude ist daher nicht Crossing-invariant, was auch direkt an der unterschiedlichen Anzahl von Singularitäten in der oberen bzw. unteren Halbebene zu sehen ist.
Die Berechnung der Amplitude für endliche γ liefert hingegen ein Crossing-Invariantes Resultat. Es zeigt sich, daß die Potential-Pole keinen Einfluß auf die Crossing-Symmetrie der Amplitude im Hochenergielimes haben, da deren Lagen in der oberen bzw. unteren Halbebene nur unwesentlich von den ein- und auslaufenden Impulsen abhängen. Die Ersetzung (4.4) hat auf das Verhalten dieser Singularitäten im Grenzübergang $\gamma \to \infty$ keine Auswirkung. Zur Untersuchung des Crossing-Verhaltens sind daher, im Gegensatz zur Dreifachwechselwirkung (Abschnitt 2.3.1), die Elektronpropagatoren von zentraler Bedeutung, während die Potentiale aus der Betrachtung herausgenommen werden können. Werden ausschließlich die im Hochenergielimes relevanten Beiträge berücksichtigt, findet man [59] (siehe Anhang C)

$$\begin{aligned}\mathcal{M} &\approx \frac{\mathrm{i}}{4}\int\frac{\mathrm{d}^2k_\perp^{(1)}\mathrm{d}^2k_\perp^{(2)}}{(2\pi)^4}e^{-\mathrm{i}\vec{b}\cdot\vec{K}_\perp}\frac{-4\pi Z_2\alpha}{(\vec{k}_\perp^{(1)}-\vec{p}_{i\perp})^2}\frac{-4\pi Z_1\alpha}{(\vec{k}_\perp^{(2)}-\vec{k}_\perp^{(1)})^2}\frac{-4\pi Z_2\alpha}{(\vec{p}_{f\perp}-\vec{k}_\perp^{(2)})^2}\\&\quad\times\overline{u}(p_f)\gamma_-(\not{k}^{(2)}+m)\gamma_+(\not{k}^{(1)}+m)\gamma_-u(p_i)\\&\quad\times\frac{1}{m_\perp^{(1)2}|p_{f-}|+m_\perp^{(2)2}|p_{i-}|-2\gamma^2\frac{|p_{i-}||p_{f-}|}{(|p_{i-}|+|p_{f-}|)}\left(|p_{i-}||p_{f-}|+p_{i-}p_{f-}\right)}\quad,\end{aligned} \tag{5.6}$$

was im Grenzübergang $\gamma \to \infty$ auf die korrekte Streu- bzw. Paarproduktionsamplitude (5.5) führt.
Das vorgeführte Beispiel gehört zur Klasse der im Streukanal identisch verschwindenden Reflexionsterme. Die Wechselwirkungen in erster Ordnung mit Ion 2 können jeweils ohne Einfluß auf die Rechnung durch Eikonal-Austausch ersetzt werden. Für die Wechselwirkung in höheren Ordnungen mit Ion 1 findet man für die Paarproduktion analog zu Anhang B

$$\begin{aligned}
\mathcal{M} &= -\mathrm{i}\frac{\mathrm{i}^n}{2n!}\int\prod_{i=1}^{n+1}\frac{\mathrm{d}^2k_\perp^{(i)}}{(2\pi)^2}V_\perp^{(2)}(\vec{k}_\perp^{(1)}+\vec{p}_\perp^{(p)})V_\perp^{(2)}(\vec{p}_\perp^{(e)}-\vec{k}_\perp^{(n+1)})\prod_{i=1}^{n}V_\perp^{(1)}(\vec{k}_\perp^{(i+1)}-\vec{k}_\perp^{(i)}) \\
&\times\frac{1}{(2\pi)}\frac{\overline{u}(p^{(e)})\gamma_-(\not{k}^{(n+1)}+m)\gamma_+(\not{k}^{(1)}+m)\gamma_-u(-p^{(p)})}{p_-^{(p)}m_\perp^{(n+1)2}+p_-^{(e)}m_\perp^{(1)2}} \\
&\times\begin{cases}\left[\ln\left(\dfrac{m_\perp^{(1)2}}{p_-^{(p)}}\right)-\ln\left(\dfrac{m_\perp^{(n+1)2}}{p_-^{(e)}}\right)\right] & n \text{ gerade} \\ \pi\mathrm{i} & n \text{ ungerade}\end{cases}\quad . \qquad (5.7)
\end{aligned}$$

Zusammenfassend stellt der Übergang zwischen zwei Reaktionskanälen eine analytische Fortsetzung der Amplitude dar, deren Existenz und Eindeutigkeit gewisse analytische Eigenschaften der Amplitude erfordern. In höheren Ordnungen der Wechselwirkung zeigt sich die Polstruktur der Elektronpropagatoren in den Integrationen über die Longitudinalkomponenten der Schleifenimpulse für die Crossing-Invarianz der Amplitude verantwortlich. Im Hochenergielimes geht die Polstruktur der Propagatoren verloren, so daß nur sogenannte *Baum*-Diagramme, bei denen alle (Longitudinal-) Impulse durch Energie- und Impulserhaltung festgelegt sind, ihre Crossing-Symmetrie beibehalten. Für die Bremsstrahlung bzw. die Photoproduktion ist dies die erste BORNsche Näherung, für die Paarproduktion in Schwerionenkollisionen entsprechend der Zwei-Photon-Graph.

Kapitel 6

Paarproduktion durch ein reelles Photon im Feld eines Kerns

Der für die Berechnung der Paarerzeugung in ultrarelativistischen Schwerionenkollisionen im Rahmen der Weizsäcker-Williams-Näherung benötigte Photoproduktionsquerschnitt wird in diesem Kapitel in allen Ordnungen $Z\alpha$ bestimmt. Die wesentlichen Modifikationen der gefundenen Amplitude im Falle der Paarproduktion durch ein virtuelles Photon werden in Anhang E.1 diskutiert.

6.1 Die Photoproduktionsamplitude in allen Ordnungen $Z\alpha$

In niedrigster Ordnung wird die Paarproduktion im Feld eines statischen Kerns der Ladung Z durch die Diagramme 6.1 beschrieben. Die zugehörige Amplitude lautet

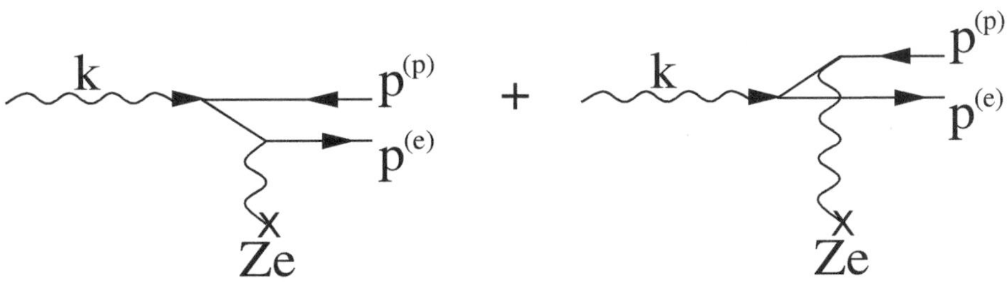

Abbildung 6.1: Die Paarproduktion in niedrigster Ordnung Störungstheorie

$$\begin{aligned}\mathcal{M} &= -e\bar{u}(p^{(e)})\left[\gamma_0 \frac{-\not{p}^{(p)}+\not{k}+m}{(k-p^{(p)})^2-m^2+\mathrm{i}\epsilon}\not{\epsilon}\right. \\ &\quad \left. +\not{\epsilon}\frac{-\not{p}^{(p)}+\not{q}+m}{(q-p^{(p)})^2-m^2+\mathrm{i}\epsilon}\gamma_0\right]u(-p^{(p)})\frac{8\pi^2 Z\alpha F(q)}{q^2}\delta(q_0) \qquad (6.1)\end{aligned}$$

$q = p^{(p)} + p^{(e)} - k$ ist der Impulsübertrag des Ions, k ist der 4-Impuls des einlaufenden reellen Photons. Hier und im folgenden wird die Wechselwirkung durch das ungeeichte

Potential (2.98) beschrieben. Für die Produktion ultrarelativistischer Elektronen und Positronen mit $p^{(e,p)} \gg m$ ist der longitudinale Impulsübertrag $q_3 \sim \mathcal{O}(1/\omega)$, mit $\omega = |\vec{k}|$ der Energie des einlaufenden Photons, und kann vernachlässigt werden.
Mit den Erkenntnissen aus Kapitel 2.1 können im Hochenergielimes höhere Ordnungen leicht in die Betrachtung einbezogen werden. Entlang der Positronen- bzw. Elektronenlinie wird die Eikonalisierungseigenschaft des Mehrphotonen-Austauschs ausgenutzt und die vollständige Wechselwirkung durch Eikonal-Austausch mit den Ionen beschrieben. In höheren Ordnungen tritt noch eine weitere Klasse von Diagrammen hinzu, in der sowohl das Elektron als auch das Positron mit dem Ion wechselwirken. In allen Ordnungen geschieht dies ebenfalls durch Eikonal-Austausch. Abbildung 6.2 veranschaulicht die exakte Paarproduktionsamplitude im Hochenergielimes.

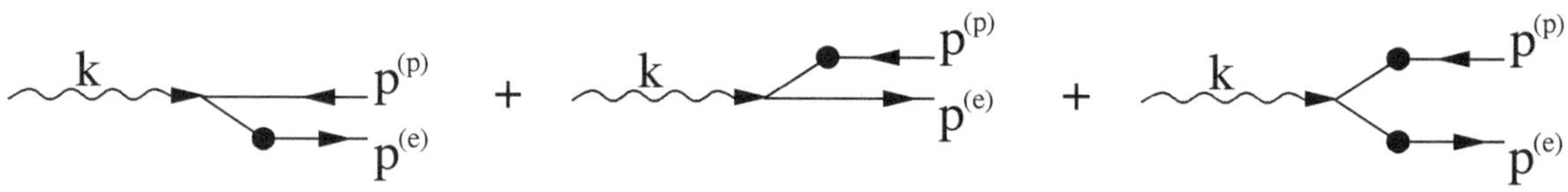

Abbildung 6.2: Die exakte Paarproduktionsamplitude im Hochenergielimes. Die Punkte symbolisieren die Eikonal-Wechselwirkung mit dem äußeren Feld.

Durch Ausnutzen der Spinoridentitäten (Anhang A.1) findet man (siehe Anhang D.1)

$$\begin{aligned}\mathcal{M} &= \mathrm{i}e \int \frac{\mathrm{d}^2 K_\perp}{(2\pi)^2} \mathcal{I}^{\gamma,\ell\ell} \Big[S_+(\vec{K}_\perp + \vec{p}^{\,(p)}_\perp) S_-(\vec{p}^{\,(e)}_\perp - \vec{K}_\perp) \\ &\qquad - (2\pi)^4 \delta(\vec{K}_\perp + \vec{p}^{\,(p)}_\perp) \delta(\vec{p}^{\,(e)}_\perp - \vec{K}_\perp) \Big] \quad , \end{aligned} \tag{6.2}$$

mit $S_\pm(\vec{k})$ aus (2.146). Das Eikonal $\chi(\vec{x}_\perp)$ ist dabei für die ungeeichte Wechselwirkung zu berechnen, beispielsweise $\chi(\vec{x}_\perp) = -\lim_{\mu\to 0} 2Z\alpha K_0(\mu x_\perp)$ im Falle eines punktförmigen Ions. Hier und im folgenden wird die Energieerhaltungs-δ-Funktion, $2\pi\delta(q_0)$, der Streuung am externen Feld weggelassen. Sie wird später in der Definition des Wirkungsquerschnitts (6.17) berücksichtigt. Die Amplitude (6.2) faktorisiert unter dem Integral in einen Anteil, der den Zerfall des einlaufenden Photons in ein Elektron-Positron Paar beschreibt

$$\mathcal{I}^{\gamma,\ell\ell} = \overline{u}(p^{(e)}) \frac{\gamma_0 (\not{K} + \not{k} + m) \not{\epsilon} (\not{K} + m) \gamma_0}{2\omega (K_\perp^2 + m^2)} u(-p^{(p)}) \tag{6.3}$$

und einen weiteren, der die *Dipol-Wechselwirkung* des produzierten Paares mit dem äußeren Feld wiedergibt. Diese Faktorisierungseigenschaft wird allgemein für Streu- und Produktionsprozesse bei extrem relativistischen Energien gefunden [41, 47]. Sie ist physikalisch in den unterschiedlichen Zeitskalen begründet, auf denen der Zerfall des Photons und die Wechselwirkung mit dem äußeren Feld stattfindet [42].
Den ersten Anteil bezeichnet man als *Impact*-Faktor $\mathcal{I}$ [39, 43]. Er beschreibt die inneren Eigenschaften des streuenden Teilchens, d.h. in diesem Fall den leptonischen Anteil des Photons. Für die Dipol-Wechselwirkung des Paares bemerken wir, daß sich die divergenten Anteile des Eikonals, die COULOMB-Phasen $\int \mathrm{d}t'\mathcal{C} = \lim_{\mu\to 0} 2Z\alpha \ln \mu$ in (2.24), gegeneinander aufheben. Dieses Verhalten ist bereits im Zusammenhang mit

der Eichtransformation (A.42) diskutiert worden: Ähnlich der hier vorliegenden Wechselwirkung des Elektron-Positron Paares kann das eichtransformierte, kurzreichweitige COULOMB-Potential als Potential eines fiktiven Dipols interpretiert werden, dessen rasches Abfallen bei großem Abständen zu konvergenten Ausdrücken für das Eikonal führt. Mit $K = -p^{(p)} + Q + q/2$ können für den Impact-Faktor unterschiedliche Vereinfachungen vorgenommen werden. Dabei ist zu beachten, daß $K_0 = -p_0^{(p)}$ und $K_3 = -p_3^{(p)} + \mathcal{O}(1/\omega) \approx -p_3^{(p)}$ (Anhang D.1).

i) Indem die γ_0-Matrizen der Wechselwirkung mit dem äußeren Feld nach innen gezogen werden, erhält man mit (A.9) und (A.7) [43]

$$\begin{aligned}
\mathcal{I}^{\gamma,\ell\ell} &= \overline{u}(p^{(e)}) \frac{\gamma_0(-\not{p}^{(p)} + \not{Q} + \not{q}/2 + \not{k} + m)\not{\epsilon}(-\not{p}^{(p)} + \not{Q} + \not{q}/2 + m)\gamma_0}{2\omega(K_\perp^2 + m^2)} u(-p^{(p)}) \\
&= \overline{u}(p^{(e)}) \frac{(2p_0^{(e)} - (-\not{q}/2 + \not{Q})\gamma_0)\not{\epsilon}(-2p_0^{(p)} - \gamma_0(\not{Q} + \not{q}/2))}{2\omega(K_\perp^2 + m^2)} u(-p^{(p)}) \\
&= \overline{u}(p^{(e)})[-4p_0^{(e)}p_0\not{\epsilon} + 2p_0^{(p)}(-\not{q}/2 + \not{Q})\gamma_0\not{\epsilon} - 2p_0^{(e)}\not{\epsilon}\gamma_0(\not{Q} + \not{q}/2) \\
&\qquad - (-\not{q}/2 + \not{Q})\not{\epsilon}(\not{Q} + \not{q}/2)][2\omega(K_\perp^2 + m^2)]^{-1} u(-p^{(p)}) \quad . \qquad (6.4)
\end{aligned}$$

Der letzte Term in (6.4) ist relativ zum ersten um einen Faktor $1/(p_0^{(e)}p_0^{(p)})$ unterdrückt und kann im Hochenergielimes weggelassen werden.

ii) Mit (2.117) und

$$\not{\epsilon} = -\frac{1}{4}(\gamma_+\not{\epsilon}\gamma_- + \gamma_-\not{\epsilon}\gamma_+) \qquad (6.5)$$

($\epsilon^\mu = (0, \vec{\epsilon}_\perp, 0)$) findet man alternativ zu i)

$$\begin{aligned}
\mathcal{I}^{\gamma,\ell\ell} &= \overline{u}(p^{(e)}) \frac{\gamma_0(\not{K} + \not{k} + m)\not{\epsilon}(\not{K} + m)\gamma_0}{2\omega(K_\perp^2 + m^2)} u(-p^{(p)}) \\
&\approx -\frac{1}{16}\overline{u}(p^{(e)}) \frac{\gamma_+[(\not{K} + \not{k} + m)\gamma_+\not{\epsilon}\gamma_-(\not{K} + m) + (\not{K} + \not{k} + m)\gamma_-\not{\epsilon}\gamma_+(\not{K} + m)]\gamma_+}{2\omega(K_\perp^2 + m^2)} u(-p^{(p)}) \\
&\approx -\frac{1}{4}\overline{u}(p^{(e)}) \frac{[p_+^{(e)}\gamma_+\not{\epsilon}\gamma_-(\vec{\alpha}_\perp \cdot \vec{K}_\perp + \gamma_0 m) - (-\vec{\alpha}_\perp \cdot \vec{K}_\perp + \gamma_0 m)\gamma_-\not{\epsilon}\gamma_+ p_+^{(p)}]}{2\omega(K_\perp^2 + m^2)} u(-p^{(p)}) \quad .(6.6)
\end{aligned}$$

Weiterhin nutzt man aus, daß

$$\gamma_\pm\not{\epsilon}\gamma_\mp = -2\vec{\alpha}_\perp \cdot \vec{\epsilon}_\perp\gamma_\mp \quad . \qquad (6.7)$$

Zieht man auf der rechten Seite der eckigen Klammer γ_+ heraus und bringt in beiden Summanden den Photonpolarisationsvektor auf die linke Seite, so findet man mit $p_+^{(e)}/(2\omega) \approx p_0^{(e)}/\omega = (1-x)$ bzw. $p_+^{(p)}/(2\omega) \approx p_0^{(p)}/\omega = x$ [93]

$$\begin{aligned}
\mathcal{I}^{\gamma,\ell\ell} &= -\frac{1}{4}\overline{u}(p^{(e)}) \frac{[p_+^{(e)}\gamma_+\not{\epsilon}\gamma_-(\vec{\alpha}_\perp \cdot \vec{K}_\perp + \gamma_0 m) - (-\vec{\alpha}_\perp \cdot \vec{K}_\perp + \gamma_0 m)\gamma_-\not{\epsilon}\gamma_+ p_+^{(p)}]}{2\omega(K_\perp^2 + m^2)} u(-p^{(p)}) \\
&= -\frac{1}{2}\overline{u}(p^{(e)}) \frac{[-(1-x)\not{\epsilon}(\not{K}_\perp + m) - 2x\vec{\epsilon}_\perp \cdot \vec{K}_\perp - x\not{\epsilon}(\not{K}_\perp + m)]}{(K_\perp^2 + m^2)} \gamma_+ u(-p^{(p)}) \\
&\approx \overline{u}(p^{(e)}) \frac{[\not{\epsilon}(\not{K}_\perp + m) + 2x\vec{\epsilon}_\perp \cdot \vec{K}_\perp]}{(K_\perp^2 + m^2)} \gamma_0 u(-p^{(p)}) \quad . \qquad (6.8)
\end{aligned}$$

Eine Berechnung dieser Form des Impact-Faktors über die Methode der SUDAKOV-Variablen ist in [128] zu finden. Wegen

$$\gamma_-(\vec{\alpha}_\perp \cdot \vec{K}_\perp + \gamma_0 m)u(-p^{(p)}) \approx -\gamma_-(2p_0^{(p)} + \gamma_0(\not{Q} + \not{q}/2))u(-p^{(p)}) \tag{6.9}$$

und analog

$$\overline{u}(p^{(e)})(-\vec{\alpha}_\perp \cdot \vec{K}_\perp + \gamma_0 m)\gamma_- \approx \overline{u}(p^{(e)})(2p_0^{(e)} - (\not{Q} - \not{q}/2)\gamma_0)\gamma_- \tag{6.10}$$

ist der Impact-Faktor (6.8) mit (6.4) im Hochenergielimes identisch.
Mit den FOURIER-Darstellungen der MACDONALD-Funktionen (Anhang A.4) lautet die Amplitude im Ortsraum

$$\mathcal{M} = \frac{em}{2\pi} \int \mathrm{d}^2x_1 \mathrm{d}^2x_2 e^{-\mathrm{i}\vec{p}_\perp^{(e)} \cdot \vec{x}_1 - \mathrm{i}\vec{p}_\perp^{(p)} \cdot \vec{x}_2} \left(e^{\mathrm{i}(\chi(\vec{x}_2) - \chi(\vec{x}_1))} - 1\right) \mathcal{I}^{\gamma,\ell\ell}(\vec{x}_1, \vec{x}_2) \tag{6.11}$$

mit

$$\begin{aligned} \mathcal{I}^{\gamma,\ell\ell}(\vec{x}_1, \vec{x}_2) &= \overline{u}(p^{(e)})\Big\{(\not{\epsilon}\vec{\gamma}_\perp - 2x\vec{\epsilon}_\perp) \cdot \frac{\vec{x}_1 - \vec{x}_2}{|\vec{x}_1 - \vec{x}_2|} K_1(m|\vec{x}_1 - \vec{x}_2|) \\ &\quad + \mathrm{i}\not{\epsilon} K_0(m|\vec{x}_1 - \vec{x}_2|)\Big\}\gamma_0 u(-p^{(p)}) \quad . \end{aligned} \tag{6.12}$$

Für $|\vec{x}_1 - \vec{x}_2| \sim \lambda\!\!\!^{-}$ ist der Integrand bezüglich der Ortsdifferenz maximal. Dies ist die typische Ausdehnung des Paares im Moment der Wechselwirkung mit dem äußeren Feld. Bei verschwindendem Abstand der Paarkonstituenten erscheint das Paar in jeder Entfernung neutral und der Wechselwirkungsanteil der Amplitude in runden Klammern verschwindet. Für $|\vec{x}_1 - \vec{x}_2| \to \infty$ verschwindet hingegen der Impact-Faktor. Der Zerfall des Photons in ein unendlich weit separiertes Paar impliziert einen unendlichen Transversalimpuls beider Teilchen, wofür die Wahrscheinlichkeit gegen Null geht.
Mit

$$\begin{aligned} J_S &= \int \frac{\mathrm{d}^2K_\perp}{(2\pi)^2} \frac{1}{K_\perp^2 + m^2} \Big[S_+(\vec{K}_\perp + \vec{p}_\perp^{(p)})S_-(\vec{p}_\perp^{(e)} - \vec{K}_\perp) - (2\pi)^4\delta(\vec{K}_\perp + \vec{p}_\perp^{(p)})\delta(\vec{p}_\perp^{(e)} - \vec{K}_\perp)\Big] \\ &= \frac{1}{(2\pi)} \int \mathrm{d}^2x_1 \mathrm{d}^2x_2 e^{-\mathrm{i}\vec{p}_\perp^{(e)} \cdot \vec{x}_1 - \mathrm{i}\vec{p}_\perp^{(p)} \cdot \vec{x}_2} K_0(m\,|\,\vec{x}_1 - \vec{x}_2\,|) \left(e^{\mathrm{i}(\chi(\vec{x}_2) - \chi(\vec{x}_1))} - 1\right) \end{aligned} \tag{6.13}$$

$$\begin{aligned} \vec{J}_T &= \int \frac{\mathrm{d}^2K_\perp}{(2\pi)^2} \frac{\vec{K}_\perp}{K_\perp^2 + m^2} \Big[S_+(\vec{K}_\perp + \vec{p}_\perp^{(p)})S_-(\vec{p}_\perp^{(e)} - \vec{K}_\perp) - (2\pi)^4\delta(\vec{K}_\perp + \vec{p}_\perp^{(p)})\delta(\vec{p}_\perp^{(e)} - \vec{K}_\perp)\Big] \\ &= \frac{\mathrm{i}}{(2\pi)} \int \mathrm{d}^2x_1 \mathrm{d}^2x_2 e^{-\mathrm{i}\vec{p}_\perp^{(e)} \cdot \vec{x}_1 - \mathrm{i}\vec{p}_\perp^{(p)} \cdot \vec{x}_2} \\ &\quad \times m \frac{(\vec{x}_1 - \vec{x}_2)}{|\,\vec{x}_1 - \vec{x}_2\,|} K_1(m\,|\,\vec{x}_1 - \vec{x}_2\,|) \left(e^{\mathrm{i}(\chi(\vec{x}_2) - \chi(\vec{x}_1))} - 1\right) \end{aligned} \tag{6.14}$$

lautet die Amplitude mit dem Impact-Faktor (6.8)

$$\mathcal{M} = -\mathrm{i}e\overline{u}(p^{(e)}) \left(m\not{\epsilon} J_S + \not{\epsilon}\not{J}_T + 2x\vec{\epsilon}_\perp \cdot \vec{J}_T\right) \gamma_0 u(-p^{(p)}) \quad . \tag{6.15}$$

Anhand dieser Form soll in diesem Abschnitt kurz die Photoproduktion von Positronium angesprochen werden. Das produzierte Elektron-Positron Paar wird auf die Wellenfunktion des Positroniumzustandes projiziert. Die im Paarproduktionsprozess mit dem Ion ausgetauschte Anzahl von Photonen bestimmt dabei, ob der Para-Zustand des Positroniums mit gerader C-Parität oder der Ortho-Zustand mit ungerader C-Parität gebildet wird. In der Produktion von Parapositronium wird eine ungerade Anzahl an Photonen ausgetauscht und die Wechselwirkung mit dem Ion geschieht über den Imaginärteil der Dipol-Wechselwirkung

$$\left(e^{\mathrm{i}(\chi(x_2)-\chi(x_1))} - 1\right) \quad . \tag{6.16}$$

Orthopositronium wird entsprechend über den Realteil von (6.16) produziert. Im Gegensatz zum einfachen Eikonal-Austausch (Abschnitt 2.7.2) ist die Wechselwirkung über den Real- bzw. den Imaginärteil der Dipol-Wechselwirkung eichinvariant. In beiden Fällen gilt in guter Näherung, daß die Positroniumwellenfunktion $\propto \delta(\vec{p}^{(e)} - \vec{p}^{(p)})$ ist, d.h. daß der Relativimpuls der Paarkonstituenten verschwinden muß. Geht man mit dieser Annahme in die Amplitude (6.15) ein, zeigt sich, daß Parapositronium ausschließlich durch den $\vec{J}_T$-, bzw. den K_1-Anteil und Orthopositronium entsprechend durch den J_S-, bzw. K_0-Anteil der Amplitude gebildet werden [71, 97, 101]. In den zitierten Arbeiten werden auch Kohärenzeffekte des Austauschs einer geraden bzw. ungeraden Photonenzahl auf die differentiellen Para- bzw. Orthopositroniumproduktionsquerschnitte diskutiert.

6.2 Paarproduktions-Querschnitt

Der differentielle Wirkungsquerschnitt für die elektromagnetische Produktion eines Elektron-Positron-Paares durch ein reelles Photon ist durch

$$\mathrm{d}\sigma = \delta(\omega - p_0^{(p)} - p_0^{(e)}) \frac{m^2}{2\omega p_0^{(p)} p_0^{(e)}} \mid \mathcal{M} \mid^2 \frac{\mathrm{d}^3 p^{(p)} \mathrm{d}^3 p^{(e)}}{(2\pi)^5} \tag{6.17}$$

gegeben [104]. Mit der Amplitude (6.15) ist

$$\begin{aligned} \mid \mathcal{M} \mid^2 \;=\; & \frac{e^2}{4m^2} \mathrm{Spur} \Big\{ (\not{p}^{(e)} + m)(m\not{\epsilon} J_S + \not{\epsilon}\not{J}_T + 2x\vec{\epsilon}_\perp \cdot \vec{J}_T)\gamma_0 \\ & \times (-\not{p}^{(p)} + m)\gamma_0((m\not{\epsilon} J_S)^* + (\not{J}_T\not{\epsilon})^* + 2x(\vec{\epsilon}_\perp \cdot \vec{J}_T)^*) \Big\} \end{aligned} \;. \tag{6.18}$$

Die Summation über die Elektron- und Positron-Spins ist impliziert. Die Berechnung der Spur wird stark vereinfacht, indem die Amplitude mit (2.117) formuliert wird. Es folgt

$$\mid \mathcal{M} \mid^2 \approx -e^2 \frac{p_+^{(p)} p_+^{(e)}}{2m^2} \left\{ m^2 \mid J_S \mid^2 + \mid J_T \mid^2 + 4x(x-1)(\vec{\epsilon}_\perp \cdot \vec{J}_T)(\vec{\epsilon}_\perp \cdot \vec{J}_T)^* \right\} \quad . \tag{6.19}$$

Die Mittelung über die Polarisation des einlaufenden Photons liefert

$$(\vec{\epsilon}_\perp \cdot \vec{J}_T)(\vec{\epsilon}_\perp \cdot \vec{J}_T)^* = \frac{1}{2} \mid J_T \mid^2 \tag{6.20}$$

und somit

$$\begin{aligned} \mid \mathcal{M} \mid^2 &= -e^2 \frac{p_+^{(p)} p_+^{(e)}}{2m^2} \left(m^2 \mid J_S \mid^2 + (x^2 + (1-x)^2) \mid J_T \mid^2 + \right) \\ &\approx -2e^2 \frac{p_0^{(p)} p_0^{(e)}}{m^2} \left(m^2 \mid J_S \mid^2 + (x^2 + (1-x)^2) \mid J_T \mid^2 + \right) \quad . \end{aligned} \tag{6.21}$$

Mit $p_3^{(p)} \simeq p_0^{(p)}$, $p_3^{(e)} \simeq p_0^{(e)}$ führt dies zu

$$\mathrm{d}\sigma = \frac{2\alpha}{(2\pi)^4} (m^2 \mid J_S \mid^2 + (x^2 + (1-x)^2) \mid J_T \mid^2) \mathrm{d}x \mathrm{d}^2 p_\perp^{(p)} \mathrm{d}^2 p_\perp^{(e)} \quad . \tag{6.22}$$

Für die Berechnung der Korrekturen höherer Ordnung zum BORNschen Wirkungsquerschnitt wird die Zerlegung

$$\sigma = \sigma_{\mathrm{Born}} - \delta\sigma_{\mathrm{CC}} \tag{6.23}$$

vorgenommen, in der der Ein-Photon-Austausch und die sogenannten COULOMB-Korrekturen separat betrachtet werden. Der Korrekturterm beinhaltet alle Diagramme mit Mehrphotonen-Austausch sowie deren Interferenzen mit dem Ein-Photonen-Graphen. Die streng genommen nur für die Paarproduktion im Feld einer Punktladung gültige Bezeichnung COULOMB-*Korrekturen* wird hier allgemein für die Korrekturen höherer Ordnung verwendet. Bezeichnen wir mit $\widetilde{\mathcal{M}}$ die Summe aller Diagramme, die den Austausch mehrer Photonen mit dem Ion beschreiben, lauten die COULOMB-Korrekturen

$$\begin{aligned} \delta\sigma_{\mathrm{CC}} &= \sigma_{\mathrm{Born}} - \sigma \\ &= -\int \frac{\mathrm{d}^3 p^{(p)} \mathrm{d}^3 p^{(e)}}{(2\pi)^5} \delta(\omega - p_0^{(p)} - p_0^{(e)}) \frac{m^2}{2\omega p_0^{(p)} p_0^{(e)}} \left(2\Re \mathcal{M}_{\mathrm{Born}} \widetilde{\mathcal{M}}^* + \mid \widetilde{\mathcal{M}} \mid^2 \right) . \end{aligned} \tag{6.24}$$

Weiterhin trennt die Zerlegung (6.23) verschiedene Impulsübertragsregionen: Während der Wirkungsquerschnitt in BORNscher Näherung im Bereich kleiner Impulsüberträge logarithmisch divergent ist und diese somit einen wichtigen Beitrag zum totalen Wirkungsquerschnitt liefern, stammt der dominante Beitrag der COULOMB-Korrekturen von Impulsüberträgen in der Größenordnung der Masse der produzierten Teilchen [104] (siehe auch Anhang D.1.2).

In logarithmischer Genauigkeit kann der Wirkungsquerschnitt mit der WEIZSÄCKER-WILLIAMS-Methode direkt angegeben werden. Man findet (siehe Anhang D.2.2)

$$\sigma \approx \frac{28 Z^2 \alpha^3}{9 m^2} \ln \frac{2\omega}{R_0 m^2} \quad . \tag{6.25}$$

Die Energie ω des einlaufenden Photons geht in dieses Ergebnis über die Grenzen der Integration über den Impulsübertrag ein. Der Gesamtimpulsübertrag q ist nach unten durch den minimalen (longitudinalen) Impulsübertrag

$$\mid q^{\min} \mid = \frac{m^2}{2\omega x (1-x)} \tag{6.26}$$

beschränkt. Die obere Grenze ist von der Größenordnung $\mid q^{\max} \mid \sim \min(m, 1/R_0)$.

6.3 Photoproduktion im Feld einer Punktladung

6.3.1 Auswertung der Amplitude

Für die Paarproduktion in einem reinen COULOMB-Feld wird an dieser Stelle zunächst die Amplitude in der Beschreibung durch FSM-Wellenfunktionen (Abschnitt 2.2.2) betrachtet [104]:

$$\begin{aligned}\mathcal{M} &= \int \mathrm{d}^3x \psi^{(-)\dagger}(p^{(e)})\,(\vec{\alpha}\cdot\vec{\epsilon}) e^{\mathrm{i}\vec{k}\cdot\vec{x}} \psi^{(+)}(-p^{(p)}) \\ &= \frac{\pi Z\alpha}{2\sinh(\pi Z\alpha)\sqrt{p_0^{(e)} p_0^{(e)}}} \int \mathrm{d}^3x e^{-\mathrm{i}\vec{q}\cdot\vec{x}} \overline{u}(p^{(e)}) \Big[-\not{\epsilon} F_-^* F_+ + \frac{\mathrm{i}}{2p_0^{(e)}} (\nabla\!\!\!/ F_-)^* F_+ \gamma_0 \not{\epsilon} \\ &\quad + \frac{\mathrm{i}}{2p_0^{(p)}} \not{\epsilon}\gamma_0 F_-^* (\nabla\!\!\!/ F_+) - \frac{1}{4p_0^{(p)} p_0^{(e)}} (\nabla\!\!\!/ F_-)^* \not{\epsilon} (\nabla\!\!\!/ F_+) \Big] u(-p^{(p)}) \quad (6.27)\end{aligned}$$

F_- und F_+ sind hier Abkürzungen für die hypergeometrischen Funktionen der FSM-Wellenfunktionen. Die einzelnen Bestandteile dieser Amplitude können direkt den jeweiligen Termen in (6.4) zugeordnet werden. Der letzte Term kann hier im Hochenergielimes ebenfalls weggelassen werden [21]. Eingesetzt in (6.2) zeigt sich für die drei restlichen Terme in (6.4) und (6.27) die Übereinstimmung bis auf eine unwesentliche Phase [98]

$$\left(\frac{p_0^{(p)}}{p_0^{(e)}}\right)^{\mathrm{i}Z\alpha} . \quad (6.28)$$

Diese, in (6.27) auftretende, zusätzliche Phase resultiert aus der divergenten COULOMB-Phase in der korrekten Beschreibung der langreichweitigen Wechselwirkung [147].
Für $\vec{q}_\perp = \vec{p}_\perp^{(p)} + \vec{p}_\perp^{(e)} \neq \vec{0}$ kann die Amplitude (6.15) weiter ausgewertet werden. Mit den Impulsraumdarstellungen der Eikonal-Streumatrizen $S_\pm(\vec{k})$ (2.155) findet man [93] (Anhang D.1.1, siehe auch [98, 97])

$$\begin{aligned}J_S &\overset{q_\perp\neq 0}{=} \int \frac{\mathrm{d}^2K_\perp}{(2\pi)^2} \frac{1}{(K_\perp^2+m^2)(\vec{K}_\perp+\vec{p}_\perp^{(p)})^{2+2\mathrm{i}Z\alpha}(\vec{K}_\perp-\vec{p}_\perp^{(e)})^{2-2\mathrm{i}Z\alpha}} \\ &= C\left[(A_2-A_1)\,F(1-\delta) - \mathrm{i}\frac{\delta}{Z\alpha}\,(1-A_1-A_2)\,F'(1-\delta)\right] \quad , \quad (6.29)\\ \vec{J}_T &\overset{q_\perp\neq 0}{=} \int \mathrm{d}^2K_\perp \frac{\vec{K}_\perp}{(K_\perp^2+m^2)(\vec{K}_\perp+\vec{p}_\perp^{(p)})^{2+2\mathrm{i}Z\alpha}(\vec{K}_\perp-\vec{p}_\perp^{(e)})^{2-2\mathrm{i}Z\alpha}} \\ &= C\left[(\vec{p}_\perp^{\,\prime}A_1+\vec{p}_\perp A_2)\,F(1-\delta) + \mathrm{i}\frac{\delta}{Z\alpha}\,(\vec{p}_\perp A_2-\vec{p}_\perp^{\,\prime}A_1)\,F'(1-\delta)\right] \quad . \quad (6.30)\end{aligned}$$

Hierin sind $C = \mathrm{i}(4m^2q_\perp^2\sinh(\pi Z\alpha))^{-1}(A_2/A_1)^{\mathrm{i}Z\alpha}$, $A_1 = m^2/(m^2+p_\perp'^2)$, $A_2 = m^2/(m^2+p_\perp^2)$ und $\delta = q_\perp^2 A_1 A_2/m^2$. $F(1-\delta)$ ist die GAUSSsche hypergeometrische Funktion

$$F(1-\delta) = {}_2F_1(\mathrm{i}Z\alpha, -\mathrm{i}Z\alpha; 1; 1-\delta) \quad (6.31)$$

und $F'(z) = \mathrm{d}/\mathrm{d}zF(z)$. Eingesetzt in (6.2) ist mit diesen Ausdrücken und der Übereinstimmung der Impact-Faktoren (6.8) und (6.4) die volle Äquivalenz des störungstheoretischen Ergebnisses und der Paarproduktionsamplitude mit FSM-Wellenfunktionen im Hochenergielimes gezeigt [98].

6.3.2 Paarproduktions-Querschnitt

Für die Paarproduktion im Feld einer Punktladung, d.h. $F(q_\perp) = 1$, $\chi(\vec{x}_\perp) = 2Z\alpha \ln x_\perp + \int \mathrm{d}t'\mathcal{C}$, kann der totale Wirkungsquerschnitt vollständig analytisch berechnet werden. In niedrigster Ordnung sind

$$J_S = \frac{4\pi Z\alpha}{q_\perp^2}\left(\frac{1}{p_\perp^{(p)2}+m^2} - \frac{1}{p_\perp^{(e)2}+m^2}\right) \quad , \tag{6.32}$$

$$\vec{J}_T = \frac{4\pi Z\alpha}{q_\perp^2}\left(\frac{\vec{p}_\perp^{(p)}}{p_\perp^{(p)2}+m^2} + \frac{\vec{p}_\perp^{(e)}}{p_\perp^{(e)2}+m^2}\right) \tag{6.33}$$

und damit

$$\begin{aligned}
\sigma_{\mathrm{Born}}^{\mathrm{Punkt}} &= \int \mathrm{d}x\mathrm{d}^2p_\perp^{(p)}\mathrm{d}^2p_\perp^{(e)} \frac{2\alpha}{(2\pi)^4}\frac{16\pi^2Z^2\alpha^2}{q^4}\left(m^2\left(\frac{1}{p_\perp^{(p)2}+m^2} - \frac{1}{p_\perp^{(e)2}+m^2}\right)^2\right. \\
&\quad \left. + (x^2+(1-x)^2)\left(\frac{\vec{p}_\perp^{(p)}}{p_\perp^{(p)2}+m^2} + \frac{\vec{p}_\perp^{(e)}}{p_\perp^{(e)2}+m^2}\right)^2\right) \\
&= \int \mathrm{d}xp_\perp^{(p)}\mathrm{d}p_\perp^{(p)}p_\perp^{(e)}\mathrm{d}p_\perp^{(e)}\mathrm{d}\varphi\frac{8Z^2\alpha^3}{\pi q^4}\left(-\frac{p_\perp^{(p)2}}{(p_\perp^{(p)2}+m^2)^2} - \frac{p_\perp^{(e)2}}{(p_\perp^{(e)2}+m^2)^2} + \frac{1}{2x(1-x)}\right. \\
&\quad \left. \times\frac{p_\perp^{(p)2}+p_\perp^{(e)2}}{(p_\perp^{(p)2}+m^2)(p_\perp^{(e)2}+m^2)} + \frac{x^2+(1-x)^2}{x(1-x)}\frac{p_\perp^{(p)}p_\perp^{(e)}\cos\varphi}{(p_\perp^{(p)2}+m^2)(p_\perp^{(e)2}+m^2)}\right) .
\end{aligned} \tag{6.34}$$

Diese Formel entspricht exakt dem Ausdruck für die Paarproduktion im ultrarelativistischen Fall ([104] Gl. (94,3)). Das Ergebnis kann direkt angegeben werden [19]

$$\sigma_{\mathrm{Born}}^{\mathrm{Punkt}} = \frac{28Z^2\alpha^3}{9m^2}\left(\ln\frac{2\omega}{m} - \frac{109}{42}\right) \quad . \tag{6.35}$$

Die Berechnung der COULOMB-Korrekturen wird hier im Ortsraum durchgeführt (für die Bestimmung von $\delta\sigma_{\mathrm{CC}}^{\mathrm{Punkt}}$ im Impulsraum siehe [45], bzw. alternativ die Berechnung über FSM-Wellenfuntionen [21, 104]). Mit (6.22) und (6.13) bzw. (6.14) findet man (Anhang D.3)

$$\begin{aligned}
\delta\sigma_{\mathrm{CC}}^{\mathrm{Punkt}} &= \sigma_{\mathrm{Born}}^{\mathrm{Punkt}} - \sigma^{\mathrm{Punkt}} \\
&= \frac{\alpha m^2}{\pi^2}\int \mathrm{d}x\mathrm{d}^2x_1\mathrm{d}^2x_2\left(K_0^2(m\mid\vec{x}_1-\vec{x}_2\mid) + (x^2+(1-x)^2)K_1^2(m\mid\vec{x}_1-\vec{x}_2\mid)\right) \\
&\quad \times\left[2Z^2\alpha^2\ln^2\left(\frac{x_2}{x_1}\right) - 1 + \Re\left(e^{2iZ\alpha\ln(x_2/x_1)}\right)\right] \quad , \\
&= \frac{28Z^2\alpha^3}{9m^2}f(Z\alpha)
\end{aligned} \tag{6.36}$$

und somit insgesamt für den Paarproduktionsquerschnitt

$$\sigma^{\mathrm{Punkt}} = \frac{28Z^2\alpha^3}{9m^2}\left(\ln\frac{2\omega}{m} - \frac{109}{42} - f(Z\alpha)\right) \quad , \tag{6.37}$$

mit der universellen Funktion der Ordnungszahl Z

$$f(Z\alpha) = Z^2\alpha^2 \sum_{n=1}^{\infty} \frac{1}{n(n^2+Z^2\alpha^2)} \quad . \tag{6.38}$$

6.4 Photoproduktion im Feld eines ausgedehnten Kerns

In diesem Abschnitt wird der Einfluß einer endlichen Kernausdehnung auf die Photoproduktion von Leptonpaaren untersucht. Die Ergebnisse dieser Untersuchung sind in [60] veröffentlicht.

Im Falle einer ausgedehnten Ladungsverteilung der äußeren Quelle ist die analytische Berechnung des Wirkungsquerschnittes nicht möglich. Es bietet sich an, den analytisch bekannten Punktladungs-Querschnitt zu extrahieren und an Stelle von σ_{Born} und $\delta\sigma_{\mathrm{CC}}$ die Größen

$$\delta\sigma_{\mathrm{Born}} = \sigma_{\mathrm{Born}}^{\mathrm{Punkt}} - \sigma_{\mathrm{Born}} \tag{6.39}$$

und

$$\begin{aligned}\delta\sigma &= \delta\sigma_{\mathrm{CC}} - \delta\sigma_{\mathrm{CC}}^{\mathrm{Punkt}} + \delta\sigma_{\mathrm{Born}} \\ &= \sigma^{\mathrm{Punkt}} - \sigma\end{aligned} \tag{6.40}$$

zu bestimmen. Beide Werte sind endlich, da sich die Divergenzen bei kleinen Impulsüberträgen gegenseitig wegheben, und die numerische Auswertung kann mit hoher Genauigkeit durchgeführt werden.

6.4.1 Auswirkungen der Ladungsverteilung des Kerns auf den Paarproduktionsquerschnitt

Analog zu (6.36) findet man für die Abweichung des exakten Wirkungsquerschnitts vom Punktladungs-Querschnitt durch die endliche Kernausdehnung

$$\begin{aligned}\delta\sigma &= \frac{\alpha m^2}{\pi^2}\int \mathrm{d}^2x_1\mathrm{d}^2x_2\left(K_0^2(m|\vec{x}_1-\vec{x}_2|) + \frac{2}{3}K_1^2(m|\vec{x}_1-\vec{x}_2|)\right) \\ &\quad \times \Re\left(e^{\mathrm{i}(\chi(x_2)-\chi(x_1))} - e^{2\mathrm{i}Z\alpha\ln(x_2/x_1)}\right) \quad .\end{aligned} \tag{6.41}$$

Für die numerische Integration von (6.41) vereinfacht man unter Ausnutzung der Symmetrien des Integranden

$$\begin{aligned}\delta\sigma &= \frac{8\alpha m^2}{\pi}\int_0^1 r\mathrm{d}r\int_0^\infty x^3\mathrm{d}x\int_0^\pi \mathrm{d}\varphi\left(K_0^2(mx\xi) + \frac{2}{3}K_1^2(mx\xi)\right) \\ &\quad \times \Re\left(e^{\mathrm{i}(\chi(xr)-\chi(x))} - e^{2\mathrm{i}Z\alpha\ln r}\right)\end{aligned} \tag{6.42}$$

mit $\xi = \sqrt{1 - 2r\cos\varphi + r^2}$. Dazu transformiert man auf Zylinderkoordinaten und substituiert $x_2 = rx_1 = rx$. Die r-Integration wird in die Bereiche $0 \leq r \leq 1$ und $1 \leq r \leq \infty$ aufgespalten. Im Bereich $r \geq 1$ wird $r' = 1/r$, $x' = xr$ substituiert, anschließend $r' \to r$, $x' \to x$ gesetzt und die Integration über beide Bereiche zu (6.42) zusammengefaßt. Der Integrand der äußeren r-Integration wurde an logarithmisch verteilten Stützstellen ausgewertet und durch eine kubische Spline-Interpolation genähert. Dazu wurden das Winkel- und das x-Integral durch GAUSS-Integration berechnet, wobei aufgrund des asymptotischen Verhaltens des Eikonals zweckmäßig über $\ln x$ integriert wurde. Für $x \to 0$ und $x \to \infty$ konnte das x-Integral aufgrund der raschen Konvergenz abgeschnitten werden. Über r wurde abschließend ebenfalls logrithmisch integriert. $\delta\sigma_{\text{Born}}$ wird aus (6.41) durch TAYLOR-Entwicklung nach $Z\alpha$ erhalten und in analoger Weise numerisch berechnet.
Abbildung 6.3 zeigt die Korrekturen $\delta\sigma$ für eine Dipol-Ladungsverteilung und eine homogen geladene Kugel (Abschnitt 2.6.2) als Funktion der Leptonenmasse m und der Kernladung Z. Um den Effekt der Kernladung zu isolieren, wurden die Radiusparameter für alle Rechnungen auf die jeweiligen Werte eines Bleikerns fixiert (siehe Abschnitt 2.6.2). Die Ergebnisse sind für alle Ladungsverteilungen qualitativ gleich: Für schwere Leptonen $m \gg 1/R_0$ fällt $\delta\sigma$ monoton ab und oszilliert bei kleinen Leptonmassen $m \lesssim 1/R_0$. Mit zunehmender Kernladung Z erstrecken sich die Oszillationen zu größeren Leptonmassen.

Die Ergebnisse für die Dipol-Ladungsverteilung stimmen in den Bereichen $m \ll 1/R_0$ und $m \gg 1/R_0$ exakt mit den in [93] gefundenen Näherungslösungen überein. Die diesen Näherungen zugrunde liegenden physikalischen Bilder sind allgemein gültig. So muß in der Produktion leichter Leptonen mindestens eines der Teilchen nahezu durch den Kern fliegen, damit sich die Abweichungen vom Punktladungspotential auf die Produktion der Leptonen auswirkt. Für die Produktion schwerer Leptonen sei hingegen daran erinnert, daß in höheren Ordnungen die Göße des Paares aufgelöst wird. Der mittlere Abstand der Paarkonstituenten ist $|\, \vec{x}_1 - \vec{x}_2 \,| \sim \lambda\!\!\!^{-}$, so daß in jeder Wechselwirkung ein Impuls in der Größenordnung der Leptonenmasse m benötigt wird, der jedoch durch den Formfaktor $F(k_\perp)$ des Kerns stark unterdrückt ist. Da mit jeder weiteren Wechselwirkung eine zusätzliche Unterdrückung einhergeht, genügt es, für die Produktion schwerer Leptonen nur die niedrigsten Ordnungen zu berücksichtigen. In das Ergebnis in [93] gehen bis einschließlich die zweite Ordnung ein.
Zur Abschätzung der Relevanz sowohl der endlichen Kernausdehnung als auch höherer Ordnungen, wird in Abbildung 6.4 das Verhältnis der Korrekturen höherer Ordnung $\delta\sigma_{\text{CC}} = \delta\sigma + \delta\sigma_{\text{CC}}^{\text{Punkt}} - \delta\sigma_{\text{Born}}$ zur Korrektur der ersten Bornschen Näherung $\delta\sigma_{\text{Born}}$ als Funktion der Leptonenmasse m für verschiedene Ordnungszahlen Z aufgetragen, denn es gilt

$$\begin{aligned} \sigma &= \sigma_{\text{Born}} - \delta\sigma_{\text{CC}} \quad , \\ &= \sigma_{\text{Born}}^{\text{Punkt}} - \delta\sigma_{\text{Born}} \left(1 + \frac{\delta\sigma_{\text{CC}}}{\delta\sigma_{\text{Born}}}\right) \quad . \end{aligned} \tag{6.43}$$

Für kleine m ist $\delta\sigma_{\text{Born}} \simeq \delta\sigma \ll \delta\sigma_{\text{CC}}^{\text{Punkt}}$ und daher gilt $\sigma \approx \sigma^{\text{Punkt}}$. Höhere Ordnungen spielen eine große Rolle, der Einfluß der endlichen Kernausdehnung auf die Produktion

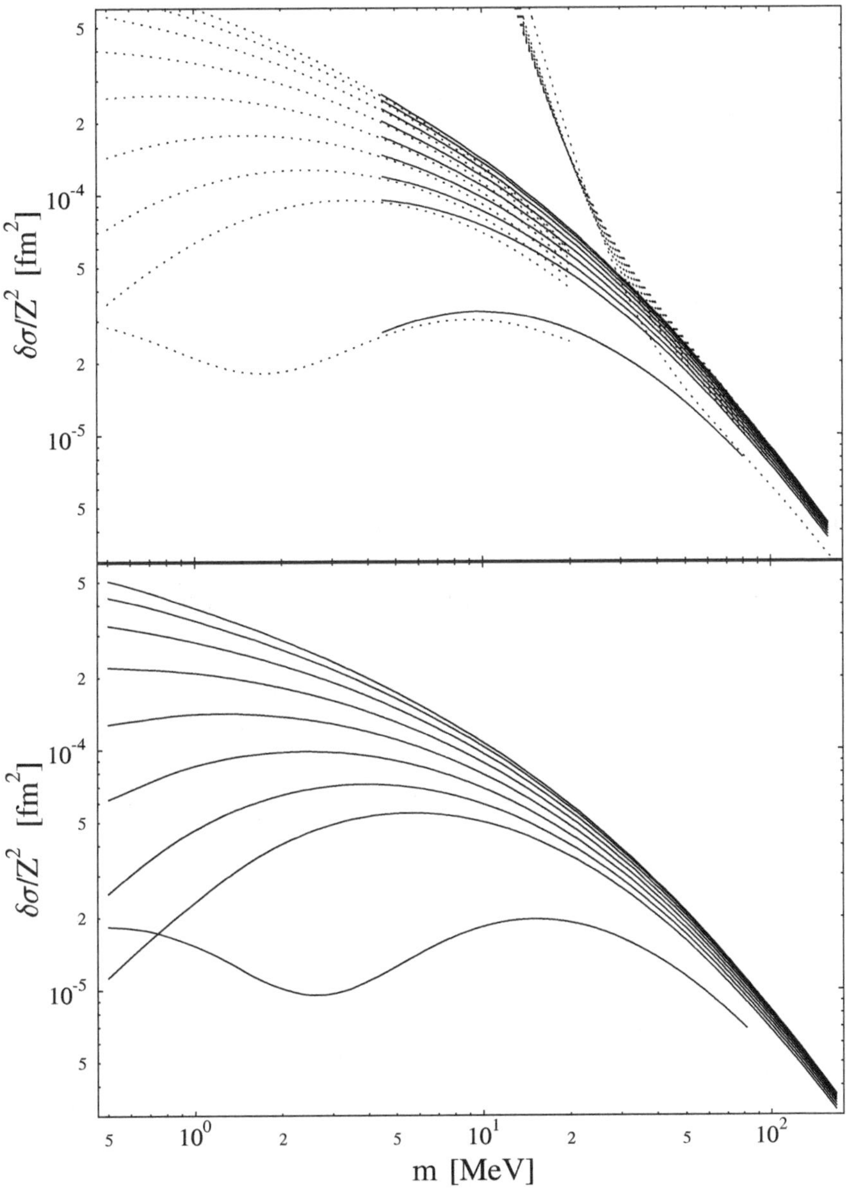

Abbildung 6.3: Die Abweichung des exakten Wirkungsquerschnitts σ vom Punktladungsquerschnitt σ^{Punkt} für die Photoproduktion von Leptonpaaren im Feld eines Bleikerns. Die Rechnungen wurden für eine Dipol-Ladungsverteilung (obere Figur) und eine homogen geladene Kugel durchgeführt. Von oben nach unten sind die Kernladungszahlen $Z = 10, 20, ..., 80, 130$. Die gepunkteten Linien in der oberen Figur geben die Näherungslösungen aus [93] für die Grenzfälle $m \ll \Lambda$ und $m \gg \Lambda$ wieder.

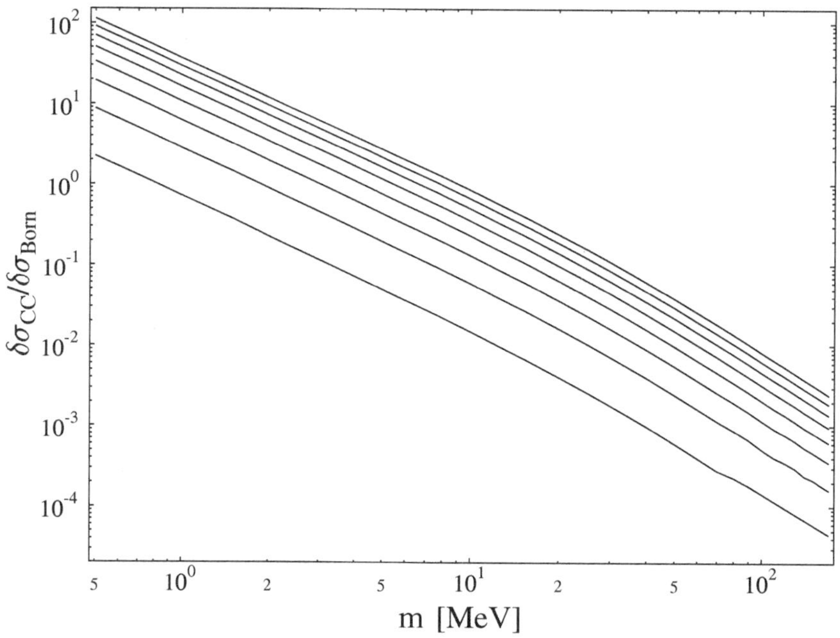

Abbildung 6.4: Das Verhältnis der Korrekturen höherer Ordnung zur Korrektur der ersten BORNschen Näherung. Die Rechnungen wurden für eine homogen geladene Kugel mit der Größe eines Bleikerns durchgeführt. Von unten nach oben sind $Z = 10, 20, ..., 80$.

leichter Leptonen ist jedoch gering. Für große m ist wegen des starken Einflusses der Kernladungsverteilung $\delta\sigma_{\text{Born}} \gg \delta\sigma_{\text{CC}}$, höhere Ordnungen können vernachlässigt werden. Die Z-Abhängigkeit der Korrekturen $\delta\sigma$ ist in Abbildung 6.5 explizit für die Produktion von Elektron- bzw. Myonpaaren für die oben benutzten Ladungsverteilungen gezeigt. Entgegen der Aussage in [93] fällt $\delta\sigma$ nicht monoton mit wachsendem Z, vielmehr wird hier ein oszillierendes Verhalten beobachtet. Die nichttriviale Z-Abhängigkeit im Fall der Myonproduktion ist einfach durch die Punktladungs-COULOMB-Korrekturen gegeben. Mit $\sigma \approx \sigma_{\text{Born}}$ findet man

$$\delta\sigma \approx \sigma_{\text{Born}}^{\text{Punkt}} - \delta\sigma_{\text{Born}}^{\text{Punkt}} - \sigma_{\text{Born}} \quad . \tag{6.44}$$

Die BORNschen Wirkungsquerschnitte hängen nur von Z^2 ab.
Die Dipol-Verteilung liefert keine realistische Beschreibung schwerer Kerne und führt zu systematisch größeren Korrekturen im Vergleich mit den anderen Ladungsverteilungen.
Für festes Z steigt mit zunehmender Größe der Ladungsverteilung auch die Abweichung vom Punktladungsquerschnitt (Abb. 6.6). Die Berechnung von Elektron- und Myon-Paarproduktion im Feld unterschiedlicher Kerne zeigt jedoch, daß dieser Anstieg im Falle der Elektron-Positron Produktion durch die starke Abnahme von $\delta\sigma$ bei großen Kernladungen Z überkompensiert wird. Für leichte Kerne heben sich die konkurrierenden Effekte der Z- und R_0-Abhängigkeit nur teilweise auf. Dies zeigt eine Rechnung, in der eine realistische Abhängigkeit $R_0(Z)$ benutzt wurde. Insgesamt sind die relativen Korrekturen zum Punktladungsquerschnitt der Photoproduktion von Elektron-Positron Paaren für schwere Kerne kleiner als für leichte. Myon-Paarproduktion zeigt hingegen das erwartete Verhalten, daß mit zunehmender Größe der Kerne auch die relativen Korrekturen ansteigen (Abb. 6.7).

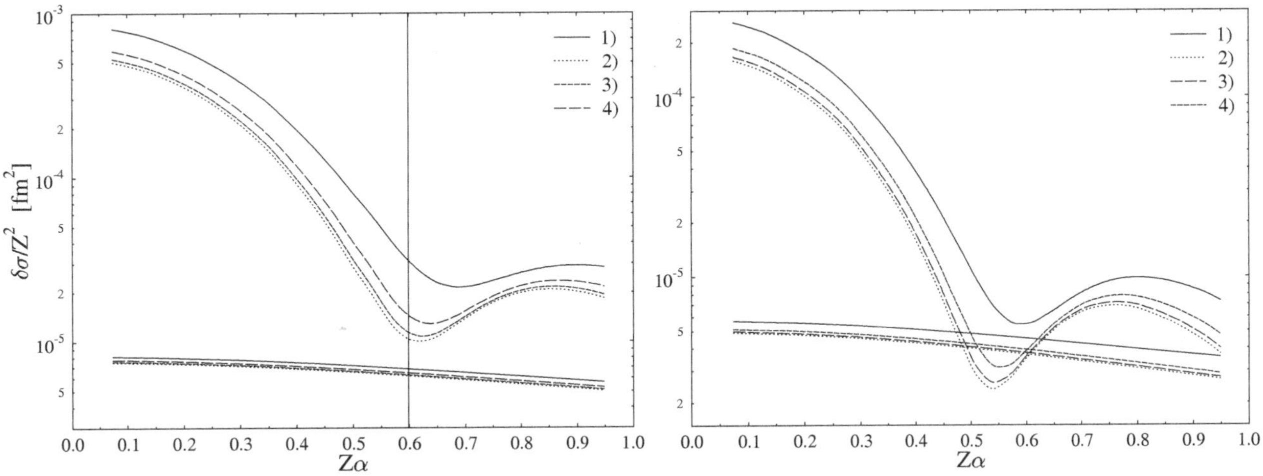

Abbildung 6.5: Der Einfluß der endlichen Kernausdehnung auf die Produktion von Elektron-Paaren (obere Gruppe von Kurven) und Myon-Paaren in Abhängigkeit der Kernladung Z für verschiedene Ladungsverteilungen. Die einzelnen Kurven gehören zu einer Dipol-Ladungsverteilung (1), einer homogen geladenen Kugel (2), der FORD-HILL-Ladungsverteilung (3) und der GAUSSschen Ladungsverteilung (4). Für die linke Abbildung wurde die Ausdehnung der Ladungsverteilungen an einen Bleikern angepaßt. Zur Verdeutlichung der R_0-Abhängigkeit wurde in der rechten die Ausdehnung der Ladungsverteilung jeweils um einen Faktor 2 verkleinert. Die senkrechte Linie zeigt die Ladung von Blei an.

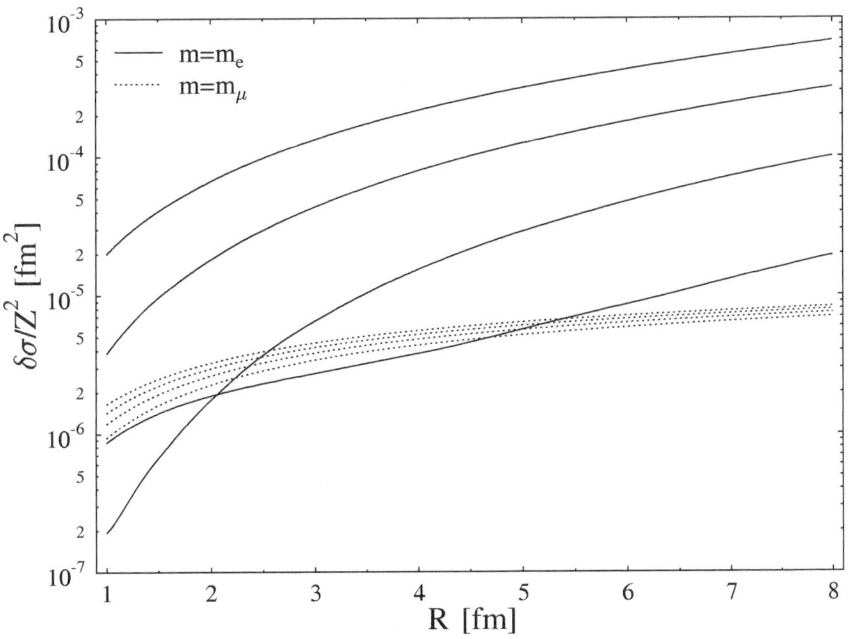

Abbildung 6.6: Die Abhängigkeit der Korrekturen $\delta\sigma$ von der Größe der Ladungsverteilung für eine homogen geladene Kugel. Von oben nach unten sind $Z = 10, 40, 60, 80$.

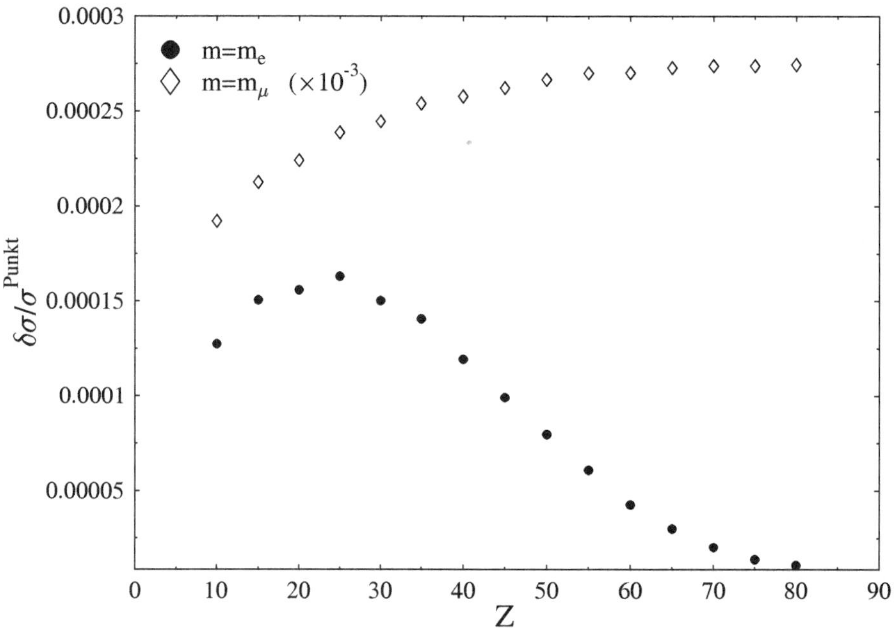

Abbildung 6.7: Die relativen Korrekturen zum Punktladungsquerschnitt für die Photoproduktion von Elektron- und Myon-Paaren im Feld verschiedener Elemente der Ordnungszahl Z. Die Kerne werden durch homogen geladene Kugeln beschrieben mit $R = 1.12A^{1/3}$ fm, wobei die Massenzahl A eines Elementes dem Periodensystem entnommen wurde. Die in (6.37) eingehende Photonenergie wurde so gewählt, daß $\omega/m \gg 1 =$ konstant. Für die Produktion von Elektron-Positron Paaren wurde $\omega = 1$ GeV gewählt und entsprechend $\omega = 212$ GeV im Fall der Myon-Produktion. Die relativen Korrekturen zur Myon-Produktion sind mit einem Faktor 10^{-3} skaliert.

6.4.2 Die Effekte endlicher Kernausdehnung bei kleinen Leptonmassen m

Es stellt sich die Frage nach der Ursache für das oszillierende Verhalten der Korrekturen $\delta\sigma$ bei kleinen Leptonmassen. Um diese zu klären, wird (6.41) im Impulsraum betrachtet und bezüglich $|\vec{x}_1 - \vec{x}_2|$ FOURIER-transformiert. Da Paarausdehnungen $|\vec{x}_1 - \vec{x}_2| \sim \lambda\!\!\!^{-} = 1/m$ den dominanten Bereich der Korrekturen darstellen, erwarten wir eine Erklärung des beobachteten Verhaltens im Bereich $q_\perp \sim m$.
Die FOURIER-Transformierte von (6.41) wird folgendermaßen geschrieben:

$$\delta\sigma = \frac{1}{4\pi\alpha}\int\frac{\mathrm{d}^2q_\perp}{(2\pi)^2}\mathcal{I}^\gamma(q_\perp,m)\left(\left|S_-^{\mathrm{Punkt}}(\vec{q}_\perp)\right|^2 - \left|S_-(\vec{q}_\perp)\right|^2\right) \quad , \tag{6.45}$$

wobei

$$\mathcal{I}^\gamma(q_\perp,m) = \frac{16\alpha^2}{3}\left(\frac{1}{4} + \frac{(q_\perp^2 - m^2)}{q_\perp\sqrt{4m^2+q_\perp^2}}\operatorname{arsinh}\left(\frac{q_\perp}{2m}\right)\right) \tag{6.46}$$

der Spin-gemittelte Photon-Impact-Faktor der DELBRÜCK-Streuung in Vorwärts-Richtung ist [37] (siehe Anhang D.4), und $S_-(q_\perp)$ das S-Matrixelement der Hochenergie-Elektronstreuung (2.146) darstellt. Hier äußert sich die Tatsache, daß der Wirkungsquerschnitt der Photoproduktion von Leptonen und die Amplitude der (Vorwärts-) DELBRÜCK-Streuung über (4.2) verbunden sind, was in Abbildung 6.8 veranschaulicht ist.

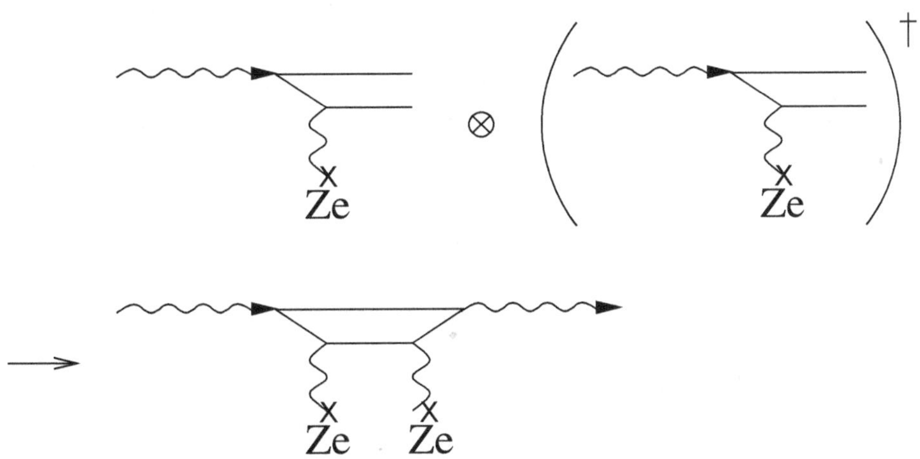

Abbildung 6.8: Schematische Darstellung der Beziehung des Paarproduktionsquerschnitts zur Amplitude der DELBRÜCK-Streuung.

Für die Herleitung des obigen Ergebnisses wurde ausgenutzt, daß

$$\begin{aligned}&\int\mathrm{d}^2q_\perp\left(|S_-(\vec{q}_\perp)|^2 - (2\pi)^4\delta^2(\vec{q}_\perp)\right)\\ &= \lim_{\lambda\to0}\int\mathrm{d}^2q_\perp\left(S_-(\vec{q}_\perp)S_-^*(\vec{q}_\perp+\vec{\lambda}) - (2\pi)^4\delta(\vec{q}_\perp)\delta(\vec{q}_\perp+\vec{\lambda})\right) = 0\end{aligned} \tag{6.47}$$

bzw.

$$\int\mathrm{d}^2q_\perp\left(\left|S_-^{\mathrm{Punkt}}(\vec{q}_\perp)\right|^2 - \left|S_-(\vec{q}_\perp)\right|^2\right) = 0 \quad . \tag{6.48}$$

Damit ist es möglich, eine beliebige Konstante zum Impact-Faktor hinzuzuaddieren, ohne (6.45) zu ändern, und auf diese Weise die Singularitäten der S-Matrizen bei $q_\perp \to 0$ zu regularisieren. Mit

$$|S_-(\vec{q}_\perp)|^2 - (2\pi)^4\delta^2(\vec{q}_\perp) = \frac{16\pi^2 Z^2\alpha^2}{q_\perp^4}\,|F_{\text{eik}}(q_\perp)|^2 + \frac{32\pi^3 Z\alpha}{q_\perp^2}\Re\left(F_{\text{eik}}(q_\perp)\right)\delta(\vec{q}_\perp) \tag{6.49}$$

und $\mathcal{I}^\gamma(0,m) \equiv 0$ erhält man schließlich

$$\delta\sigma = 4\pi Z^2\alpha \int \frac{\mathrm{d}^2 q_\perp}{(2\pi)^2}\mathcal{I}^\gamma(q_\perp,m)\frac{1}{q_\perp^4}\left(1 - \left|F_{\text{eik}}(q_\perp)\right|^2\right) \quad . \tag{6.50}$$

Es ergäbe sich das identische Verschwinden der Punktladungs-COULOMB-Korrekturen, benützte man für deren Berechnung die analogen Gleichungen zu (6.45) bzw. (6.50). Dementsprechend sind streng genommen die Ausdrücke (6.45) bzw. (6.50) ungeeignet, die Korrekturen $\delta\sigma$ zur Lepton-Paarproduktion vollständig auszuwerten. Man muß stattdessen von der DELBRÜCK-Streuung bei endlichem Impulsübertrag $\Delta\vec{q}_\perp$ auf das Photon ausgehen und, in ähnlicher Weise wie in (6.47), den Grenzwert $\Delta\vec{q} \to 0$ außerhalb des Integrals über den unbeobachteten Schleifenimpuls nehmen [45]. Für die hier durchgeführten Überlegungen genügt es jedoch, den Integranden bei endlichem $q_\perp \sim m$ zu betrachten, so daß $\Delta\vec{q}$ Null gesetzt werden kann. $\delta\sigma$ kann so im wesentlichen auf die Differenz der Streuquerschnitte im Feld einer ausgedehnten und einer Punktladung zurückgeführt werden. Angesichts der Ergebnisse des vorangegangenen Abschnitts in Abbildung 6.5 zeigt (6.50), daß der Einfluß des generellen Abfallverhaltens des Eikonal-Formfaktors bei großen Impulsüberträgen oder der Strukturen des Eikonal-Formfaktors, z.B. Diffraktionsminima, auf die Korrekturen zum Paarproduktionsquerschnitt gering ist. Die Ausnahmestellung der Dipol-Ladungsverteilung kann in diesem Zusammenhang durch das raschere Abfallen des Eikonal-Formfaktors bei kleinen Impulsüberträgen erklärt werden (siehe Abbildung 2.5).

Gemäß (2.189) wechselt der Integrand in (6.50) bei kleinen $q_\perp$ alternierend das Vorzeichen und ist für große $q_\perp$ strikt positiv. Ordnet man nun die Oszillationen der Korrekturen $\delta\sigma$ zur Photoproduktion leichter Leptonen in einem reinen COULOMB-Feld dem Verhalten des Eikonal-Formfaktors bei kleinen Impulsüberträgen zu, d.h. dem in Abschnitt 2.6.2 diskutierten Kohärenzeffekt des Mehrphotonen-Austauschs, so kann für $\delta\sigma$, unter der Berücksichtigung von $q_\perp \sim m$ im dominanten Bereich, ein Verhalten der Form $\delta\sigma \sim \sin(2Z\alpha\ln(mR_0/2) + \varphi)$ erwartet werden, was man in der Tat durch die Rechnungen in [93] bestätigt sieht. φ hängt von der speziellen Form der Ladungsverteilung ab. Entsprechend der Z-Abhängigkeit des Eikonal-Formfaktors (siehe Abbildung 2.5) können diese Oszillationen mit wachsendem Z bei größeren Leptonmassen beobachtet werden. Da sich die Oszillationen des Eikonal-Formfaktors mit abnehmender Kernausdehnung zu größeren $q_\perp$ erstrecken, werden die Oszillationen der Korrekturen ebenfalls zu größeren Massen verschoben. Für festes m impliziert dieses Ergebnis, daß sich, wie in Abbildung 6.5 gezeigt, Strukturen in $\delta\sigma$ für kleineres R_0 zu kleinerem Z verschieben.

Kapitel 7

Paarproduktion in ultrarelativistischen Schwerionenkollisionen

Wie in Kapitel 5 gezeigt, kann die Berechnung der Paarproduktion in Schwerionenkollisionen nicht über die exakte Streuamplitude bewerkstelligt werden, da diese im Hochenergielimes nicht Crossing-invariant ist. Statt dessen werden die Korrekturen höherer Ordnung zur Paarproduktion in Bornscher Näherung im folgenden Abschnitt mit der Weizsäcker-Williams-Methode über die Coulomb-Korrekturen $\delta\sigma_{\rm CC}^{\rm Punkt}$ bzw. $\delta\sigma_{\rm CC}$ zur Photoproduktion von Leptonpaaren abgeschätzt.
Im letzten Abschnitt wird eine Transformation der Streuamplitude vorgestellt, die es ungeachtet der analytischen Eigenschaften der Streuamplitude gestattet, über diese den Einfluß höherer Ordnungen auf den totalen Paarproduktionsquerschnitt zu berechnen. Dabei wird explizit die Vollständigkeit der ein- und auslaufenden Zustände ausgenutzt.

7.1 Führende Korrekturen höherer Ordnung in semiklassischer Näherung

Für die exakte Amplitude der Paarproduktion in ultrarelativistischen Schwerionenkollisionen wird die Zerlegung (4.6) vorgenommen. Für den Wirkungsquerschnitt bedeutet das (siehe (4.7))

$$\sigma = \sigma_{\rm Born} + \sigma_1 + \tilde{\sigma}_1 + \sigma_2 \tag{7.1}$$

In logarithmischer Genauigkeit sind die Korrekturen höherer Ordnung durch

$$\begin{aligned} \delta\sigma_{\rm HO} &\approx \sigma_1 + \tilde{\sigma}_1 \\ &= \int {\rm d}^2 b \int \frac{{\rm d}^3 p}{(2\pi)^3 p_0} \frac{{\rm d}^3 p'}{(2\pi)^3 p_0'} m^2 \\ &\quad \times \left[\left\{ 2\Re\left(\mathcal{M}_{\rm Born}\mathcal{M}_1^*\right) + \mid \mathcal{M}_1 \mid^2 \right\} + \left\{ 2\Re\left(\mathcal{M}_{\rm Born}\widetilde{\mathcal{M}}_1^*\right) + \mid \widetilde{\mathcal{M}}_1 \mid^2 \right\} \right] \end{aligned} \tag{7.2}$$

gegeben und

$$\sigma_2 = \int {\rm d}^2 b \int \frac{{\rm d}^3 p}{(2\pi)^3 p_0} \frac{{\rm d}^3 p'}{(2\pi)^3 p_0'} m^2$$

$$\times \left[2\Re\left(\mathcal{M}_{\text{Born}}\mathcal{M}_2^* + \mathcal{M}_1\widetilde{\mathcal{M}}_1^* + \mathcal{M}_1\mathcal{M}_2^* + \widetilde{\mathcal{M}}_1\mathcal{M}_2^*\right) + \mid \mathcal{M}_2 \mid^2\right] \tag{7.3}$$

kann vernachlässigt werden.
$\mathcal{M}_1$ lautet (siehe Anhang E.1)

$$\begin{aligned}
\mathcal{M}_1 &= \mathrm{i}\int \mathrm{d}^2x_1\mathrm{d}^2x_2 e^{-\mathrm{i}\vec{p}_\perp^{(e)}\cdot\vec{x}_1-\mathrm{i}\vec{p}_\perp^{(p)}\cdot\vec{x}_2}\int\frac{\mathrm{d}^2k_\perp}{(2\pi)^2}\frac{4\pi Z_1\alpha}{k_\perp^2}F_1(k_\perp)e^{-\mathrm{i}\vec{k}_\perp\cdot(\vec{b}-\vec{R})} \\
&\quad\times\left[\left(e^{\mathrm{i}(\chi_2(\vec{x}_2)-\chi_2(\vec{x}_1))}-1\right)-\mathrm{i}\left(\chi_2(\vec{x}_2)-\chi_2(\vec{x}_1)\right)\right] \\
&\quad\times\frac{1}{(2\pi)k_+}\overline{u}(p^{(e)})\Big[(2x(1-x)k_\perp^2+\not{k}_\perp m)K_0(\mu r) \\
&\qquad -\mathrm{i}(\not{k}_\perp\vec{\gamma}_\perp-2x\vec{k}_\perp)\cdot\vec{n}\mu K_1(\mu r)\Big]\gamma_+u(-p^{(p)})
\end{aligned} \tag{7.4}$$

mit $\vec{R} = (x\vec{x}_2+(1-x)\vec{x}_1)$, $x = p_0^{(p)}/\omega$, dem *Schwerpunktvektor* des Paares und $\vec{r} = \vec{x}_1-\vec{x}_2$, $\vec{n} = \vec{r}/r$. $F_1(k_\perp)$ ist der Ladungs-Formfaktor des Ions 1. Für σ_1 gilt

$$\begin{aligned}
\sigma_1 &= \int\mathrm{d}^2b\int\frac{\mathrm{d}^3p^{(p)}}{(2\pi)^3p_0^{(p)}}\frac{\mathrm{d}^3p^{(e)}}{(2\pi)^3p_0^{(e)}}m^2\left[2\Re\mathcal{M}_{\text{Born}}\mathcal{M}_1^*+\mid\mathcal{M}_1\mid^2\right] \quad, \\
&= \int\mathrm{d}^2b\int\frac{\mathrm{d}^3p^{(p)}}{(2\pi)^3p_0^{(p)}}\frac{\mathrm{d}^3p^{(e)}}{(2\pi)^3p_0^{(e)}}m^2\mid\mathcal{M}_1+\mathcal{M}_{\text{Born}}\mid^2-\sigma_{\text{Born}} \quad.
\end{aligned} \tag{7.5}$$

Mit (7.4) und

$$\frac{\mathrm{d}^3p}{2p_0} = \mathrm{d}^4p\,\delta(p^2-m^2) = \frac{\mathrm{d}p_+\mathrm{d}^2p_\perp}{2p_+} \tag{7.6}$$

folgt nach Integration über $\vec{p}_\perp^{(p)}$ und $\vec{p}_\perp^{(e)}$

$$\begin{aligned}
\sigma_1 &= \int\mathrm{d}^2b\int\frac{\mathrm{d}p_+^{(p)}\mathrm{d}p_+^{(e)}}{(2\pi)^2p_+^{(p)}p_+^{(e)}}\int\mathrm{d}^2x_1\mathrm{d}^2x_2\int\frac{\mathrm{d}^2k_\perp\mathrm{d}^2k'_\perp}{(2\pi)^4}e^{-\mathrm{i}(\vec{b}-\vec{R})\cdot(\vec{k}_\perp-\vec{k}'_\perp)}F_1(k_\perp)F_1(k'_\perp) \\
&\quad\times\frac{16\pi^2Z_1^2\alpha^2}{k_\perp^2k'^2_\perp}\left[1-\Re\left(e^{\mathrm{i}(\chi_2(\vec{x}_2)-\chi_2(\vec{x}_1))}\right)\right]\frac{1}{(2\pi)^2k_+^2}\frac{1}{2} \\
&\quad\times\text{Spur}\left\{(\not{p}^{(e)}+m)\left((2x(1-x)k_\perp^2+\not{k}_\perp m)K_0(\mu r)-\mathrm{i}(\not{k}_\perp\vec{\gamma}_\perp-2x\vec{k}_\perp)\vec{n}\mu K_1(\mu r)\right)\right. \\
&\qquad\times\gamma_+(\not{p}^{(p)}-m)\gamma_+ \\
&\qquad\times\left.\left((2x(1-x)k'^2_\perp+\not{k}'_\perp m)K_0(\mu' r)+\mathrm{i}(\vec{\gamma}_\perp\not{k}'_\perp-2x\vec{k}'_\perp)\vec{n}\mu' K_1(\mu' r)\right)\right\} \\
&\quad-\sigma_{\text{Born}}
\end{aligned} \tag{7.7}$$

Die Spur über das quadrierte Matrixelement ergibt

$$\begin{aligned}
&\text{Spur}\{\ldots\} \\
&= 8p_+^{(p)}p_+^{(e)}\left\{4x^2(1-x)^2k_\perp^2k'^2_\perp K_0(\mu r)K_0(\mu' r)\right. \\
&\qquad -4x(1-x)\vec{k}_\perp\cdot\vec{n}\vec{k}'_\perp\cdot\vec{n}\mu\mu' K_1(\mu r)K_1(\mu' r) \\
&\qquad +2\mathrm{i}x(1-3x+2x^2)\vec{n}\cdot\left(k_\perp^2K_0(\mu r)\mu' K_1(\mu' r)\vec{k}'_\perp-k'^2_\perp K_0(\mu' r)\mu K_1(\mu r)\vec{k}_\perp\right) \\
&\qquad \left.+\vec{k}_\perp\cdot\vec{k}'_\perp\left(\mu\mu' K_1(\mu r)K_1(\mu' r)+m^2K_0(\mu r)K_0(\mu' r)\right)\right\} \quad.
\end{aligned} \tag{7.8}$$

Die Integration über den Stoßparameter liefert eine Impuls-δ-Funktion $\delta(\vec{k}'_\perp - \vec{k}_\perp)$, mit der die Interferenzterme zwischen dem skalaren und dem transversalen Anteil des Photons verschwinden. Die Integration über den Azimut von $\vec{k}_\perp$ ergibt im zweiten Term der Spur einen zusätzlichen Faktor 1/2 (siehe auch Abschnitt 2.7). Insgesamt findet man so

$$\begin{aligned}\sigma_1 &= \int \frac{\mathrm{d}p_+^{(p)}\mathrm{d}p_+^{(e)}}{(2\pi)^2} \int \mathrm{d}^2x_1\mathrm{d}^2x_2 \int \frac{\mathrm{d}^2k_\perp}{(2\pi)^2} \\ &\quad\times \frac{16Z_1^2\alpha^2}{k_\perp^4} F_1^2(k_\perp) \left[1 - \Re\left(e^{\mathrm{i}(\chi_2(\vec{x}_2)-\chi_2(\vec{x}_1))}\right)\right] \frac{k_\perp^2}{k_+^2} \\ &\quad\times \left\{4x^2(1-x)^2k_\perp^2K_0^2(\mu r) + m^2K_0^2(\mu r) + (x^2+(1-x)^2)\mu^2K_1^2(\mu r)\right\} \\ &\quad -\sigma_{\mathrm{Born}} \quad . \end{aligned} \tag{7.9}$$

Für $k_\perp \longrightarrow 0$ ist das Impulsintegral über den Transversalanteil logarithmisch divergent. Das Integral über den skalaren Anteil verschwindet hingegen an der unteren Grenze und kann in der hier vorgenommenen Abschätzung der führenden Korrekturen weggelassen werden. Im dominanten Bereich ist $\mu^2 \approx m^2$. Das Integral über den Impulsübertrag $\vec{k}_\perp$ erstreckt sich ausschließlich über die Wechselwirkung mit Ion 1 und ergibt die Photonverteilungsfunktion dieses Ions. Mit der Transformation $p_+^{(e)} \to k_+ = p_+^{(p)} + p_+^{(e)}$

$$\begin{aligned}\sigma_1 &\approx \int \mathrm{d}k_+ \int \frac{\mathrm{d}^2k_\perp}{(2\pi)^2} \frac{4Z_1^2\alpha}{k_+k_\perp^4} k_\perp^2 F_1^2(k_\perp) \\ &\quad\times\left\{ \frac{\alpha m^2}{\pi^2} \int \mathrm{d}x\mathrm{d}^2x_1\mathrm{d}^2x_2 \left\{K_0^2(mr) + (x^2+(1-x)^2)K_1^2(mr)\right\}\right. \\ &\quad\times\left.\left[-\frac{(\chi_2(\vec{x}_2)-\chi_2(\vec{x}_1))^2}{2} + 1 - \Re\left(e^{\mathrm{i}(\chi_2(\vec{x}_1)-\chi_2(\vec{x}_2))}\right)\right]\right\} \quad . \end{aligned} \tag{7.10}$$

Hierbei wurde der BORNsche Wirkungsquerschnitt ebenfalls in der WEIZSÄCKER-WILLIAMS-Näherung formuliert. Der Term in geschweiften Klammern wird mit $\delta\sigma_{\mathrm{CC}}$ aus Abschnitt 6.2 identifiziert. Das Integral über $k_\perp$ muß an der unteren Grenze regularisiert werden. Dazu nutzt man aus, daß die Wechselwirkung mit Ion 1 bei endlicher Geschwindigkeit des Ions mit $\delta(k_0 - \beta k_3)$ die Form

$$4\pi Z_1\alpha \frac{F_1\left(\sqrt{k_\perp^2 + k_+^2/(4\gamma_1^2)}\right)}{k_\perp^2 + \frac{k_+^2}{4\gamma_1^2}} \tag{7.11}$$

hat, wobei γ_1 der LORENTZ-Faktor des Ions 1 ist. Die obere Grenze ist durch die Bedingung $\mu^2 \approx m^2$ mit $k_\perp^{\max} \sim m$ gegeben. Für $m \gg 1/R_0$, mit R_0 der Ausdehnung des Ions, wird das Integral auf natürliche Weise durch den Formfaktor abgeschnitten. Für die Photonverteilungsfunktion folgt damit

$$n_1(k_+) = \frac{2Z_1^2\alpha}{k_+\pi} \int_0^m \mathrm{d}k_\perp k_\perp^3 \frac{F_1^2\left(\sqrt{k_\perp^2 + k_+^2/(4\gamma_1^2)}\right)}{\left(k_\perp^2 + \frac{k_+^2}{4\gamma_1^2}\right)^2} \quad . \tag{7.12}$$

In der Integration über k_+ werden mit $k_+ < 2m$ und $k_+ > 2m$ die beiden kinematischen Bereiche erfaßt, in denen das Paar in Vorwärts- bzw. Rückwärtsrichtung produziert wird. Die obere Integrationsgrenze ergibt sich zu $k_+^{\max} \approx 2\omega_1^{\max}$, mit $\omega_1^{\max} \approx \min(m, 1/R_0)\gamma_1$ dem maximalen Energieübertrag des Ions 1. Über die invariante Masse des produzierten Paares, $s \approx k_+q_-$, kann leicht die untere Grenze abgeschätzt werden. Mit $s^{\min} = 4m^2$ ergibt sich $k_+^{\min} \approx 4m^2/q_-^{\max}$, wobei $q_-^{\max} \approx 2\min(m, 1/R_0)\gamma_2$ der maximale Energieübertrag des Ions 2 ist. Unter Annahme einer verschwindenden Virtualität $k^2 \ll m^2$ kann das k_+-Integral mit $k_+ \approx 2\omega_1$ in eine Integration über die Energie des ausgetauschten Photons transformiert werden.
Zuletzt sei darauf hingewiesen, daß Dank der LORENTZ-Invarianz von $\delta\sigma_{\mathrm{CC}}$ die Berechnung von σ_1 auch im Ruhesystem von Ion 2 durchgeführt werden kann. Hier gelten: $k_\perp^{\min} \approx \omega_1'/\gamma_1'$, $k_\perp^{\max} \sim m$, $\omega_1'^{\min} \approx m$ und $\omega_1'^{\max} \approx m\gamma_1'$. γ_1' ist der LORENTZ-Faktor des Ions 1 im Ruhesystem des Ions 2. Für $\gamma_1 \sim \gamma_2 \gg 1$ gilt $\gamma_1' \approx 2\gamma_1\gamma_2$. In logarithmischer Genauigkeit kann dann leicht die Übereinstimmung dieser Rechnung mit obigem Ergebnis durch einfache Umskalierung der Photonenergie, $\omega_1 = \omega_1'/(2\gamma_2)$, gezeigt werden.
Insgesamt erhält man für σ_1

$$\sigma_1 = -\int\limits_{m^2/(\min(m,1/R_0)\gamma_2)}^{\min(m,1/R_0)\gamma_1} d\omega_1 n_1(\omega_1)\delta\sigma_{\mathrm{CC}}^{(2)} \tag{7.13}$$

und auf analoge Weise für $\tilde{\sigma}_1$

$$\tilde{\sigma}_1 = -\int\limits_{m^2/(\min(m,1/R_0)\gamma_1)}^{\min(m,1/R_0)\gamma_2} d\omega_2 n_2(\omega_2)\delta\sigma_{\mathrm{CC}}^{(1)} \quad . \tag{7.14}$$

Die Indizes (1) und (2) an $\delta\sigma_{\mathrm{CC}}$ drücken aus, daß die Korrekturen aus höheren Ordnungen in der Wechselwirkung mit Ion 1 bzw Ion 2 resultieren. Die gesamten Korrekturen höherer Ordnung lauten in logarithmischer Genauigkeit

$$\delta\sigma_{\mathrm{HO}} = -\int\limits_{m^2/(\min(m,1/R_0)\gamma_2)}^{\min(m,1/R_0)\gamma_1} d\omega \left(n_1(\omega)\delta\sigma_{\mathrm{CC}}^{(2)} + n_2(\frac{\omega\gamma_2}{\gamma_1})\delta\sigma_{\mathrm{CC}}^{(1)} \right) \tag{7.15}$$

bzw. für symmetrische Kollisionen $Z_1 = Z_2 = Z$

$$\delta\sigma_{\mathrm{HO}} = -2\int\limits_{m^2/(\min(m,1/R_0)\gamma_2)}^{\min(m,1/R_0)\gamma_1} d\omega\, n(\omega)\, \delta\sigma_{\mathrm{CC}} \quad . \tag{7.16}$$

Für die Paarproduktion in der Kollision punktförmiger Ionen lauten die führenden Korrekturen höherer Ordnung mit (2.211) und $\delta\sigma_{\mathrm{CC}} = \delta\sigma_{\mathrm{CC}}^{\mathrm{Punkt}}$ (6.36) [94]

$$\delta\sigma_{\mathrm{HO}} = -\frac{28Z_1^2Z_2^2\alpha^4}{9\pi m^2}\ln^2(\gamma_1\gamma_2)\left(f(Z_1\alpha) + f(Z_2\alpha)\right) \quad , \tag{7.17}$$

mit der universellen Funktion $f(Z\alpha)$ aus (6.38). Dieses Ergebnis kann mit den Erkenntnissen des letzten Kapitels, denen zufolge eine endliche Kernausdehnung einen vernachlässigbaren Einfluß auf die Produktion sehr leichter Leptonen hat, näherungsweise auf die Produktion von Elektron-Positron Paaren angewandt werden.
Für symmetrische Kollisionen findet man im Schwerpunktsystem ($\gamma_1 = \gamma_2 = \gamma$) mit [102, 124]

$$\sigma_{\text{Born}}^{\text{Punkt}} = \frac{28Z^4\alpha^4}{27\pi m^2}\left(L^3 - \frac{89}{14}L^2 + \frac{7\pi^2+370}{28}L - \frac{87}{7} - \frac{13}{56}\pi^2 - \frac{3}{4}\zeta(3)\right) \tag{7.18}$$

($L = \ln(4\gamma^2)$, $\zeta(x)$ die RIEMANNsche Zeta-Funktion), daß die Korrekturen zur Elektron-Positron Paarproduktion in Gold-Gold Kollisionen bei RHIC-Energie ($\gamma = 108$) und Blei-Blei Kollisionen bei LHC Energie ($\gamma = 3000$) von der Größenordnung

$$\frac{\delta\sigma_{\text{HO}}}{\sigma_{\text{Born}}} \approx \begin{cases} -25\% & \text{RHIC} \quad (\text{Au}+\text{Au}) \\ -14\% & \text{LHC} \quad (\text{Pb}+\text{Pb}) \end{cases} \quad e^+e^- \tag{7.19}$$

sind. Abbildung 7.1 zeigt den Einfluß der Korrekturen auf die Elektron-Positron Produktion in Blei-Blei Kollisionen als Funktion der Collider-Energie.

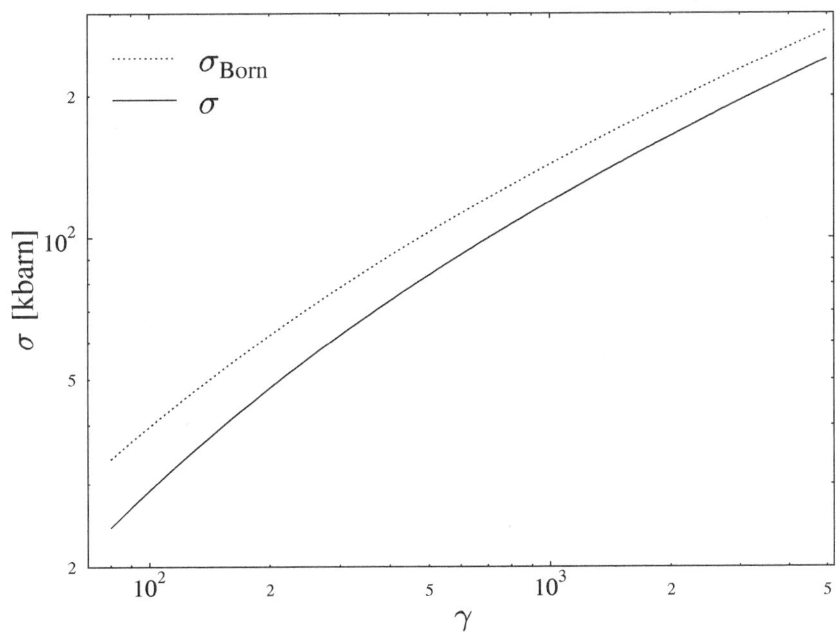

Abbildung 7.1: Der Einfluß höherer Ordnungen auf die Elektron-Positron Produktion in Blei-Blei Kollisionen.

In der Berechnung der Produktion von Myon- oder gar Tau-Paaren muß die endliche Kernausdehnung berücksichtigt werden. Die Rechnungen wurden für die Ladungsverteilung einer homogen geladenen Kugel durchgeführt, mit dem Eikonal (2.180) und [136]

$$n(\omega) = \frac{2Z^2\alpha}{\pi\omega}\left(\frac{3}{16x^6} + \frac{3}{8x^4} - \cos(2x)\left[\frac{3}{16x^6} + \frac{7}{40x^2} + \frac{1}{20}\right]\right.$$

$$-\sin(2x)\left[\frac{3}{8x^5}+\frac{1}{10x^3}-\frac{9}{20x}-\frac{x}{10}\right]-\left[1+\frac{x^2}{5}\right]\mathrm{Ci}(2x)\Big)\ . \quad (7.20)$$

Hierbei sind $x = \omega R/\gamma$ und $\mathrm{Ci}(x)$ die Integral-Cosinus Funktion [75]. Für $\delta\sigma_{\mathrm{CC}}$ ergeben sich

$$\delta\sigma_{\mathrm{CC}} \approx \left\{ \begin{array}{rll} 3.41\,\mu\mathrm{b} & \mu^+\mu^- & \multirow{2}{*}{RHIC} \\ 4.97\cdot 10^{-5}\,\mu\mathrm{b} & \tau^+\tau^- & \\ 3.83\,\mu\mathrm{b} & \mu^+\mu^- & \multirow{2}{*}{LHC} \\ 5.524\cdot 10^{-5}\,\mu\mathrm{b} & \tau^+\tau^- & \end{array} \right. \quad (7.21)$$

Die BORNschen Wirkungsquerschnitte wurden gemäß den Überlegungen in [138] über die BREIT-WHEELER-Formel für die Lepton-Produktion durch Photon-Photon Fusion [32] und die Anwendung der WEIZSÄCKER-WILLIAMS-Näherung auf beide Ionen berechnet. Es sind $\sigma_{\mathrm{Born}}^{AA\to AA\mu^+\mu^-} = 223.57$ mb für RHIC und 2.525 b für LHC sowie $\sigma_{\mathrm{Born}}^{AA\to AA\tau^+\tau^-} = 4.63\ \mu$b für RHIC und 1.435 mb für LHC. Insgesamt sind damit

$$\frac{\delta\sigma_{\mathrm{HO}}}{\sigma_{\mathrm{Born}}} \approx \left\{ \begin{array}{rlll} -12.2\% & \mu^+\mu^- & \multirow{2}{*}{RHIC} & \multirow{2}{*}{(Au + Au)} \\ -0.36\% & \tau^+\tau^- & & \\ -5\% & \mu^+\mu^- & \multirow{2}{*}{LHC} & \multirow{2}{*}{(Pb + Pb)} \\ -0.043\% & \tau^+\tau^- & & \end{array} \right. \quad (7.22)$$

Abbildung 7.2 zeigt die relative Korrektur zur Lepton-Paarproduktion in Blei-Blei Kollisionen als Funktion der Collider-Energie. Das Resultat für punktförmige Kerne gilt für alle Leptonen-Spezies. Bei Berücksichtigung der Kernladungsverteilung werden die Korrekturen zur Produktion schwerer Leptonen drastisch reduziert.

Wie in Abschnitt 6.4.1 gezeigt wurde, können infolge der großen Myonen-Masse höhere Ordnungen in der Produktion von Myon-Paaren vernachlässigt werden. Bis einschließlich zweiter Ordnung verschwindet aber der Interferenzterm $\sim \Re\mathcal{M}_{\mathrm{Born}}\mathcal{M}_1^*$ in σ_1 gemäß dem FURRY-Theorem, so daß näherungsweise $d\sigma_1 \propto |\ \mathcal{M}_1\ |^2$ gilt. Zum Studium von Effekten höherer Ordnung kann daher auch das Verhältnis der Ortho- zur Para-Dimyonium-Produktion in Schwerionenkollisionen betrachtet werden, denn in niedrigster Ordnung wird der Ortho-Dimyonium-Zustand durch $\mathcal{M}_1$ gebildet und der Ortho-Dimyonium-Querschnitt ist ähnlich wie $d\sigma_1$ proportional zu $|\ \mathcal{M}_1\ |^2$. Der Para-Dimyonium-Querschnitt korrespondiert in niedrigster Ordnung zum BORNschen Wirkungsquerschnitt. In [72] wurden die Wirkungsquerschnitte der Ortho- und Para-Dimyonium-Produktion für RHIC und LHC durch die Projektion des erzeugten Myon-Paares auf die entsprechenden Dimyonium-Wellenfunktionen berechnet. Die gefundenen Verhältnisse der so ermittelten Querschnitte und die oben abgeschätzten relativen Korrekturen höherer Ordnung (7.22) sind von vergleichbarer absoluter Größe, nämlich

$$\frac{\sigma_{\mathrm{Ortho}}}{\sigma_{\mathrm{Para}}} \approx \left\{ \begin{array}{rl} 14.4\% & \\ 6.6\% & \end{array} \right. \mu^+\mu^- \quad \begin{array}{ll} \mathrm{RHIC} & (\mathrm{Au}+\mathrm{Au}) \\ \mathrm{LHC} & (\mathrm{Pb}+\mathrm{Pb}) \end{array} \quad (7.23)$$

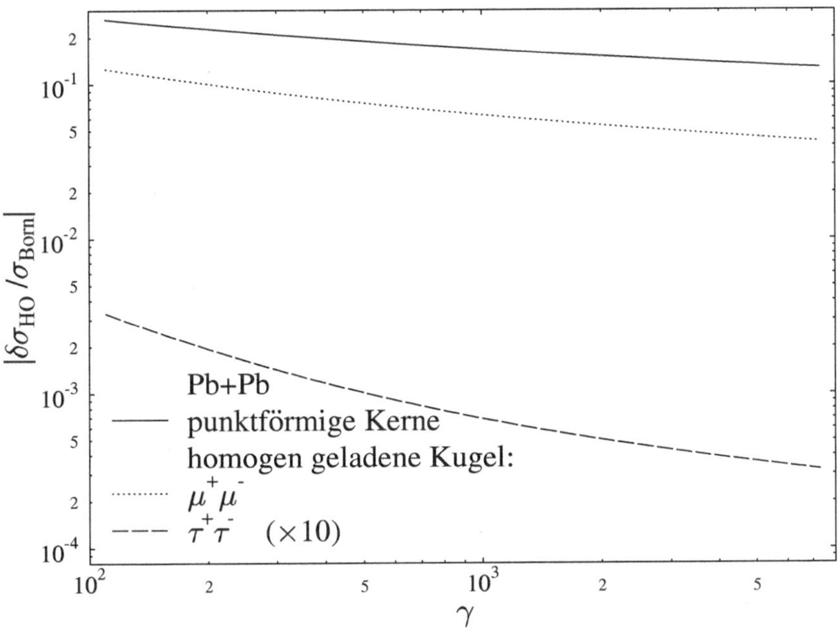

Abbildung 7.2: Die relative Korrektur zur Lepton-Paarproduktion in ultrarelatistischen Blei-Blei Kollisionen. Die relativen Korrekturen zur Tau-Produktion sind mit einem Faktor 10 skaliert.

7.2 Berechnung des totalen Paarproduktionsquerschnitts aus der Streuamplitude

Für die Berechnung differentieller Wirkungsquerschnitte ist es notwendig, in den Wellenfunktionen der ein- und auslaufenden Teilchen ein bestimmtes asymptotisches Verhalten zu berücksichtigen. So enthalten beispielsweise in der elastischen Elektronstreuung das einlaufende Elektron asymptotisch eine auslaufende Kugelwelle und das auslaufende Elektron eine einlaufende Kugelwelle [20, 22] (siehe auch Abschnitt 2.2.2). Im Fall der Paarproduktion haben beide auslaufenden Teilchen asymptotisch eine einlaufende Kugelwelle. Bleiben jedoch die auslaufenden Teilchen unbeobachtet, d.h. wird über deren Phasenraum integriert, ist der Wirkungsquerschnitt unabhängig von der speziellen Wahl der Wellenfunktionen [104, 120, 121].
Diese Tatsache folgt aus der Vollständigkeit des Systems der auslaufenden Wellenfunktionen:

$$\begin{aligned} \sigma &\propto \int d^3p_f \mid \mathcal{M}(p_f, p_i) \mid^2 \quad , \\ &= \int d^3p_f \langle i \mid \mathcal{M}^\dagger \mid f \rangle \langle f \mid \mathcal{M} \mid i \rangle \quad , \\ &= \langle i \mid\mid \mathcal{M} \mid^2 \mid i \rangle \quad . \end{aligned} \tag{7.24}$$

Bei der Bewegung in Zentralkraftfeldern können die Wellenfunktionen der ein- und auslaufenden Teilchen in einen Radial- und einen Winkelanteil faktorisiert werden. Die Vollständigkeit der Kugelflächenfunktionen, als natürliche Basis des Winkelanteils, wird

separat ausgenutzt. In der Integration über den Raumwinkel in d^3p_f verschwindet die Information über das asymptotische Verhalten der Wellenfunktionen, da die unterschiedlichen Richtungen der Teilchen lediglich eine Entartung des Endzustandes darstellen.
Die Anwendung von (4.4) auf die Elektron-Streuamplitude führt ohne Beachtung des Vorzeichens in (5.1) auf eine Paarproduktionsamplitude, in der das auslaufende Positron durch eine Wellenfunktion mit asymptotisch auslaufender Kugelwelle anstelle der geforderten einlaufenden Kugelwelle beschrieben wird. Die so konstruierte Amplitude lautet

$$\mathcal{M}_{p^{(e)},p^{(p)}} = -\int \frac{\mathrm{d}^2k_\perp}{(2\pi)^2}\mathcal{F}_{2-}(\vec{q}_\perp)\mathcal{F}_{1-}(\vec{k}_\perp)\widehat{M}(p^{(e)},p^{(p)},k) \tag{7.25}$$

mit dem DIRAC-Matrixelement

$$\begin{aligned}\widehat{M}(p^{(e)},p^{(p)},k) &= \overline{u}(p^{(e)})\frac{-\vec{\alpha}_\perp\cdot(\vec{p}_\perp^{(e)}-\vec{k}_\perp)+\gamma_0 m}{-p_+^{(p)}p_-^{(e)}-(\vec{p}_\perp^{(e)}-\vec{k}_\perp)^2-m^2+\mathrm{i}\epsilon}\gamma_+u(-p^{(p)})\\ &\quad+\overline{u}(p^{(e)})\frac{-\vec{\alpha}_\perp\cdot(\vec{k}_\perp-\vec{p}_\perp^{(p)})+\gamma_0 m}{-p_-^{(p)}p_+^{(p)}-(\vec{k}_\perp-\vec{p}_\perp^{(p)})^2-m^2+\mathrm{i}\epsilon}\gamma_-u(-p^{(p)}) \quad .\end{aligned} \tag{7.26}$$

Gemäß (5.1) sind

$$\mathcal{F}_{(1,2)\pm}(\vec{k}_\perp) = \mp\int \mathrm{d}^2x_\perp e^{-\mathrm{i}\vec{k}_\perp\cdot\vec{x}_\perp}\left(e^{\pm\mathrm{i}\chi_{1,2}(\vec{x}_\perp)}-1\right) \tag{7.27}$$

die Elektron- bzw. Positron-Eikonal-Streumatrizen für die elektromagnetische Wechselwirkung mit den Ionen 1 bzw. 2, wobei $\chi_{1,2}(\vec{x})$ das Eikonal der ungeeichten Wechselwirkung mit Ion 1 bzw. Ion 2 bezeichnet.
Zum Nachweis, daß diese Amplitude gemäß den obigen Überlegungen den *richtigen* totalen Wirkungsquerschnitt liefert, wird für den Wirkungsquerschnitt σ' aus (7.25) ebenfalls die Zerlegung nach Ein- und Mehrphotonen-Austausch vorgenommen (siehe (4.7))

$$\sigma' = \sigma'_{\mathrm{Born}} + \sigma'_1 + \tilde{\sigma}'_1 + \sigma'_2 \quad . \tag{7.28}$$

Nach den Ergebnissen aus Kapitel 5 ist $\sigma'_{\mathrm{Born}} = \sigma_{\mathrm{Born}}$. Die für σ'_1 benötigte Amplitude in erster Ordnung $Z_1\alpha$ und höherer Ordnung $Z_2\alpha$ wird in ähnlicher Weise wie im Fall der Paarproduktion in Schwerionenkollisionen umgeformt in (siehe Anhang E.2)

$$\begin{aligned}\mathcal{M}'_1 &= -\mathrm{i}\int\frac{\mathrm{d}^2k_\perp}{(2\pi)^2}\frac{4\pi Z_1\alpha}{k_\perp^2}F_1(k_\perp)e^{-\mathrm{i}\vec{k}_\perp\cdot\vec{b}}\left(\mathcal{F}_{2-}(\vec{q}_\perp)-\mathrm{i}\frac{4\pi Z_2\alpha}{q_\perp^2}F_2(q_\perp)\right)\\ &\quad\times\left(\overline{u}(p^{(e)})\frac{-\vec{\alpha}_\perp\cdot(\vec{p}_\perp^{(e)}-\vec{k}_\perp)+\gamma_0 m}{-p_+^{(p)}p_-^{(e)}-(\vec{p}_\perp^{(e)}-\vec{k}_\perp)^2-m^2+\mathrm{i}\epsilon}\gamma_+u(-p^{(p)})\right.\\ &\quad\left.+\overline{u}(p^{(e)})\frac{-\vec{\alpha}_\perp\cdot(\vec{k}_\perp-\vec{p}_\perp^{(p)})+\gamma_0 m}{-p_-^{(p)}p_+^{(e)}-(\vec{k}_\perp-\vec{p}_\perp^{(p)})^2-m^2+\mathrm{i}\epsilon}\gamma_-u(-p^{(p)})\right) \quad ,\\ &= -\mathrm{i}\int\frac{\mathrm{d}^2k_\perp}{(2\pi)^2}\frac{4\pi Z_1\alpha}{k_\perp^2}F_1(k_\perp)e^{-\mathrm{i}\vec{k}_\perp\cdot\vec{b}}\end{aligned}$$

$$\times \int \mathrm{d}^2 K_\perp \overline{u}(p^{(e)}) \frac{(2x(1-x)k_\perp^2 + \not{k}_\perp m + 2x\vec{K}_\perp \cdot \vec{k}_\perp + \not{k}_\perp \not{K}_\perp)\gamma_+}{k_+(K_\perp^2 + \mu^2)} u(-p^{(p)})$$
$$\times \Bigg[\delta(-\vec{p}_\perp^{(p)} + \vec{q}_\perp + x\vec{k}_\perp - \vec{K}_\perp) \Bigg(\mathcal{F}_{2-}(\vec{p}_\perp^{(p)} - x\vec{k}_\perp + \vec{K}_\perp)$$
$$- \mathrm{i} \frac{4\pi Z_2 \alpha}{(\vec{p}_\perp^{(p)} - x\vec{k}_\perp + \vec{K}_\perp)^2} F_2(|\,\vec{p}_\perp^{(p)} - x\vec{k}_\perp + \vec{K}_\perp\,|) \Bigg)$$
$$- \delta(\vec{p}_\perp^{(p)} - x\vec{k}_\perp + \vec{K}_\perp) \Bigg(\mathcal{F}_{2-}(-\vec{p}_\perp^{(p)} + \vec{q}_\perp + x\vec{k}_\perp - \vec{K}_\perp)$$
$$- \mathrm{i} \frac{4\pi Z_2 \alpha}{(-\vec{p}_\perp^{(p)} + \vec{q}_\perp + x\vec{k}_\perp - \vec{K}_\perp)^2} F_2(|\,-\vec{p}_\perp^{(p)} + \vec{q}_\perp + x\vec{k}_\perp - \vec{K}_\perp\,|) \Bigg) \Bigg] \quad .(7.29)$$

$x = p_+^{(p)}/k_+$, $\vec{b}$ ist der Stoßparameter. In der Ortsraumdarstellung zeigt sich, daß sich die exakte Amplitude in erster Ordnung $Z_1\alpha$ nur durch eine ortsabhängige Phase von $\mathcal{M}_1 + \mathcal{M}_{\mathrm{Born}}$ in σ_1 (7.5) unterscheidet:

$$\begin{aligned} \mathcal{M}_1' + \mathcal{M}_{\mathrm{Born}} &= \mathrm{i} \int \mathrm{d}^2x_1 \mathrm{d}^2x_2 e^{-\mathrm{i}\vec{p}_\perp^{(e)}\cdot\vec{x}_1 - \mathrm{i}\vec{p}_\perp^{(p)}\cdot\vec{x}_2} \int \frac{\mathrm{d}^2k_\perp}{(2\pi)^2} \frac{4\pi Z_1\alpha}{k_\perp^2} F_1(k_\perp) e^{-\mathrm{i}\vec{k}_\perp\cdot(\vec{b}-\vec{R})} \\ &\times \frac{1}{(2\pi)k_+} \overline{u}(p^{(e)}) \Big[(2x(1-x)k_\perp^2 + \not{k}_\perp m) K_0(\mu r) \\ &- \mathrm{i}(\not{k}_\perp \vec{\gamma}_\perp - 2x\vec{k}_\perp) \cdot \vec{n} \mu K_1(\mu r) \Big] \gamma_+ u(-p^{(p)}) \\ &\times e^{-\mathrm{i}\chi_2(\vec{x}_2)} \left(e^{\mathrm{i}(\chi_2(\vec{x}_2) - \chi_2(\vec{x}_1))} - 1 \right) \quad . \end{aligned} \tag{7.30}$$

Die Phase $e^{-\mathrm{i}\chi_2(\vec{x}_2)}$ verschwindet in σ' in der Integration über $p_\perp^{(p)}$. Für kleine Streuwinkel, die bei hohen Energien dominant sind, gilt

$$\mathrm{d}^2 p_\perp^{(p)} \approx p_3^{(p)2} \mathrm{d}\Omega \quad , \tag{7.31}$$

womit wir das zu Anfang diskutierte Verhalten finden. Es gilt demnach bei Integration über die Richtungen des auslaufenden Positrons $\sigma_1' = \sigma_1$. Analog beweist man $\tilde{\sigma}_1' = \tilde{\sigma}_1$. σ_2' ist in logarithmischer Genauigkeit wiederum vernachlässigbar.
Die Transformation der Streuamplitude in eine Paarproduktionsamplitude mit *falschem* asymptotischen Verhalten ist unabhängig von den analytischen Eigenschaften und damit der Crossing-Symmetrie der Amplitude und kann, wie gezeigt, im Hochenergielimes angewandt werden. Sie dient zur Berechnung des über die Richtungen der produzierten Teilchen integrierten Paarproduktionsquerschnitts. Mit der gleichen Argumentation kann die Bremsstrahlungs-Amplitude im ultrarelativistischen Grenzfall benutzt werden, um den Photoproduktionsquerschnitt (6.37) zu bestimmen (und umgekehrt) [59, 104] (siehe auch Anhang E.3). Diese Beziehung zwischen der Bremsstrahlung und der Paarproduktion zeigt direkt, daß die Korrekturen höherer Ordnung für beide Prozesse die gleiche Form haben [21, 104, 120]. Sie stammen jedoch aus jeweils unterschiedlichen Impulsübertragsregionen. Während im Fall der Paarproduktion aufgrund der Dipol-Wechselwirkung Impulsüberträge in der Größenordnung der Masse der produzierten Teilchen wichtig sind (siehe Abschnitt D.1.2), sind im Fall der Bremsstrahlung

verschwindende Impulsüberträge, $q_\perp \sim m/\gamma$, verantwortlich für die Abweichung vom BORNschen Wirkungsquerschnitt. Die Begründung für dieses Verhalten ist physikalisch evident, da für verschwindende Impulsüberträge die Wechselwirkungsdauer sehr groß wird und die emittierten Bremsstrahlungsphotonen fähig werden, den Streuprozeß aufzulösen. Im Hochenergielimes wird im Fall der Bremsstrahlung die relevante Impulsübertragsregion verschwindend klein, so daß mit Ausnahme der Vorwärts-Richtung die differentiellen Wirkungsquerschnitte der exakten Rechnung und der BORNschen Näherung überall vollständig übereinstimmen [27].
In [11, 56, 126] wurde die Paarproduktionsamplitude irrtümlicherweise über die oben vorgestellte Transformation aus der Streuamplitude ermittelt. Obwohl, wie hier dargelegt, diese Amplitude für die Berechnung differentieller Wirkungsquerschnitte unbrauchbar ist, jedoch auf den richtigen totalen Wirkungsquerschnitt führt, wurden in diesen Arbeiten keine Korrekturen höherer Ordnung gefunden. Hier ist jedoch der Hinweis in [106] zu beachten, daß bei der Elektronstreuung die für die Korrekturen dominante kinematische Region ähnlich zur Emission von Bremsstrahlungsphotonen der Bereich verschwindender Impulsüberträge ist, in denen die Amplitude (in allen Ordnungen) divergent ist. Durch Regularisierung der Eikonal-Amplituden und behutsame Ausführung der auftretenden Orts- und Impuls-Integrationen im dominanten Bereich erhält man die richtigen Korrekturen [106]. Aus mathematischer Sicht muß hier die Tatsache betrachtet werden, daß die vollständige Beschreibung der Amplitude im Impulsraum nur im Rahmen verallgemeinerter Funktionen möglich ist (siehe Abschnitt 2.6) und die Integration des totalen Wirkungsquerschnitts daher nicht im RIEMANNschen Sinne durchgeführt werden kann. Dort hätte der für die COULOMB-Korrekturen kinematisch relevante Bereich im Hochenergielimes das Maß Null und könnte aus der Betrachtung herausgenommen werden.
Ein direkter Vergleich der Rechnungen dieses Kapitels mit den Ergebnissen in [57, 58], die auf eine Erhöhung des Paarproduktionsquerschnittes in Schwerionenkollisionen hindeuten, ist aufgrund der dortigen Beschränkung auf periphere Kollisionen nicht möglich. Für die Berechnung der in [57, 58] benutzten effektiven Photonverteilungsfunktionen (siehe Abschnitt 2.7.2) wurde der Impulsübertrag an der unteren Grenze $q_\perp \gtrsim \omega/\gamma$ – d.h. $q_\perp \gtrsim m/\gamma$ mit $\omega \gg m$ – abgeschnitten, die kinematisch relevante Impulsübertragsregion demnach aus der Betrachtung herausgenommen. Für eine Punktladung wurde die Übereinstimmung des exakten Wirkungsquerschnitts mit der BORNschen Näherung gefunden, d.h.

$$n_{\text{eff}}(\omega) - n(\omega) = 0 \quad . \tag{7.32}$$

In Analogie zum Verschwinden der COULOMB-Korrekturen zur Bremsstrahlung im Hochenergielimes ist dieses Ergebnis für endliche Impulsüberträge richtig. Im Limes $\gamma \to \infty$ geht jedoch die untere Grenze des Impulsübertrages gegen Null und man findet bei korrekter Behandlung verschwindender Impulsüberträge [106]

$$\lim_{\gamma\to\infty}(n_{\text{eff}}(\omega) - n(\omega)) = -\frac{4Z^2\alpha}{\pi\omega} f(Z\alpha) \quad . \tag{7.33}$$

Hierbei muß der Grenzwert vor der Auswertung der Photonverteilungsfunktionen genommen werden. Andernfalls erfolgt die Berechnung nur für Impulsüberträge $q_\perp \gtrsim \omega/\gamma$ und verschwindende Impulsüberträge bleiben auch im Limes unendlicher Streuenergie unberücksichtigt.

Kapitel 8

Zusammenfassung

In der vorliegenden Arbeit wurde der Einfluß höherer Ordnungen auf die hochenergetische elektromagnetische Lepton-Kern Streuung und die elektromagnetische Paarproduktion in ultrarelativistichen Schwerionenkollisionen untersucht. Das Hauptaugenmerk lag dabei auf den Einflüssen höherer Ordnung. Diese sind von experimenteller Seite insbesondere für die Paarproduktion von Interesse, da die effektive Kopplungskonstante $Z\alpha$ in den für die Beschleunigeranlagen RHIC und LHC geplanten Stoßsysteme von der Größenordnung Eins ist und eine Beschränkung auf die niedrigste Ordnung, den Zwei-Photon-Graph, nicht mehr gerechtfertigt ist.

Die zu erwartenden Korrekturen zur Paarproduktion in niedrigster Ordnung wurden in zahlreichen Veröffentlichungen der jüngsten Vergangenheit kontrovers diskutiert: Die unterschiedliche Vorgehensweise in der Berechnung der Paarproduktion – die direkte Berechnung der Paarproduktionsamplitude im Gegensatz zu deren indirekten Bestimmung über die Crossing-Symmetrie der Streuamplitude – ergaben einerseits nicht vernachlässigbare Effekte höherer Ordnung, andererseits deren identisches Verschwinden. Die durch diesen Widerspruch aufgeworfenen Fragen zur Natur der Korrekturen konnten in dieser Arbeit beantwortet werden. Die Untersuchungen ergaben, daß die Streuamplitude im Hochenergielimes nicht Crossing-Invariant ist und somit den Übergang zum Paarproduktionskanal prinzipiell nicht zuläßt. Weitere Nachforschungen zeigten jedoch, daß in den angesprochenen Veröffentlichungen zu dieser Berechnungesmethode durch einen weiteren Fehler unbeabsichtigt eine „Paarproduktionsamplitude" erhalten wurde, die wiederum die Berechnung des totalen Wirkungsquerschnitts erlaubt. Die Auswertungen wurden jedoch nicht mit ausreichender Sorgfalt durchgeführt.

Die Ergebnisse belegen, daß die Berücksichtigung höherer Ordnungen zur Lepton-Paarproduktion in ultrarelativistischen Schwerionenkollisionen nichtverschwindende Korrekturen liefert. Diese konnten für Gold-Gold bzw. Blei-Blei Kollisionen am RHIC und LHC in führender logarithmischer Näherung mit einer relativen Genauigkeit der Größenordnung $< 1\%$ abgeschätzt werden. Die gefundenen Abweichungen von der niedrigsten Ordnung sind für die Elektron-Positron Produktion beträchtlich. In der Produktion von Myon- bzw. Tau-Paaren muß zusätzlich der Einfluß der Kernladungsverteilung berücksichtigt werden, was zu reduzierten Abweichungen von der niedrigsten Ordnung führt.

Als Ausgangspunkt werden im ersten Teil der Arbeit zunächst wesentliche Eigenschaften elektromagnetischer Prozesse im Hochenergielimes anhand der elastischen Leptonstreuung diskutiert. Mit unterschiedlichen störungstheoretischen und nichtstörungstheoretischen Methoden wird die Eikonal-Näherung als die im Hochenergielimes exakte Lösung der Bewegungsgleichung gewonnen. Zu ihrer Herleitung muß angenommen werden, daß der Impulsübertrag endlich, jedoch klein gegenüber der Energie des Stoßes ist und die Wechselwirkung annähernd als instantan angesehen werden kann. Die zentralen Elemente der einzelnen Berechnungen werden im folgenden wiederholt.
Im Zuge eines nichtstörungstheoretischen Ansatzes wird das COULOMB-Potential des Streuzentrums über eine Eichung, die die divergente COULOMB-Phase der asymptotischen Streuzustände eliminiert, in ein kurzreichweitiges Potential transformiert. Für den Fall, daß sich das Streuzentrum annähernd mit Lichtgeschwindigkeit bewegt, faktorisiert dieses Potential unter der Annahme einer nahezu instantanen Wechselwirkung. Es spaltet sich auf in einen singulären, δ-förmigen Anteil in Abhängigkeit der Lichtkegelkoordinaten und einen Anteil, der die effektive Zweidimensionalität der extrem LORENTZ-kontrahierten Felder ausdrückt und einzig von den transversalen Raumkoordinaten abhängt.
Der Leptonen-Spinor weist in der Bewegung in diesem singulären Potential eine Unstetigkeit an der Trajektorie des Ions auf dem Lichtkegel auf, die durch den Übergang zur temporalen Eichung behoben wird. Durch eine Sprungfunktion in der Eichphase der temporalen Eichung kommt zum Ausdruck, daß die Trajektorie des Ions im Hochenergielimes zwei Raumbereiche mit unterschiedlichen Eichungen separiert, in denen sich das Lepton bewegt. Die Streumatrix für den Übergang des Leptons von einem dieser Raumbereiche in den jeweils anderen, d.h. die Streuung am Ion, ist durch diese Eichphase gegeben und entspricht der Eikonal-Näherung.
In störungstheoretischer Formulierung bedeutet die Annahme einer instantanen Wechselwirkung, daß der Mehrfach-Austausch von Photonen gleichzeitig stattfindet und äußert sich in der Kontraktion der Leptonpropagatoren. Die vollständige Wechselwirkung läßt sich infolge dessen in geschlossener Form aufsummieren und liefert ebenfalls das Eikonal-Resultat. Die gleichzeitige, kohärente Wechselwirkung in allen Ordnungen kann durch die einfache Wechselwirkung mit einem effektiven Potential, d.h. durch Eikonal-Austausch beschrieben werden.
Die störungstheoretische Formulierung führt darüber hinaus auf eine allgemeine Exponentierungs-, d.h. *Eikonalisierungs*-Eigenschaft für beliebige Transversalanteile der singulären, kurzreichweitigen Potentiale. Dies ermöglicht u.a. eine konzeptionell einfache Beschreibung der Streuung im Feld ausgedehnter Ladungsverteilungen.
Die Effekte höherer Ordnung können im Impulsraum durch den sogenannten Eikonal-Formfaktor beschrieben werden. Die Wechselwirkung mit dem effektiven Potential wird dazu in Form eines einfachen Photonenaustauschs mit einer fiktiven, komplexen Ladungsverteilung geschrieben – die FOURIER-Transformierte dieser Ladungsverteilung ist der Eikonal-Formfaktor. Für eine punktförmige Quelle ist dieser eine reine Phase, für ausgedehnte Ladungsverteilungen kommen hingegen die Kohärenzeffekte des Mehrphotonen-Austauschs zum Tragen. Diese äußern sich darin, daß der erhaltene differentielle Streuquerschnitt im Bereich kleiner Impulsüberträge den Punktladungsquerschnitt übersteigen kann. Für die Wechselwirkung mit dem effektiven Potential, d.h. für den Eikonal-

Austausch, kann eine erweiterte WEIZSÄCKER-WILLIAMS-Methode angegeben werden. Der Anwendungsbereich dieser Methode ist jedoch durch die zwingende Annahme eines endlichen Impulsübertrags beschränkt und erlaubt beispielsweise nicht die vollständige Berechnung der COULOMB-Korrekturen zur Bremsstrahlung im Hochenergielimes.

Die Anwendung der erarbeiteten Verfahren auf die Leptonstreuung im Feld zweier ultrarelativistischer Ionen führt in dem Fall, daß beide Ionen die gleiche Bewegungsrichtung haben, unmittelbar auf das GLAUBER-Resultat für die Zwei-Zentren Streuung. Die Erweiterung des Ergebnisses auf die Streuung an beliebig vielen Streuzentren kann direkt angegeben werden. Die Bewegung eines Leptons im Feld zweier kollidierender ultrarelativistischer Ionen ist ebenfalls exakt lösbar und wird in der vorliegenden Arbeit vorgeführt.

Wie eine genaue Betrachtung zeigt, können mit singulären Potentialen der behandelten Form weite Klassen an Wechselwirkungen konstruiert werden, die eine exakte Lösung der zugehörigen zeitabhängigen DIRAC-Gleichung zulassen. Die formale Gültigkeit der Resultate ist dabei nicht auf elektromagnetische Wechselwirkungen beschränkt, vielmehr kann die gefundene Streulösung zur Beschreibung nicht-elektromagnetischer Prozesse verallgemeinert werden und findet so bereits Anwendung in der QCD.

Die Streuamplitude reduziert sich für beide Feldgeometrien auf die jeweils niedrigsten Terme der WATSON-Reihe für die Streuung an mehreren Zentren – alternierende Wechselwirkungen mit beiden Ionen, sogenannte Reflexionsterme, tragen nicht bei. Im ersten Fall, der Streuung an Ionen mit gleicher Bewegungsrichtung, folgt deren identisches Verschwinden direkt aus dem Verschwinden großer longitudinaler Impulsüberträge. Im zweiten Fall beschreiben die Reflexionsterme virtuelle Leptonpaare, die von den Ionen produziert und nachfolgend absorbiert werden. Die Amplituden für diese Prozesse verschwinden hier nicht einzeln, müssen sich jedoch gemäß der Vollständigkeit der Streuamplitude in jeder Ordnung der Wechselwirkung gegenseitig aufheben.

Der zweite Teil der Arbeit ist der Produktion von Leptonpaaren in ultrarelativistischen Schwerionenkollisionen gewidmet. Der konkreten Berechnung der Produktionsamplitude und des Querschnitts ist eine allgemeine Betrachtung über inelastische Prozesse vorangestellt. Aus der Unitaritätsbedingung der Streumatrix folgt anhand eines einfachen, iterativen Unitarisierungsschemas, daß sogenannte Vakuumdiagramme und die mehrfache Paarproduktion für eine vollständige, unitaritätserhaltende Formulierung der Paarproduktion unerläßlich sind. Eine manifest-unitäre POISSON-Verteilung der multiplen Paarproduktion berücksichtigt diese Effekte unter stark vereinfachenden Annahmen. Der unitaritätsverletzenden Ein-Paar-Wahrscheinlichkeit (bei ausschließlicher Betrachtung des inelastischen Paarerzeugungskanals) kommt darin die Rolle der mittleren Anzahl erzeugter Paare in einem Schwerionenstoß zu. In der vorliegenden Arbeit beschränken sich die Berechnungen auf diesen Prozeß.

Der naheliegende Weg, die Paarproduktionsamplitude über die exakte Streuamplitude durch Uminterpretation der ein- und auslaufenden Zustände zu erhalten, kann nicht beschritten werden, da die Streuamplitude im Hochenergielimes nicht Crossing-Invariant ist. Der Übergang zu einem Crossing-Kanal eines physikalischen Prozesses stellt die analytische Fortsetzung der Amplitude in einen anderen physikalischen Bereich dar, deren

Existenz und Eindeutigkeit gewisse Anforderungen an die analytischen Eigenschaften der Amplitude stellen. Am Beispiel der alternierenden Wechselwirkung mit beiden Ionen in niedrigster Ordnung wird explizit vorgeführt, welchen Einfluß die analytischen Eigenschaften des FEYNMAN-Propagators auf die Crossing-Symmetrie der Amplitude haben, insbesondere, wie diese Symmetrie im Hochenergielimes verloren geht. Wird der Grenzübergang zu unendlicher Ionenenergie in der Streuamplitude ausgeführt, ist die analytische Fortsetzung in den Paarproduktionskanal prinzipiell unmöglich. Vor diesem Hintergrund erweist sich die in [11, 56, 126] hergeleitete Amplitude und somit die Grundlage für die Ergebnisse in [57, 58, 85, 127] als falsch. Darüber hinaus wurde in diesen Arbeiten die Energieabhängigkeit der Eikonal-Amplitude in der fehlerhaften Anwendung der Crossing-Symmetrie nicht berücksichtigt.

Die direkte Berechnung der Paarproduktionsamplitude in allen Ordnungen der Wechselwirkung mit beiden Ionen ist nach dem gegenwärtigen Stand der Kenntnis nicht möglich. Durch eine einfache Zerlegung der vollständigen Amplitude können jedoch die führenden Korrekturen zum Zwei-Photon-Graphen separiert werden. Diese beschreiben die exakte COULOMB-Wechselwirkung der Paarkonstituenten mit jeweils einem der Ionen, während das andere Ion als Störung behandelt wird. Der Beitrag der Diagramme, die die Paarproduktion in höherer Ordnung mit beiden Ionen beschreiben, wird für Schwerionenkollisionen in den Beschleunigern RHIC und LHC mit einer relativen Gößenordnung $< 1\%$ abgeschätzt und vernachlässigt. Im Rahmen der WEIZSÄCKER-WILLIAMS-Näherung lassen sich die Korrekturen als das Produkt der Photoproduktions-COULOMB-Korrekturen im Feld des in höherer Ordnung wechselwirkenden Ions und der Photonverteilungsfunktion des anderen Ions schreiben. Es ergibt sich direkt, daß die gesamte Korrektur, als Summe der beiden Einzelkorrekturen, nicht mit der in [18] angegebenen, symmetrisierten Form übereinstimmt, die sich infolge der Rechnungen dieser Arbeit als unzutreffend erweist.

Für die Berechnung der benötigten Korrekturen höherer Ordnung zur Photoproduktion wird die Impact-Faktor-Darstellung der Amplitude benutzt. Diese beschreibt den Zerfall des einlaufenden Photons in ein Leptonpaar, dessen Konstituenten über Eikonal-Austausch mit dem Ion wechselwirken. Für ein punktförmiges Ion wird die vollständige Übereinstimmung der Impact-Faktor-Darstellung mit der alternativen Formulierung durch FURRY-SOMMERFELD-MAUE-Wellenfunktionen gezeigt. Die Auswertung der Korrekturen höherer Ordnung führt auf die bekannte, universelle Funktion der Ordnungszahl, die erstmals in [52] bestimmt wurde. Der Einfluß einer ausgedehnten Kernladungsverteilung kann numerisch berechnet werden. Dieser ist insbesondere für die Produktion schwerer Leptonen von Bedeutung, da die relevanten Impulsüberträge in der Größenordnung der Leptonenmasse durch den Ladungs-Formfaktor des Kerns unterdrückt sind. Als Folge können höhere Ordnungen vernachlässigt werden. Umgekehrt kann für die Produktion leichter Leptonen der Kern als punktförmig angenommen werden, da die Auswirkungen der Kernausdehnung gering sind. Hier ist im Gegenzug der Einfluß höherer Ordnungen wichtig. Kohärenzeffekte des Mehrphotonen-Austauschs bewirken, daß der Einfluß der Ladungsverteilung auf die Photoproduktion leichter Leptonen für schwere, große Kerne kleiner ist als für leichte. Dieses Phänomen kann auf das Verhalten des Eikonal-Formfaktors bei kleinen Impulsüberträgen zurückgeführt werden.

Der Einfluß höherer Ordnungen auf die Lepton-Paarproduktion in ultrarelativistischen Schwerionenkollisionen wird schließlich mit den zuvor berechneten Korrekturen zur Photoproduktion in logarithmischer Genauigkeit abgeschätzt. Er ist für die Produktion von Elektron-Positron Paaren beträchtlich – $\sim -25\%$ in Gold-Gold Kollisionen am RHIC bzw. $\sim -14\%$ in Blei-Blei Kollisionen am LHC – und nimmt für Myon- und Tau-Paare mit zunehmender Leptonenmasse und der damit größer werdenden Bedeutung der Kernausdehnung ab.
Zuletzt wird in dieser Arbeit vorgeführt, daß die exakte Streuamplitude prinzipiell, unter Ausnutzung der Vollständigkeit der ein- und auslaufenden Zustände, für die Bestimmung des totalen Paarerzeugungsquerschnitts benutzt werden kann. Die naive Anwendung der Crossing-Symmetrie auf die Streuamplitude im Hochenergielimes führt ohne Beachtung der Energieabhängigkeit der Eikonal-Amplituden auf eine Paarproduktionsamplitude, in der die Wellenfunktion des auslaufenden Positrons anstelle der geforderten einlaufenden Kugelwelle eine auslaufende Kugelwelle enthält. Diese Amplitude ist für die Berechnung differentieller Wirkungsquerschnitte unbrauchbar, ergibt jedoch den richtigen, über die Richtungen der produzierten Teilchen integrierten Paarproduktionsquerschnitt. Obgleich diese Amplitude für die in [11, 56, 127] durchgeführten Berechnungen benutzt wurde, ergaben sich keine Korrekturen zur niedrigsten Ordnung Störungstheorie. Dies ist darauf zurückzuführen, daß der totale Wirkungsquerschnitt nicht im RIEMANNschen Sinne integrierbar ist, da der für die Korrekturen relevante kinematische Bereich im Hochenergielimes das Maß Null hat. In [106] wurde gezeigt, daß die Impuls- und Stoßparameter-Integrationen des Wirkungsquerschnitts mit einer geeigneten Regularisierung und einer besonderen Integrationsreihenfolge ausgeführt werden können. Hier wird die Übereinstimmung der aus der exakten Paarproduktionsamplitude und aus der Streuamplitude erhaltenen Korrekturen zum Paarproduktionsquerschnitt über eine Umformulierung der Streuamplitude gezeigt. In neuer Darstellung ist die Streuamplitude mit der Paarproduktionsamplitude in der Impact-Faktor-Darstellung bis auf ortsabhängige Phasen identisch, die in der Integration über den Phasenraum der produzierten Leptonen verschwinden.

Diese Arbeit zeigt, daß die exakte Amplitude der Lepton-Paarproduktion in ultrarelativistischen Schwerionenkollisionen in allen Ordnungen der Wechselwirkung mit beiden Ionen weiterhin Gegenstand des Forschungsinteresses sein wird. Weiterführende Fragestellungen, die sich diesbezüglich aus dieser Arbeit für zukünftige Untersuchungen ergeben, zielen im wesentlichen auf die vollständige störungstheoretische Beschreibung der betrachteten Streu- und Paarproduktions-Prozesse. Diese erfordert das genaue Verständnis der Reflexionsterme, insbesondere muß im Streukanal das gemeinsame Verschwinden aller Reflexionsterme abschließend bewiesen werden.
Zuletzt sei daran erinnert, daß die hier vorgestellten Ergebnisse streng genommen nur im extrem relativistischen Limes gelten. Zur Verbesserung der Ergebnisse sind genauere Berechnungen für endliche Energien notwendig. Als Ausgangspunkt bietet sich hier die Photoproduktion an, die es aufgrund ihrer prinzipiell einfachen Struktur erlaubt, den Einfluß einer endlichen Wechselwirkungsdauer und großer Impulsüberträge durch höhere Ordnungen der MAGNUS-Entwicklung bzw. einer Eikonal-Entwicklung zu berücksichtigen.

ANHANG A

Elektronpropagation

A.1 Spinor-Identitäten und DIRAC-Matrixprodukte

Für die Berechnung von Streuamplituden im Hochenergielimes werden die folgenden Eigenschaften der DIRAC-Matrizen gebraucht ($\gamma_\pm = \gamma_0 \pm \gamma_3$):

$$\begin{aligned} \gamma_0\gamma_\pm\gamma_0 &= \gamma_\mp \\ \gamma_\pm\gamma_\mp\gamma_\pm &= 4\gamma_\pm \\ \gamma_\pm\vec{\gamma}_\perp\gamma_\mp &= 2\vec{\alpha}_\perp\gamma_\mp \\ \gamma_\pm\vec{\gamma}_\perp\gamma_\pm &= 0 \\ \gamma_\pm\gamma_\mp &= 2\gamma_0\gamma_\mp \\ \gamma_\pm\gamma_\pm &= 0 \end{aligned} \tag{A.1}$$

Diese Relationen können mit Hilfe der Antikommutationseigenschaft der DIRAC-Matrizen und unter Berücksichtigung der Projektionsoperatoren ($1\!\!1 \pm \alpha_3$) leicht gezeigt werden (siehe Interpretation im folgenden Abschnitt).
Für $\beta \neq 1$ erhält man in der Ordnung $\mathcal{O}(1/\gamma^2)$

$$(1\!\!1 \pm \beta\alpha_3) \approx (1\!\!1 \pm \alpha_3) \mp \frac{\alpha^3}{2\gamma^2} \tag{A.2}$$

$$(1\!\!1 \pm \beta\alpha_3)^2 \approx 2(1\!\!1 \pm \alpha_3) - \frac{1}{\gamma^2}(1\!\!1 \pm \alpha_3) \tag{A.3}$$

$$(1\!\!1 \pm \beta\alpha_3)(1\!\!1 \mp \beta\alpha_3)(1\!\!1 \pm \beta\alpha_3) = \frac{1}{\gamma^2}(1\!\!1 \pm \beta\alpha_3) \tag{A.4}$$

$$(1\!\!1 \pm \beta\alpha_3)\vec{\alpha}_\perp(1\!\!1 \pm \beta\alpha_3) = \frac{\vec{\alpha}_\perp}{\gamma^2} \tag{A.5}$$

$$(1\!\!1 \pm \beta\alpha_3)\gamma_0(1\!\!1 \pm \beta\alpha_3) = \frac{\gamma_0}{\gamma^2} \tag{A.6}$$

Mit (A.2) ist demnach die führende Korrektur zur Projektionseigenschaft der Matrixstruktur der Wechselwirkung von der Größenordnung $\mathcal{O}(1/\gamma^2)$.
Ausgehend von den Definitionsgleichungen

$$(\not{p} - m)u(p) = 0 \tag{A.7}$$

$$\overline{u}(p)(\not{p} - m) = 0 \quad , \tag{A.8}$$

lassen sich die folgenden Identitäten herleiten. Mit

$$\not{a}\not{b} = 2a_\mu b^\mu - \not{b}\not{a} \tag{A.9}$$

folgt aus (A.7)

$$u(p) = \frac{\not{p} + m}{2p_\pm}\gamma_\pm u(p) \tag{A.10}$$

und analog aus (A.8)

$$\overline{u}(p) = \overline{u}(p)\gamma_\pm \frac{\not{p} + m}{2p_\pm} \quad . \tag{A.11}$$

Mit

$$(\not{p} + m)\gamma_\pm = (p_\pm + \vec{\alpha}_\perp \cdot \vec{p}_\perp + \gamma_0 m)\,(1\!\!1 \pm \alpha_3) \tag{A.12}$$

erhält man

$$\begin{aligned} u(p) &= \frac{1}{2p_\pm}(p_\pm + \vec{\alpha}_\perp \cdot \vec{p}_\perp + \gamma_0 m)\,(1\!\!1 \pm \alpha_3)u(p) \\ &= \frac{1}{2}\left((1\!\!1 \pm \alpha_3)u(p) + \frac{\vec{\alpha}_\perp \cdot \vec{p}_\perp + \gamma_0 m}{p_\pm}(1\!\!1 \pm \alpha_3)u(p)\right) \quad . \end{aligned} \tag{A.13}$$

Aus $2u(p) - (1\!\!1 \pm \alpha_3)u(p) = (1\!\!1 \mp \alpha_3)u(p)$ folgt schließlich

$$(1\!\!1 \mp \alpha_3)u(p) = \frac{\vec{\alpha}_\perp \cdot \vec{p}_\perp + \gamma_0 m}{p_\pm}(1\!\!1 \pm \alpha_3)u(p) \tag{A.14}$$

als Beziehung zwischen der (+) und der (−) Komponente des Spinors $u(p)$. Mit $(x_+ > 0)$

$$1 = \mathrm{i}\int \frac{\mathrm{d}p'_\mp}{(2\pi)}\frac{e^{-\mathrm{i}p'_\mp x_\pm + \mathrm{i}p_\mp x_\pm}}{p'_\mp - p_\mp + \mathrm{i}\epsilon}$$

erhält man

$$\begin{aligned} \frac{\not{p} + m}{2p_\pm} &= \frac{\mathrm{i}}{2}\mathrm{i}\int \frac{\mathrm{d}p'_\mp}{(2\pi)}\frac{e^{-\mathrm{i}p'_\mp x_\pm + \mathrm{i}p_\mp x_\pm}}{p_\pm p'_\mp - p_\perp^2 - m^2 + \mathrm{i}\epsilon} \\ &= \mathrm{i}\int \frac{\mathrm{d}^4p'}{(2\pi)^4}\mathrm{d}^4x'\delta(x'_\pm + x_\pm)e^{\mathrm{i}x'(p'-p)}\frac{\not{p}' + m}{p'^2 - m^2 + \mathrm{i}\epsilon} \quad . \end{aligned} \tag{A.15}$$

Die Lösung der freien DIRAC-Gleichung läßt sich somit wie folgt formulieren:

$$\sqrt{\frac{m}{p_0}}e^{-\mathrm{i}px}u(p) = \mathrm{i}\int \frac{\mathrm{d}^4p'}{(2\pi)^4}\mathrm{d}^4y\delta(y_\pm)e^{-\mathrm{i}p'(x-y)}\frac{\not{p}' + m}{p'^2 - m^2 + \mathrm{i}\epsilon}\gamma_\pm\sqrt{\frac{m}{p_0}}e^{-\mathrm{i}py}u(p) \quad . \tag{A.16}$$

Damit erhält man für das S-Matrix-Element der freien Bewegung eines Elektrons

$$\begin{aligned} S_{fi} &= (2\pi)^3\delta(p'_\pm - p_\pm)\delta(\vec{p}'_\perp - \vec{p}_\perp)\frac{m}{\sqrt{p'_0 p_0}}\overline{u}(p')\gamma_\pm u(p) \quad , \\ &= (2\pi)^3\delta(p'_\pm - p_\pm)\delta(\vec{p}'_\perp - \vec{p}_\perp)\delta_{s's}\frac{p_\pm}{p_0} \quad , \\ &= (2\pi)^3\delta(\vec{p}' - \vec{p})\delta_{s's} \quad . \end{aligned} \tag{A.17}$$

A.2 Die Projektionsoperatoren ($\mathbb{1} \pm \alpha_3$)

Zum Verständnis der Projektionsoperatoren betrachtet man die Standarddarstellung einer LORENTZ-Transformation im Spinorraum [92]

$$\psi'(x') = e^{-(\mathrm{i}/4)\sigma_{\alpha\beta}y^{\alpha\beta}}\psi(x) \tag{A.18}$$

mit $\sigma_{\alpha\beta} = (\mathrm{i}/2)[\gamma_\alpha, \gamma_\beta]$. Das Argument der Exponentialfunktion ist das Produkt des Rapiditätsvektors mit den Generatoren der LORENTZ-Transformation. Für einen Boost in $\mp z$ Richtung mit der Rapidität y lautet (A.18) explizit

$$\begin{aligned} \psi'(x') &= e^{\mp\frac{y}{2}\alpha_3}\psi(x) \\ &= \cosh\left(\frac{y}{2}\right)\left(\mathbb{1} \mp \tanh\left(\frac{y}{2}\right)\alpha_3\right)\psi(x) \quad . \end{aligned} \tag{A.19}$$

Ausgedrückt durch die Energie p_0 und den Impuls $\vec{p}$ des transformierten Teilchens findet man im Hochenergielimes ($p_0 \gg m$)

$$\psi'(x') \approx \gamma\left(\mathbb{1} \pm \beta\alpha_3\right)\psi(x) \quad , \tag{A.20}$$

wobei $\beta = |\vec{p}|/p_0$ die Geschwindigkeit des Teilchens ist und $\gamma = p_0/m$. Im Vergleich mit (2.27) und (2.16) sieht man, daß die Wirkung eines geboosteten Vektors im Spinorraum (über minimale Ankopplung) direkt durch Anwendung der LORENTZ-Transformation (A.18) auf diesen Vektor erhalten wird. Der vektoriellen Natur des transformierten Objektes wird durch einen zusätzlichen Faktor 2 im Exponenten Rechnung getragen.
Im Limes $y \to \infty$ wird die Matrixstruktur der LORENTZ-Transformation zu ($\mathbb{1} \mp \alpha_3$). Bezüglich der Matrixstruktur wirkt also die Wechselwirkung wie eine LORENTZ-Transformation mit unendlich großer Rapidität auf den Spinor und projiziert so die Komponente des Spinors heraus, die in kausaler Verbindung zur Wechselwirkung steht. Für die hier betrachtete Wechselwirkung auf dem positiven Lichtkegel ist dies die Komponente $\psi_+ = (\mathbb{1} + \alpha_3)\psi$. Die Komponente, die im kausal unverbundenen Sektor des HILBERT-Raums liegt, $\psi_- = (\mathbb{1} - \alpha_3)\psi$, erfährt aufgrund der Matrixstruktur keine Wechselwirkung. Mit (A.19) ist dieses Ergebnis sofort einsichtig, da danach ψ_+ gerade die Spinorkomponente ist, die sich mit Lichtgeschwindigkeit in $-z$ Richtung bewegt – also ebenfalls auf dem positiven Lichtkegel.

A.3 FEYNMAN-Parameter

Für die mehrdimensionale Integration über Produkte der Form

$$\frac{1}{\prod_i^n A_i^{\alpha_i}} \tag{A.21}$$

erweist es sich oftmals als nützlich, den Integranden durch Einführung sogenannter FEYNMAN-Parameter x_i wie folgt umzuschreiben [48, 66, 115]

$$\frac{1}{\prod_i^n A_i^{\alpha_i}} = \frac{\Gamma(\sum_i^n \alpha_i)}{\prod_i^n \Gamma(\alpha_i)} \int_{-\infty}^{+\infty}\int_{-\infty}^{+\infty}\cdots\int_{-\infty}^{+\infty}\prod_i^n \mathrm{d}x_i \delta(1-\sum_i^n x_i)\prod_i^n \theta(x_i)\frac{\prod_i^n x_i^{\alpha_i - 1}}{(\sum_i^n A_i x_i)^{\sum_i^n \alpha_i}} \tag{A.22}$$

Die A_i sind im allgemeinen Polynome zweiten Grades des Integrationsvektors. Der Vorteil der neuen Formulierung liegt nun darin, daß der Integrand die Potenz eines einzigen Polynoms zweiten Grades ist, im Gegensatz zu dem n-fachen Produkt verschiedener Polynome im ursprüngliche Ausdruck. Mit der Translationsinvarianz des mehrdimensionalen Integrals können die winkelabhängigen Terme in $\sum_i^n A_i x_i$ zum Verschwinden gebracht werden und die endgültige Integration reduziert sich auf gewöhnliche Integrale über den Radialanteil und die FEYNMAN-Parameter.

Im folgenden wird die Identität (A.22) bewiesen. Den Beweis führen wir mittels vollständiger Induktion. Die Richtigkeit für $n = 2$ folgt mit der Integraldarstellung der Beta-Funktion [75]. Mit

$$\begin{aligned}\sum_i x_i &= x\\ \sum_i \alpha_i &= \alpha\end{aligned}$$

wird nun der Induktionsschluß von n auf $n+1$ durchgeführt:

$$\begin{aligned}\frac{1}{\prod_i^n A_i^{\alpha_i} A_{n+1}^{\alpha_{n+1}}} &= \frac{1}{A_{n+1}^{\alpha_{n+1}}}\frac{\Gamma(\alpha)}{\prod_i^n \Gamma(\alpha_i)}\int_{-\infty}^{+\infty}\int_{-\infty}^{+\infty}\cdots\int_{-\infty}^{+\infty}\prod_i^n \mathrm{d}x_i\delta(1-x)\\ &\quad \prod_i^n \theta(x_i)\frac{\prod_i^n x_i^{\alpha_i-1}}{(\sum_i^n A_i x_i)^\alpha}\quad,\\ &= \frac{\Gamma(\alpha)\Gamma(\alpha+\alpha_{n+1})}{\prod_i^n \Gamma(\alpha_i)\Gamma(\alpha)\Gamma(\alpha_{n+1})}\int_{-\infty}^{+\infty}\int_{-\infty}^{+\infty}\cdots\int_{-\infty}^{+\infty}\prod_i^n \mathrm{d}x_i\delta(1-x)\\ &\quad \prod_i^n \theta(x_i)\int_{-\infty}^{+\infty}\int_{-\infty}^{+\infty}\mathrm{d}y\mathrm{d}z\delta(1-y-z)\theta(y)\theta(z)\\ &\quad \frac{\prod_i^n x_i^{\alpha_i-1}y^{\alpha_{n+1}-1}z^{\alpha-1}}{(z\sum_i^n A_i x_i + yA_{n+1})^{\alpha+\alpha_{n+1}}}\quad.\end{aligned}$$

Wir setzen

$$\begin{aligned}zx_i &= x_i'\\ \delta(1-x) &= x'\delta(z-x')\\ \prod_i^n x_i^{\alpha_i-1} &= \frac{1}{z^{\alpha-n}}\prod_i^n x_1'^{\alpha_i-1}\\ \prod_i^n \mathrm{d}x_i &= \frac{1}{z^n}\prod \mathrm{d}x_i'\\ \theta(x_i) &= \theta(x_i'/z) = \theta(x_i')\end{aligned}$$

Die letzte Gleichung folgt mit $z > 0$. Die transformierte Gleichung lautet

$$\frac{\Gamma(\alpha+\alpha_{n+1})}{\prod_i^n \Gamma(\alpha_i)\Gamma(\alpha_{n+1})}\int_{-\infty}^{+\infty}\mathrm{d}z\theta(z)\int_{-\infty}^{+\infty}\int_{-\infty}^{+\infty}\cdots\int_{-\infty}^{+\infty}\prod_i^n \mathrm{d}x_i'\frac{x'}{z}\delta(z-x')\prod_i^n \theta(x_i')$$

$$
\begin{aligned}
&\times \int_{-\infty}^{+\infty} \mathrm{d}y\delta(1-y-z)\theta(y)\frac{\prod_i^n x_i'^{\alpha_i-1} y^{\alpha_{n+1}-1}}{(\sum_i^n A_i x_i' + yA_{n+1})^{\alpha+\alpha_{n+1}}} \\
&= \frac{\Gamma(\alpha+\alpha_{n+1})}{\prod_i^n \Gamma(\alpha_i)\Gamma(\alpha_{n+1})} \int_{-\infty}^{+\infty}\int_{-\infty}^{+\infty}\cdots\int_{-\infty}^{+\infty}\prod_i^n \mathrm{d}x_i' \int_{-\infty}^{+\infty}\mathrm{d}y\delta(1-y-x') \\
&\times \prod_i^n \theta(x_i')\theta(y)\theta(x')\frac{\prod_i^n x_i'^{\alpha_i-1} y^{\alpha_{n+1}-1}}{(\sum_i^n A_i x_i' + yA_{n+1})^{\alpha+\alpha_{n+1}}} \quad .
\end{aligned}
$$

Die Stufenfunktion $\theta(x') = \theta(\sum_i^n x_i')$ kann weggelassen werden, da sie wegen $x_i > 0$ keine zusätzliche Bedingung darstellt. Mit der Umbenennung $x_i' \longrightarrow x_i$ und $y \longrightarrow x_{n+1}$ ist (A.22) gezeigt.

A.4 Die FOURIER-Darstellungen der MACDONALD-Funktionen $K_0(x)$ und $K_1(x)$

Im Impulsraum lauten die modifizierten BESSEL- oder MACDONALD-Funktionen:

$$
\begin{aligned}
K_0(mz) &= 2\pi \int \frac{\mathrm{d}^2k}{(2\pi)^2} e^{\mathrm{i}\vec{k}\cdot\vec{z}} \frac{1}{k^2+m^2} \\
&= \int_0^\infty \mathrm{d}k J_0(kz)\frac{k}{k^2+m^2} \qquad \text{(A.23)} \\
K_1(mz) &= -\frac{1}{m}\frac{\mathrm{d}}{\mathrm{d}z}K_0(mz) \\
&= \frac{1}{m}\int_0^\infty \mathrm{d}k J_1(kz)\frac{k^2}{k^2+m^2} \\
&= -\frac{2\pi}{m}\vec{e}_z\cdot\vec{\nabla}_z \int \frac{\mathrm{d}^2k}{(2\pi)^2} e^{\mathrm{i}\vec{k}\cdot\vec{z}}\frac{1}{k^2+m^2} \\
&= -\mathrm{i}\frac{2\pi}{m}\int \frac{\mathrm{d}^2k}{(2\pi)^2} e^{\mathrm{i}\vec{k}\cdot\vec{z}}\frac{\vec{e}_z\cdot\vec{k}}{k^2+m^2} \qquad \text{(A.24)}
\end{aligned}
$$

A.5 Transformation der kovarianten Ableitung

Die kovariante Ableitung, die durch minimale Ankopplung eines elektromagnetischen Feldes erhalten wird, kann durch die folgende Identität umgeschrieben werden:

$$(i\partial_x \mp \mathrm{i}\partial_x \ln\varphi)^n = \phi^{\pm 1}(\mathrm{i}\partial_x)^n \varphi^{\mp 1} \quad . \qquad \text{(A.25)}$$

Die natürliche Erweiterung auf Potentiale, die durch eine Superposition gegeben sind, lautet

$$(\mathrm{i}\partial_x \mp \mathrm{i}\sum \partial_x \ln\varphi_i)^n = \left(\prod\varphi_i\right)^{\pm 1}(\mathrm{i}\partial_x)^n\left(\prod\varphi_i\right)^{\mp 1} \quad . \qquad \text{(A.26)}$$

Angewandt auf die DIRAC-Gleichung

$$\left[\gamma_0(\mathrm{i}\partial_t - A_0) + \gamma^3(\mathrm{i}\partial_z + A^3) + \mathrm{i}\vec{\gamma}_\perp\cdot\vec{\nabla}_\perp - m\right]\psi = 0 \qquad \text{(A.27)}$$

bedeutet das, daß gemäß

$$\begin{aligned} A_0 &= \mathrm{i}\partial_t \ln \varphi \\ A^3 &= \mathrm{i}\partial_z \ln \varphi' \end{aligned} \tag{A.28}$$

zwei neue Felder für die Raum- und die Zeitkomponente des Vektorpotentials einführt werden müssen. Mit $\partial_t = \beta\partial_z$ findet man

$$\varphi' = \varphi^{-\beta^2} \quad . \tag{A.29}$$

Eingesetzt in (A.27) ergibt sich

$$\begin{aligned} &\left[\varphi\gamma_0 \mathrm{i}\partial_t \frac{1}{\varphi} + \varphi^{\beta^2}\gamma^3 \mathrm{i}\partial_z \varphi^{-\beta^2} + \mathrm{i}\vec{\gamma}_\perp \cdot \vec{\nabla}_\perp - m\right]\psi \\ &= \left[\varphi\left(\gamma_0 \mathrm{i}\partial_t + \varphi^{-\frac{1}{\gamma^2}}\gamma^3 \mathrm{i}\partial_z \frac{1}{\varphi^{-\frac{1}{\gamma^2}}}\right)\frac{1}{\varphi} + \mathrm{i}\vec{\gamma}_\perp \cdot \vec{\nabla}_\perp - m\right]\psi \\ &= \varphi\left[\gamma_0 \mathrm{i}\partial_t + \gamma^3\left(\mathrm{i}\partial_z - \frac{1}{\beta^2\gamma^2}A^3\right) + \mathrm{i}\vec{\gamma}_\perp \cdot (\vec{\nabla}_\perp + \vec{\nabla}_\perp \ln\varphi) - m\right]\tilde{\psi} \end{aligned} \tag{A.30}$$

mit $\tilde{\psi} = \psi/\varphi$. Die Anwendung der Identität (A.25) führt demnach mit

$$\varphi(x)^{-1} = e^{\mathrm{i}\int_{-\infty}^{t} \mathrm{d}t' A_0(t',\vec{x})} \tag{A.31}$$

auf die temporale Eichung ($A_0' \equiv 0$), in der die DIRAC-Gleichung die Form (2.17) hat. In [11] wird diese Eichung *Lichtkegel*-Eichung genannt. Es ist interessant anzumerken, daß (A.25) für die Beschreibung von Bosonen und Fermionen auf die selbe Eichphase (A.31) führt, da die Identität (A.26) für beliebige Potenzen n der kovarianten Ableitung gilt.

A.6 Der ultrarelativistische Grenzwert des COULOMB-Potentials

Aus der Diskussion in Abschnitt 2.1.2 erwarten wir für den asymptotischen Ausdruck

$$\lim_{\gamma\to\infty} \frac{-Z\alpha}{\sqrt{(z+\beta t)^2 + \frac{x_\perp^2}{\gamma^2}}} = 2Z\alpha\delta(z+t)\ln(x_\perp) + \mathcal{C}(t,z) \quad . \tag{A.32}$$

Das Zeitintegral in der Eichphase ergibt im Grenzwert $\gamma \to \infty$

$$\begin{aligned} &\lim_{\gamma\to\infty}\int_{-\infty}^{t} \mathrm{d}t' \frac{-1}{\sqrt{(z+\beta t')^2 + \frac{x_\perp^2}{\gamma^2}}} = \lim_{\substack{\gamma\to\infty \\ \xi\to\infty}} \int_{-\xi}^{t} \mathrm{d}t' \frac{-1}{\sqrt{(z+\beta t')^2 + \frac{x_\perp^2}{\gamma^2}}} \\ &= \begin{cases} 2\ln x_\perp - \ln 4 - \lim\limits_{\substack{\gamma\to\infty \\ \xi\to\infty}} (\ln|z+t| + \ln\xi + 2\ln\gamma) & z+\beta t > 0 \\ \\ -\lim\limits_{\xi\to\infty} (\ln\xi - \ln|z+t|) & z+\beta t < 0 \end{cases} \end{aligned} \tag{A.33}$$

$$= -\lim_{\xi\to\infty}\int_{-\xi}^{t} \frac{\mathrm{d}t'}{|z+t'|} + \theta(z+t)\,(2\ln x_\perp - \ln 4) \quad , \tag{A.34}$$

wobei $\gamma \gg x_\perp/|z+\beta t|$ und $\beta \approx 1$ angenommen wurde. Der eingeklammerte Term im Fall $(z+t) > 0$ kann hierbei als Hauptwert des Integrals

$$\lim_{\xi\to\infty} \int_{-\xi}^{t} \frac{\mathrm{d}t'}{|z+t'|} = \lim_{\substack{\gamma\to\infty \\ \xi\to\infty}} \left[-\int_{-\xi}^{-1/\gamma} \frac{\mathrm{d}y}{y} + \int_{1/\gamma}^{z+t} \frac{\mathrm{d}y}{y} \right] \tag{A.35}$$

aufgefaßt werden. Für $\mathcal{C}$ schließt man daher

$$\mathcal{C} = \frac{-Z\alpha}{|z+t|} - Z\alpha\delta(z+t)\ln 4 \quad . \tag{A.36}$$

In [95] wurde ein Versuch vorgeführt, den asymptotischen Ausdruck über die FOURIER-Transformation von (2.16) bezüglich der z-Koordinate zu erhalten. Diese FOURIER-Transformierte lautet

$$\begin{aligned} \int \mathrm{d}z e^{ik_3 z} \frac{1}{\sqrt{(z+\beta t)^2 + \frac{x_\perp^2}{\gamma^2}}} &= e^{-ik_3\beta t} \int \mathrm{d}z e^{ik_3 z} \frac{1}{\sqrt{z^2 + \frac{x_\perp^2}{\gamma^2}}} = 2e^{-ik_3\beta t} K_0\left(\frac{k_3 x_\perp}{\gamma}\right) \\ &\overset{\gamma\to\infty}{\longrightarrow} -2e^{-ik_3 t} \ln\left(\frac{k_3 x_\perp e^C}{2\gamma}\right) \end{aligned} \tag{A.37}$$

K_0 ist die MACDONALD-Funktion. Die Größe C bezeichnet die EULERsche Konstante $C \approx 0.5772$. Analog zu (A.36) musste auch hier $\gamma \gg k_3 x_\perp \approx \omega x_\perp$ angenommen werden. Die einfache Anwendung der Lehrbuchgleichung [109] auf die Rücktransformation

$$\int \frac{\mathrm{d}k}{2\pi} \ln|k| e^{ikx} = -\frac{1}{2|x|} \tag{A.38}$$

zeigt, daß diese Methode für die Berechnung des Grenzwerts des Potentials ungeeignet ist, da (A.38) nur bis auf ein (beliebiges) Vielfaches von $\delta(x)$ bestimmt ist. Man erhält

$$\lim_{\beta\to 1} \frac{1}{\sqrt{(z+t)^2 + \frac{x_\perp^2}{\gamma^2}}} = \frac{1}{|z+t|} + g(x_\perp)\delta(z+t) \tag{A.39}$$

mit beliebigem $g(x_\perp)$.

Geht man von der vierdimensionalen FOURIER-Transformierten des Potentials aus, erhält man den richtigen Grenzwert des Potentials, sofern man zusätzlich eine YUKAWA-artige Abschirmung des Potentials bei großen Abständen annimmt.

$$A_0(k) = -(2\pi)^2 Z\alpha\delta(k_0 + \beta k_3) \frac{2}{\left(\frac{k_3}{\gamma}\right)^2 + k_\perp^2 + \mu^2} \tag{A.40}$$

Nimmt man hier den Grenzwert $|\beta| \to 1$ und führt die Rücktransformation durch, so erhält man

$$\begin{aligned} \lim_{\gamma\to\infty} A_0(x) &= -\lim_{\mu\to 0} 2Z\alpha\delta(z+t) K_0(\mu x_\perp) \\ &= 2Z\alpha\delta(z+t)\ln x_\perp + \lim_{\mu\to 0} 2Z\alpha\delta(z+t)\ln\mu \quad . \end{aligned} \tag{A.41}$$

Im letzten Schritt wurde der Faktor $\frac{1}{2}e^C$ in μ absorbiert. Der Term $\lim_{\mu\to 0} 2Z\alpha \ln \mu$ entspricht der bereits vorher auf andere Weise gefundenen divergenten Größe $\int_{-\infty}^{t} dt'\mathcal{C}$.
Es ist möglich, eine Eichtransformation zu finden, die sowohl den langreichweitigen Anteil des Potentials $1/|z+t|$ als auch $\delta(z-t)\ln 4$ (A.36) eliminiert. Sie lautet [4]

$$\psi' = e^{iZ\alpha \ln\left(\gamma(z-t)+\sqrt{\rho^2+\gamma^2(z-t)^2}\right)}\psi \quad . \tag{A.42}$$

Damit folgt für das transformierte Potential

$$A_0' = -\frac{Z\alpha\gamma}{\sqrt{\gamma^2(z+\beta t)^2 + x_\perp^2}} + \frac{Z\alpha\gamma}{\sqrt{\gamma^2(z+\beta t)^2+\rho^2}} \tag{A.43}$$

das den ultrarelativistischen Grenzwert

$$\lim_{\beta\to 1} A_0' = 2Z\alpha\delta(z+t)\ln(x_\perp) - 2Z\alpha\delta(z+t)\ln(\rho) \tag{A.44}$$

besitzt [4, 9]. Der ρ-abhängige Term kann durch eine weitere Eichtransformation

$$\psi'' = e^{i2Z\alpha\theta(z+t)\ln(\rho)}\psi' \tag{A.45}$$

zum Verschwinden gebracht werden.
Die physikalische Deutung der Eichtransformation ist evident: (A.43) entspricht dem Potential eines Dipols, dessen Ladungen sich bei $\vec{r}_1 = (z+\beta t, \vec{x}_\perp)$ und $\vec{r}_2 = (z+\beta t, \vec{\rho})$ befinden. Da der Dipol in großer Entfernung neutral erscheint, besitzt das Gesamtpotential keinen langreichweitigen Anteil.
Die Wahl des Transversalabstandes $\vec{\rho}$ des fiktiven Dipol-Partners ist willkürlich. Die erhaltenene Wechselwirkung ist somit invariant gegenüber Skalentransformationen der transversalen Koordinaten.

A.7 Konstruktion der Streulösung über die AICHELBURG-SEXL Metrik

Mit dem kurzreichweitigen Potential (A.43) entwickelt die Eichphase der temporalen Eichung im Hochenergielimes eine Sprungfunktion $\theta(x_+)$. Die Trajektorie des Ions (positiver Lichtkegel) separiert somit zwei Raumbereiche mit unterschiedlichen Eichungen. Dies kann auch dadurch ausgedrückt werden, daß eine Ladung auf dem positiven Lichtkegel die folgende Metrik induziert [4, 57]

$$\vec{x}_\perp^{>} = \vec{x}_\perp^{<} = \vec{x}_\perp \quad , \tag{A.46}$$

$$z^{>} = z^{<} - \frac{2Z\alpha \ln x_\perp}{p_+} \quad , \tag{A.47}$$

$$t^{>} = t^{<} + \frac{2Z\alpha \ln x_\perp}{p_+} \quad , \tag{A.48}$$

wobei die hochgestellten Indizes < bzw. > $t < -z$, bzw. $t > -z$ bedeuten. Die freie ebene Welle wird also beim Überqueren des Lichtkegels zu

$$e^{-\mathrm{i}x_- p_{i+} + \mathrm{i}\vec{x}_\perp \cdot \vec{p}_{i\perp}} \sqrt{\frac{m}{p_{i0}}} u(p_i) \bigg|_{x_+=0^-} \to e^{-\mathrm{i}x_- p_{i+} + \mathrm{i}\vec{x}_\perp \cdot \vec{p}_{i\perp} - \mathrm{i}2Z\alpha \ln x_\perp} \sqrt{\frac{m}{p_{i0}}} u(p_i) \bigg|_{x_+=0^+} \tag{A.49}$$

Die Entwicklung des Spinors nach ebenen Wellen, wobei die Ersetzung $\mathrm{d}^3 p_f \to \mathrm{d}p_{f+}\mathrm{d}^2 p_{f\perp}$ zu beachten ist [112], liefert

$$\psi(x_+ = 0^+) = \int \frac{\mathrm{d}p_{f+}\mathrm{d}^2 p_{f\perp}}{(2\pi)^3} A(p_f, p_i) e^{-\mathrm{i}p_{f+}x_- + \mathrm{i}\vec{p}_{f\perp}\cdot\vec{x}_\perp} \sqrt{\frac{m}{p_{i0}}} u(p_i) \tag{A.50}$$

mit

$$A(p_f, p_i) = 2\pi\delta(p_{f+} - p_{i+}) \int \mathrm{d}^2 x_\perp e^{-\mathrm{i}\vec{x}_\perp\cdot(\vec{p}_{f\perp} - \vec{p}_{i\perp})} e^{-\mathrm{i}2Z\alpha \ln x_\perp} \quad . \tag{A.51}$$

Da das Elektron für $x_+ > 0$ frei propagiert, läßt sich aus (A.50) mit der Massenschalenbedingung für den negativen Lichtkegelimpuls die Wellenfunktion für den gesamten Raumbereich $x_+ > 0$ konstruieren. Man findet

$$\begin{aligned} \psi(x^>) &= \int \frac{\mathrm{d}^2 p_{f\perp}}{(2\pi)^2} e^{-\mathrm{i}p_{i+}x_- - \mathrm{i}(p_{f\perp}^2 + m^2)/p_{i+}x_+ + \mathrm{i}\vec{p}_{f\perp}\cdot\vec{x}_\perp} \\ &\quad \times \int \mathrm{d}^2 y_\perp e^{-\mathrm{i}\vec{y}_\perp\cdot(\vec{p}_{f\perp} - \vec{p}_{i\perp})} e^{-\mathrm{i}2Z\alpha \ln y_\perp} \sqrt{\frac{m}{p_{i0}}} u(p_i) \end{aligned} \tag{A.52}$$

in Übereinstimmung mit (2.45).

A.8 Die Rolle der Potential-Pole

Die Wechselwirkung in dritter Ordnung mit dem äußeren Feld, Abbildung A.1, lautet

$$\begin{aligned} \mathcal{M}^{(3)} &= \int \frac{\mathrm{d}^4 k^{(1)} \mathrm{d}^4 k^{(2)} \mathrm{d}^4 k^{(3)}}{(2\pi)^8} \delta(p_f - p_i - k^{(1)} - k^{(2)} - k^{(3)}) \\ &\quad \times \frac{\delta(k_0^{(1)} + \beta k_3^{(1)})\delta(k_0^{(2)} + \beta k_3^{(2)})\delta(k_0^{(3)} + \beta k_3^{(3)})(8\pi^2 Z\alpha)^3}{\left[\left(\frac{k_3^{(1)}}{\gamma}\right)^2 + k_\perp^{(1)2}\right]\left[\left(\frac{k_3^{(2)}}{\gamma}\right)^2 + k_\perp^{(2)2}\right]\left[\left(\frac{k_3^{(3)}}{\gamma}\right)^2 + k_\perp^{(3)2}\right]} \\ &\quad \times \overline{u}(p_f) \frac{\gamma_0(\mathbb{1} + \beta\alpha_3)(\not{p}_f - \not{k}^{(3)} + m)\gamma_0(\mathbb{1} + \beta\alpha_3)}{[(p_f - k^{(3)})^2 - m^2 + \mathrm{i}\epsilon]} \\ &\quad \times \frac{(\not{p}_i + \not{k}^{(1)} + m)\gamma_0(\mathbb{1} + \beta\alpha_3)}{[(p_i + k^{(1)})^2 - m^2 + \mathrm{i}\epsilon]} u(p_i) \quad . \end{aligned} \tag{A.53}$$

Die DIRAC-Matrix lautet in der Ordnung $\mathcal{O}(1/\gamma^2)$

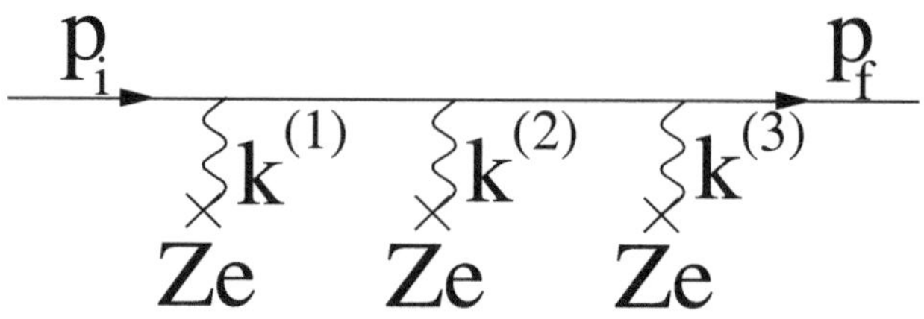

Abbildung A.1: Wechselwirkung in dritter Ordnung mit dem äußeren Feld.

$$\begin{aligned}\widehat{M}(k^{(1)},k^{(3)}) &= 4\gamma_+P_+K_+ - \gamma_+\frac{3P_+K_+}{\gamma^2}\\ &-\gamma_+\frac{P_+}{\gamma^2}(\vec{K}_\perp\cdot\vec{\alpha}_\perp - m\gamma_0) + \frac{K_+}{\gamma^2}(-\vec{P}_\perp\cdot\vec{\alpha}_\perp + m\gamma_0)\gamma_-\\ &+\frac{1}{\gamma^2}(\vec{P}_\perp\cdot\vec{\alpha}_\perp\vec{K}_\perp\cdot\vec{\alpha}_\perp + m\gamma_0(\vec{P}_\perp\cdot\vec{\alpha}_\perp - \vec{K}_\perp\cdot\vec{\alpha}_\perp) + m^2)\gamma_+ \end{aligned}\qquad (A.54)$$

mit $P = p_i + k^{(1)}$ und $K = p_f - k^{(3)}$. Die Integrationen über die Photonenergien liefern

$$\begin{aligned}\mathcal{M}^{(3)} &= \int \frac{\mathrm{d}^2k_\perp^{(1)}\mathrm{d}^2k_\perp^{(2)}\mathrm{d}^2k_\perp^{(3)}}{(2\pi)^8}\mathrm{d}k_3^{(1)}\mathrm{d}k_3^{(2)}\mathrm{d}k_3^{(3)}\\ &\times(8\pi^2Z\alpha)^3\delta(\vec{p}_{f\perp} - \vec{p}_{i\perp} - \vec{k}_\perp^{(1)} - \vec{k}_\perp^{(2)} - \vec{k}_\perp^{(3)})\gamma^{10}\\ &\times\frac{\delta(p_{f0} - p_{i0} + \beta(k_3^{(1)} + k_3^{(2)} + k_3^{(3)}))\delta(p_{f3} - p_{i3} - k_3^{(1)} - k_3^{(2)} - k_3^{(3)})}{\left[k_3^{(1)2} + \gamma^2k_\perp^{(1)2}\right]\left[k_3^{(2)2} + \gamma^2k_\perp^{(2)2}\right]\left[k_3^{(3)2} + \gamma^2k_\perp^{(3)2}\right]}\\ &\times\frac{\overline{u}(p_f)\widehat{M}(k^{(1)},k^{(3)})u(p_i)}{\left[k_3^{(3)2} - 2\gamma^2(\beta p_{f0} + p_{f3})k_3^{(3)} - \gamma^2(2\vec{p}_{f\perp}\cdot\vec{k}_\perp^{(3)} - k_\perp^{(3)2}) - \mathrm{i}\epsilon\right]}\\ &\times\frac{1}{\left[k_3^{(1)2} + 2\gamma^2(\beta p_{i0} + p_{i3})k_3^{(1)} + \gamma^2(2\vec{p}_{i\perp}\cdot\vec{k}_\perp^{(1)} + k_\perp^{(1)2}) - \mathrm{i}\epsilon\right]}\quad . \end{aligned}\qquad (A.55)$$

Für die Auswertung der $k_3^{(i)}$-Integrationen werden die δ-Funktionen für die Energie- und die Longitudinalimpulserhaltung durch ihre FOURIER-Darstellungen ersetzt

$$\begin{aligned}&\delta(p_{f0} - p_{i0} + \beta(k_3^{(1)} + k_3^{(2)} + k_3^{(3)}))\delta(p_{f3} - p_{i3} - k_3^{(1)} - k_3^{(2)} - k_3^{(3)})\\ &= \int\frac{\mathrm{d}x}{(2\pi)}\frac{\mathrm{d}y}{(2\pi)}e^{\mathrm{i}x(p_{f0}-p_{i0})}e^{\mathrm{i}y(p_{f3}-p_{i3})}e^{\mathrm{i}(\beta x-y)(k_3^{(1)}+k_3^{(2)}+k_3^{(3)})}\end{aligned}\qquad (A.56)$$

und die Integrationen über x und y mit den Longitudinalimpulsintegrationen vertauscht. Für $(\beta x - y) > 0$ werden die Integrationskonturen in der oberen Halbebene geschlossen, für $(\beta x - y) < 0$ entsprechend in der unteren. In den Integrationsgebieten liegen jeweils zwei $k_3^{(1)}$ bzw. $k_3^{(3)}$ Pole und ein $k_3^{(2)}$ Pol, so daß das Ergebnis der Impulsintegrationen für die Bereiche $\beta x > y$ bzw. $\beta x < y$ in jeweils vier Terme zerfällt. Wie sich direkt nachprüfen läßt ist $\widehat{M}(k^{(1)},k^{(3)})$ in den Propagator-Polen $k_3^{(1)} = \frac{1}{2}(2\vec{p}_{i\perp}\cdot\vec{k}_\perp^{(1)} + k_\perp^{(1)2})/(\beta p_{i0} + p_{i3}) - 2\gamma^2(\beta p_{i0} + p_{i3}) - \mathrm{i}\epsilon$ bzw. $k_3^{(3)} = \frac{1}{2}(2\vec{p}_{f\perp}\cdot\vec{k}_\perp^{(3)} + k_\perp^{(3)2})/(\beta p_{f0} + p_{f3}) + 2\gamma^2(\beta p_{f0} + p_{f3}) + \mathrm{i}\epsilon$ von der Ordnung $\mathcal{O}(1/\gamma^2)$, so daß jeweils zwei Terme direkt vernachlässigt werden können. In den verbleibenden Termen hat $\widehat{M}(k^{(1)},k^{(3)})$ die Form $\widehat{M}(k^{(1)},k^{(3)}) = 4\gamma_+ p_{f+} p_{i+} + \mathcal{O}(1/\gamma)$, wobei die Anteile $\sim 1/\gamma$ von den Transversalimpulsen $\vec{k}_\perp^{(1)}$ und $\vec{k}_\perp^{(3)}$ abhängen. In führender Ordnung erhält man $(\widehat{M}(k^{(1)},k^{(3)}) \approx \widehat{M}(k_3^{(1)},k_3^{(3)}))$

$$
\begin{aligned}
M^{(3)} &= \int \frac{\mathrm{d}^2k_\perp^{(1)}\mathrm{d}^2k_\perp^{(2)}\mathrm{d}^2k_\perp^{(3)}}{(2\pi)^8}(8\pi^2 Z\alpha)^3\delta(\vec{p}_{f\perp}-\vec{p}_{i\perp}-\vec{k}_\perp^{(1)}-\vec{k}_\perp^{(2)}-\vec{k}_\perp^{(3)})\gamma^{10}(2\pi\mathrm{i})^3 \\
&\times\Bigg\{\int_{-\infty}^{\infty}\frac{\mathrm{d}x}{(2\pi)}\int_{-\infty}^{\beta x}\frac{\mathrm{d}y}{(2\pi)}\frac{e^{\mathrm{i}x(p_{f0}-p_{i0})+\mathrm{i}y(p_{f3}-p_{i3})-k_\perp^{(2)}\gamma(\beta x-y)}}{2\mathrm{i}k_\perp^{(2)}\gamma} \\
&\times\Bigg[\frac{e^{-k_\perp^{(1)}\gamma(\beta x-y)-k_\perp^{(3)}\gamma(\beta x-y)}}{(2\mathrm{i}k_\perp^{(1)}\gamma)(2\mathrm{i}k_\perp^{(3)}\gamma)} \\
&\times\frac{\overline{u}(p_f)\widehat{M}(\mathrm{i}k_\perp^{(1)}\gamma,\mathrm{i}k_\perp^{(3)}\gamma)u(p_i)}{\left[-k_\perp^{(3)2}\gamma^2-2\mathrm{i}\gamma^3(\beta p_{f0}+p_{f3})k_\perp^{(3)}-\gamma^2(2\vec{p}_{f\perp}\cdot\vec{k}_\perp^{(3)}-k_\perp^{(3)2})\right]} \\
&\times\frac{1}{\left[-k_\perp^{(1)2}\gamma^2+2\mathrm{i}\gamma^3(\beta p_{i0}+p_{i3})k_\perp^{(1)}+\gamma^2(2\vec{p}_{i\perp}\cdot\vec{k}_\perp^{(1)}+k_\perp^{(1)2})\right]} \\
&+\frac{e^{-\mathrm{i}\frac{1}{2}(2\vec{p}_{i\perp}\cdot\vec{k}_\perp^{(1)}+k_\perp^{(1)2})/(\beta p_{i0}+p_{i3})(\beta x-y)-k_\perp^{(3)}\gamma(\beta x-y)}}{(2\mathrm{i}k_\perp^{(3)}\gamma)(-2\gamma^2(\beta p_{i0}+p_{i3})-(2\vec{p}_{i\perp}\cdot\vec{k}_\perp^{(1)}+k_\perp^{(1)2})/(\beta p_{i0}+p_{i3}))} \\
&\times\frac{\overline{u}(p_f)\widehat{M}(-\mathrm{i}\frac{1}{2}(2\vec{p}_{i\perp}\cdot\vec{k}_\perp^{(1)}+k_\perp^{(1)2})/(\beta p_{i0}+p_{i3}),\mathrm{i}k_\perp^{(3)}\gamma)u(p_i)}{\left[-k_\perp^{(3)2}\gamma^2-2\mathrm{i}\gamma^3(\beta p_{f0}+p_{f3})k_\perp^{(3)}-\gamma^2(2\vec{p}_{f\perp}\cdot\vec{k}_\perp^{(3)}-k_\perp^{(3)2})\right]} \\
&\times\frac{1}{\left[\left(\frac{1}{2}(2\vec{p}_{i\perp}\cdot\vec{k}_\perp^{(1)}+k_\perp^{(1)2})/(\beta p_{i0}+p_{i3})\right)^2+k_\perp^{(1)2}\gamma^2\right]}\Bigg] \\
&-\int_{-\infty}^{\infty}\frac{\mathrm{d}x}{(2\pi)}\int_{\beta x}^{\infty}\frac{\mathrm{d}y}{(2\pi)}\frac{e^{\mathrm{i}x(p_{f0}-p_{i0})+\mathrm{i}y(p_{f3}-p_{i3})+k_\perp^{(2)}\gamma(\beta x-y)}}{-2\mathrm{i}k_\perp^{(2)}\gamma} \\
&\times\Bigg[\frac{e^{k_\perp^{(1)}\gamma(\beta x-y)+k_\perp^{(3)}\gamma(\beta x-y)}}{(-2\mathrm{i}k_\perp^{(1)}\gamma)(-2\mathrm{i}k_\perp^{(3)}\gamma)} \\
&\times\frac{\overline{u}(p_f)\widehat{M}(-\mathrm{i}k_\perp^{(1)}\gamma,-\mathrm{i}k_\perp^{(3)}\gamma)u(p_i)}{\left[-k_\perp^{(3)2}\gamma^2+2\mathrm{i}\gamma^3(\beta p_{f0}+p_{f3})k_\perp^{(3)}-\gamma^2(2\vec{p}_{f\perp}\cdot\vec{k}_\perp^{(3)}-k_\perp^{(3)2})\right]} \\
&\times\frac{1}{\left[-k_\perp^{(1)2}\gamma^2-2\mathrm{i}\gamma^3(\beta p_{i0}+p_{i3})k_\perp^{(1)}+\gamma^2(2\vec{p}_{i\perp}\cdot\vec{k}_\perp^{(1)}+k_\perp^{(1)2})\right]} \\
&+\frac{e^{k_\perp^{(1)}\gamma(\beta x-y)-\mathrm{i}\frac{1}{2}(2\vec{p}_{f\perp}\cdot\vec{k}_\perp^{(3)}+k_\perp^{(3)2})/(\beta p_{f0}+p_{f3})(\beta x-y)}}{(-2\mathrm{i}k_\perp^{(1)}\gamma)(-2\gamma^2(\beta p_{f0}+p_{f3})-(2\vec{p}_{f\perp}\cdot\vec{k}_\perp^{(3)}-k_\perp^{(3)2})/(\beta p_{f0}+p_{f3}))}
\end{aligned}
$$

$$\times \frac{\overline{u}(p_f)\widehat{M}(-\mathrm{i}k_\perp^{(1)}\gamma, -\mathrm{i}\frac{1}{2}(2\vec{p}_{f\perp}\cdot\vec{k}_\perp^{(3)} - k_\perp^{(3)2})/(\beta p_{f0}+p_{f3}))u(p_i)}{\left[\left(\frac{1}{2}(2\vec{p}_{f\perp}\cdot\vec{k}_\perp^{(3)} - k_\perp^{(3)2})/(\beta p_{f0}+p_{f3})\right)^2 + k_\perp^{(3)2}\gamma^2\right]}$$

$$\left.\left.\times \frac{1}{\left[-k_\perp^{(1)2}\gamma^2 - 2\mathrm{i}\gamma^3(\beta p_{i0}+p_{i3})k_\perp^{(1)} + \gamma^2(2\vec{p}_{i\perp}\cdot\vec{k}_\perp^{(1)} + k_\perp^{(1)2})\right]}\right]\right\} \tag{A.57}$$

Das Verhalten von $\widehat{M}$ deckt sich mit der Beobachtung in [132], daß die Terme, in denen die Schleifenimpulse im Zähler auftreten, im Hochenergielimes nicht beitragen. Weiterhin bemerken wir, daß wegen

$$\frac{\gamma^2}{\left[k_3^{(1)2} + 2\gamma^2(\beta p_{i0}+p_{i3})k_3^{(1)} + \gamma^2(2\vec{p}_{i\perp}\cdot\vec{k}_\perp^{(1)} + k_\perp^{(1)2})\right]}$$
$$\approx \frac{1}{2p_{i+}(k_3^{(1)} + (2\vec{p}_{i\perp}\cdot\vec{k}_\perp^{(1)} + k_\perp^{(1)2})/(2p_{i+}))} \tag{A.58}$$

(analog für $k_3^{(3)}$) im Rahmen der gemachten Näherung die Elektron-Propagatoren sowie die Matrixstruktur direkt durch ihre Ausdrücke für $\beta \to 1$ ersetzt werden können. In [81] wurde entsprechend die Rechnung direkt mit Eikonal-Propagatoren (siehe 2.109) durchgeführt.
Die Ausführung der x- und y-Integrale liefert (2.85), wenn im Anschluß an die Rechnung der Grenzwert $\gamma \to \infty$ gebildet wird.

A.9 Die Streuung in höherer Ordnung

A.9.1 Elektronstreuung in zweiter Ordnung

In zweiter Ordnung stellen die Diagramme A.2

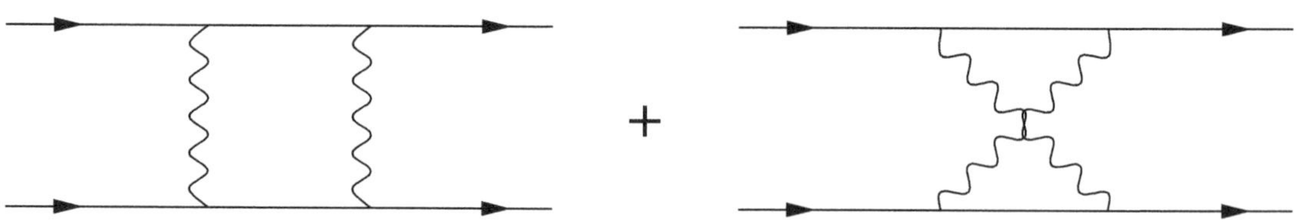

Abbildung A.2: Elastische Zweiteilchen-Streuung in zweiter Ordnung.

alle möglichen Zeitordnungen dar. Unter der Annahme, daß das obere Teilchen einen großen negativen Lichtkegelimpuls besitzt, ergibt sich mit (2.109), daß entlang der oberen Linie über k_+ zu integrieren ist. Die Summe beider Zeitordnungen führt auf

$$\sim \int \mathrm{d}k_+ \left(\frac{1}{k_+ + \mathrm{i}\epsilon} - \frac{1}{k_+ - \mathrm{i}\epsilon}\right) = -2\pi\mathrm{i} \tag{A.59}$$

Die einzelnen Summanden erlauben jeweils nicht, das Integral mit Hilfe des Residuensatzes zu lösen da der Integrand zu schwach abfällt. Die Summe

$$\frac{1}{k_+ + \mathrm{i}\epsilon} - \frac{1}{k_+ - \mathrm{i}\epsilon} = -\frac{2\mathrm{i}\epsilon}{k_+^2 - \epsilon^2} \stackrel{\epsilon\to 0}{\to} -2\pi\mathrm{i}\delta(k_+) \tag{A.60}$$

erlaubt hingegen, die Integrationskontur in der oberen, bzw. unteren Halbebene zu schließen. Werden die einzelnen Summanden mit Hilfe der DIRAC-Identität (2.91) umgeschrieben heben sich in der Summe die Hauptwertanteile weg. In [132] wurde bereits die Beobachtung gemacht, daß in der Summe aller Zeitordnungen logarithmische Glieder (entsprechend den Hauptwertanteilen) in der Amplitude herausfallen. Dieses Resultat ist im Einklang mit der geforderten Eichinvarianz, die ihrerseits natürlich die Berücksichtigung aller Permutationen voraussetzt [33, 35, 40]. Diese Erfahrung erlaubt es nun, von vornherein den Integrationsweg derart zu deformieren, daß im Falle der Elektronstreuung die Pole in der unteren, im Falle der Positronstreuung die Pole in der oberen Halbebene umschlossen werden (Abbildung A.3 [78].

Abbildung A.3: Deformation der Integrationskontur im Fall der Elektronstreuung unter Ausnutzung der Eichinvarianz.

Im Fall eines n-Photonen-Austauschs können die $n-1$ Integrale über alle Propagatoren auf jeweils einen Propagator zurückgezogen werden

$$\int \prod_i \mathrm{d}k_+^{(i)} \prod_j S_F^{(j)} \stackrel{\text{Eichinvarianz}}{\longrightarrow} \frac{1}{n!} \prod_i \int \mathrm{d}k_+^{(i)} S_F^{(i)} \tag{A.61}$$

was die Rechnung stark vereinfacht. So ist in dieser Darstellung der Übergang zu einem $n+m$ fachen Photonen-Austausch trivial.

A.9.2 Die Identität (2.96)

In diesem Anhang wird die Identität

$$\sum_\sigma \delta(\sum_{i=1}^n x_i) \prod_{i=1}^{n-1} \frac{1}{\sum_{j=1}^i x_{\sigma j} + \mathrm{i}\epsilon} = (-2\pi\mathrm{i})^{n-1} \prod_{i=1}^n \delta(x_i) \tag{A.62}$$

gezeigt.
Zum Beweis geht man von den FOURIER-Darstellungen der einzelnen Faktoren

$$\frac{1}{x+\mathrm{i}\epsilon} = -\mathrm{i}\int \mathrm{d}\tau\theta(\tau)e^{\mathrm{i}x\tau} \tag{A.63}$$

$$\delta(\sum_i x_i) = \frac{1}{2\pi}\int \mathrm{d}\tau e^{\mathrm{i}(\sum_i x_i)\tau} \tag{A.64}$$

aus. Einsetzen in die linke Seite von (A.62) ergibt

$$\sum_{\sigma} \frac{(-\mathrm{i})^{n-1}}{2\pi} \int \mathrm{d}\tau e^{\mathrm{i}(\sum_i x_i)\tau} \int \prod_{i=1}^{n-1} \mathrm{d}\tau_i \theta(\tau_i) e^{\mathrm{i}(\sum_{j=1}^{i} x_{\sigma j})\tau_i} \tag{A.65}$$

Mit $\tau \equiv \tau_n$ und einfachem Umsortieren im Argument der zweiten Exponentialfunktion erhält man

$$\sum_{\sigma} \frac{(-\mathrm{i})^{n-1}}{2\pi} \int \mathrm{d}\tau_n \prod_{i=1}^{n-1} \mathrm{d}\tau_i \theta(\tau_i) e^{\mathrm{i}\sum_{j=1}^{n} x_{\sigma j} \sum_{k=j}^{n} \tau_k} \tag{A.66}$$

Umtransformation auf die Variablen $\sum_{k=j}^{n} \tau_k = -t_j$ liefert

$$\sum_{\sigma} \frac{(-\mathrm{i})^{n-1}}{2\pi} \int \prod_{i=1}^{n} \mathrm{d}t_i e^{-\mathrm{i}\sum_{j=1}^{n} x_{\sigma j} t_j} \qquad t_n > t_{n-1} > \ldots > t_1 \tag{A.67}$$

Die Summe über alle Permutationen eliminiert die Zeitordnung und man kann über alle Variablen unabhängig integrieren, was auf die rechte Seite von (A.62) führt. Die Eliminierung der Zeitordnungen läßt sich leicht für $n = 2$ zeigen und folgt für größere n analog.

$$\int \mathrm{d}t_1 \mathrm{d}t_2 \theta(t_2 - t_1) e^{-\mathrm{i}(x_1 t_1 + x_2 t_2)} + \int \mathrm{d}t_1 \mathrm{d}t_2 \theta(t_2 - t_1) e^{-\mathrm{i}(x_1 t_2 + x_2 t_1)} \tag{A.68}$$

$$= \int \mathrm{d}t_1 \mathrm{d}t_2 e^{-\mathrm{i}(x_1 t_1 + x_2 t_2)} \left(\theta(t_2 - t_1) + \theta(t_1 - t_2)\right)$$

$$= \int \mathrm{d}t_1 \mathrm{d}t_2 e^{-\mathrm{i}(x_1 t_1 + x_2 t_2)} = (2\pi)^2 \delta(k_1)\delta(k_2) \tag{A.69}$$

mit $\theta(t_2 - t_1) + \theta(t_1 - t_2) = 1$.

A.10 Elektron-Elektron Streuung

Gegenstand der Betrachtung soll hier die Streuung zweier Elektronen im Grenzfall unendlicher Stoßenergie sein. Für die Rechnung transformieren wir zunächst in das System in dem beide Teilchen ultrarelativistisch sind und der Impulsübertrag rein transversal ist, danach wird die Rechnung in einem Bezugsystem angegeben, in dem nur eines der Elektronen ultrarelativistisch ist.

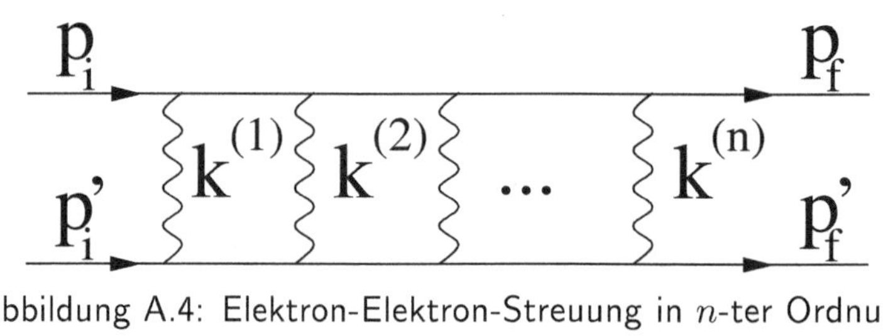

Abbildung A.4: Elektron-Elektron-Streuung in n-ter Ordnung

Hierbei werden als ausgetauschte *Einheiten* zwischen den äußeren Linien nur Photonen zugelassen. Der Austausch beliebiger, komplizierter Einheiten wie etwa ein- oder mehrfache

Fermion- oder Bosonschleifen, was unter anderem zu den sogenannten Turmdiagrammen führt, wird in [36, 46, 47] behandelt. Die geforderte Eichinvarianz der Amplitude verlangt die Berücksichtigung aller $n!$ Permutationen der ausgetauschten Photonen.
Die Anwendung der FEYNMAN-Regeln auf das Diagramm (A.4) liefert für die Amplitude:

$$
\begin{aligned}
\mathcal{M}^{(n)} &= \mathrm{i}\sum_{\sigma}\int\prod_{i=1}^{n}\frac{\mathrm{d}^4k^{(i)}}{(2\pi)^4}(2\pi)^4\delta(\sum_{i=1}^{n}k^{(i)}-q)\prod_{i=1}^{n}\frac{-\mathrm{i}g^{\mu_{\sigma i}\nu_i}}{k^{(\sigma i)2}-\mu^2+\mathrm{i}\epsilon}\\
&\times\left[\overline{u}(p_f)\left(\prod_{i=0}^{n-2}(-\mathrm{i}e\gamma_{\mu_{\sigma n-i}})\mathrm{i}\frac{\not p_i+\sum_{j=1}^{n-i-1}\not k^{(\sigma_j)}+m}{(p_i+\sum_{j=1}^{n-i-1}k^{(\sigma_j)})^2-m^2+\mathrm{i}\epsilon}\right)(-\mathrm{i}e\gamma_{\mu_{\sigma_1}})u(p_i)\right]\\
&\times\left[\overline{u}(p'_f)\left(\prod_{i=0}^{n-2}(-\mathrm{i}e\gamma_{\nu_{n-i}})\mathrm{i}\frac{\not p'_i-\sum_{j=1}^{n-i-1}\not k^{(j)}+m}{(p'_i-\sum_{j=1}^{n-i-1}k^{(j)})^2-m^2+\mathrm{i}\epsilon}\right)(-\mathrm{i}e\gamma_{\nu_1})u(p'_i)\right] \qquad \text{(A.70)}
\end{aligned}
$$

Die äußere Summe läuft über alle Permutationen σ. Entsprechend einer YUKAWA-artig abgeschirmten Elektronenladung wird den ausgetauschten Photonen eine Masse μ zugewiesen. Für die Photonenpropagatoren wurde die FEYNMAN-Eichung gewählt, $q = (0, \vec{q}_\perp, 0)$ ist der nach Voraussetzung transversale Gesamtimpulsübertrag. Je nach der Bewegungsrichtung haben die Elektronen einen großen positiven Lichtkegelimpuls $p_{i+} \gg m$ bei verschwindendem negativen Lichtkegelimpuls und umgekehrt. Unter der Voraussetzung, daß der Impulsübertrag gegenüber den Elektronenenergien vernachlässigbar ist, können die Elektronpropagatoren jeweils durch die Eikonal-Propagatoren (2.109) genähert werden.
Aus Symmetriegründen genügt es, weiterhin nur eine Elektronenlinie zu betrachten. Analog zu (2.111) läßt sich die Matrixstruktur entlang der Elektronenlinien vereinfachen. Mit (A.1) überlebt in $\gamma_\pm\gamma_\mu\gamma_\pm$ nur die $\mp$-Komponente von γ_μ und es gilt

$$
\overline{u}(p_f)\gamma_{\mu_n}\frac{1}{2}\gamma_\mp\gamma_{\mu_{n-1}}\frac{1}{2}\gamma_\mp\times\cdots\times\frac{1}{2}\gamma_\mp\gamma_{\mu_1}u(p_i)\rightarrow\frac{1}{2}2^n\overline{u}(p_f)\gamma_\pm u(p_i) \quad . \qquad \text{(A.71)}
$$

Nach Transformation des Volumenelements auf Lichtkegelvariablen lautet die Amplitude

$$
\begin{aligned}
\mathcal{M}^{(n)} &= -\mathrm{i}\sum_{\sigma}\int\prod_{i=1}^{n}\frac{\mathrm{d}k_+^{(i)}\mathrm{d}k_-^{(i)}\mathrm{d}^2k_\perp^{(i)}}{2(2\pi)^4}2(2\pi)^4\delta(\sum_{i=1}^{n}\vec{k}_\perp^{(i)}-\vec{q}_\perp)\times\prod_{i=1}^{n}\frac{-4\pi\mathrm{i}\alpha}{k^{(i)2}-\mu^2+\mathrm{i}\epsilon}\frac{1}{4}2^n\\
&\times\delta(\sum_{i=1}^{n}k_+^{(i)})\prod_{i=1}^{n-1}\frac{1}{\sum_{j=1}^{i}k_+^{(\sigma j)}+\mathrm{i}\epsilon}\delta(\sum_{i=1}^{n}k_-^{(i)})\prod_{i=1}^{n-1}\frac{1}{\sum_{j=1}^{i}k_-^{(j)}+\mathrm{i}\epsilon}\\
&\times[\overline{u}(p_f)\gamma_+u(p_i)][\overline{u}(p'_f)\gamma_-u(p'_i)] \quad . \qquad \text{(A.72)}
\end{aligned}
$$

Zuletzt wurde ein zusätzlicher Faktor 2^{-n} eingeführt, der von den metrischen Tensoren der Photonpropagatoren herrührt, z.B. $(\gamma_+\gamma_\mu\gamma_+)g^{\mu\nu}(\gamma_-\gamma_\nu\gamma_-) = (\gamma_+\gamma_-\gamma_+)g^{+-}(\gamma_-\gamma_-\gamma_-)$, mit $g^{+-} = 1/2$. Die Produkte über die Elektronpropagatoren werden mit (2.96) umgeschrieben. Aus Symmetriegründen kann diese Methode für beide Elektronlinien angewandt werden. Da jedoch in beiden Fällen $n!$ Permutationen betrachtet werden – insgesamt also $n!^2$ – muß ein zusätzlicher Faktor $1/n!$ eingeführt werden. Die durch die Permutationen erzielte Addition von $n!$ prinzipiell identischen Termen und die anschließende Division durch $n!$ dient lediglich der Symmetrisierung der auftretenden Integrale [40, 108].

Die Amplitude lautet schließlich

$$\mathcal{M}^{(n)} = \mathrm{i}\frac{1}{2}\frac{1}{n!}\left\{\int\prod_{i=1}^{n}\frac{\mathrm{d}^2k_\perp^{(i)}}{(2\pi)^2}(2\pi)^2\delta(\sum_{i=1}^{n}\vec{k}_\perp^{(i)}-\vec{q}_\perp)\prod_{i=1}^{n}\frac{-4\pi\mathrm{i}\alpha}{k_\perp^{(i)2}+\mu^2}\right\}$$
$$\times[\overline{u}(p_f)\gamma_+u(p_i)][\overline{u}(p_f')\gamma_-u(p_i')] \quad . \tag{A.73}$$

Die Aufsummation aller Ordnungen liefert letztlich mit (2.106)

$$\mathcal{M} = \mathrm{i}\frac{1}{2}\int\frac{\mathrm{d}^2x_\perp}{(2\pi)^2}e^{-\mathrm{i}\vec{x}_\perp\cdot\vec{q}_\perp}\left(e^{-2\mathrm{i}\alpha K_0(\mu x)}-1\right)[\overline{u}(p_f)\gamma_+u(p_i)][\overline{u}(p_f')\gamma_-u(p_i')] \quad . \tag{A.74}$$

Es ist nun der Fall zu betrachten, daß nur eines der streuenden Teilchen schnell ist und das jeweils andere im betrachteten Bezugsystem langsam ist oder ruht. Die Beschreibung des schnellen Teilchens, hier das untere, erfolgt entlang der oben vorgeführten Methode, so daß wir nach Anwendung der Identität (2.96) folgenden Ausdruck erhalten:

$$\mathcal{M}^{(n)} = \int\prod_{i=1}^{n}\frac{\mathrm{d}k_-^{(i)}\mathrm{d}k_+^{(i)}\mathrm{d}^2k_\perp^{(i)}}{2(2\pi)^3}(2\pi)^3\delta(\sum_{i=1}^{n}k_-^{(i)})\delta(\sum_{i=1}^{n}\vec{k}_\perp^{(i)}-\vec{q}_\perp)\prod_{i=1}^{n}\delta(k_+^{(i)})\prod_{i=1}^{n}\frac{-4\pi\alpha}{k_\perp^{(i)2}+\mu^2}$$
$$\times[\overline{u}(p_f')\gamma_+u(p_i')]\left[\overline{u}(p_f)\left(\prod_{i=1}^{n-1}\gamma_-\frac{\not{p}_i+\sum_{j=1}^{n-i}\not{k}^{(j)}+m}{(p_i+\sum_{j=1}^{n-i}k^{(j)})^2-m^2+\mathrm{i}\epsilon}\right)\gamma_-u(p_i)\right] \tag{A.75}$$

Dieser Ausdruck entspricht in weiten Teilen (2.102) und die weitere Berechnung kann entsprechend dem Abschnitt 2.3.2 nachvollzogen werden. Die externe Feld-Näherung und die Streuung an einem ultrarelativistischen Teilchen führen auf Streuamplituden identischer Struktur. Wie eingangs erwähnt, beruht die externe Feld-Näherung auf einer semiklassischen Näherung der Bewegung des felderzeugenden Teilchens. Dies setzt voraus, daß der Spin des Teilchens vernachlässigt werden kann, was im Hochenergielimes in der Tat der Fall ist. Dies kann mit Hilfe der GORDON-Zerlegung gezeigt werden.

A.11 Die Eikonal-Streumatrix in Impulsraumdarstellung

A.11.1 Streuung an einer Punktladung

In diesem Anhang wird die FOURIER-Transformierte der Eikonal-Streumatrix (2.146) für das Feld einer Punktladung explizit für die Regularisierungen (i) $e^{-\epsilon x_\perp^2}$ und (ii) $e^{-\epsilon x_\perp}$ berechnet:

i) Wir finden mit [119]

$$S_-(\vec{k}_\perp) = \int_0^{2\pi}\mathrm{d}\varphi\int_0^\infty\mathrm{d}x_\perp x_\perp^{1-2\mathrm{i}\alpha Z}e^{\mathrm{i}k_\perp x_\perp\cos\varphi}e^{-\epsilon x_\perp^2}$$
$$= \int_0^{2\pi}\mathrm{d}\varphi\left[\frac{\mathrm{i}}{2}\epsilon^{-\frac{3}{2}+\mathrm{i}\alpha Z}\Gamma(\frac{3}{2}-\mathrm{i}\alpha Z)k\cos\varphi\,{}_1F_1\left(\frac{3}{2}-\mathrm{i}\alpha Z,\frac{3}{2};-\frac{k_\perp^2\cos^2\varphi}{4\epsilon}\right)\right.$$
$$\left.+\frac{1}{2}\epsilon^{-1+\mathrm{i}\alpha Z}\Gamma(1-\mathrm{i}\alpha Z)\,{}_1F_1\left(1-\mathrm{i}\alpha Z,\frac{1}{2};-\frac{k_\perp^2\cos^2\varphi}{4\epsilon}\right)\right] \quad .$$

Bei der Winkelintegration verschwindet der erste Term. Der zweite Term ergibt mit:

$$\int_0^{2\pi} \mathrm{d}\varphi {}_1F_1\left(1-\mathrm{i}Z\alpha, \frac{1}{2}; -\frac{k_\perp^2\cos^2\varphi}{4\epsilon}\right) = 2\pi {}_1F_1\left(1-\mathrm{i}Z\alpha, 1; -\frac{k_\perp^2}{4\epsilon}\right)$$

und man erhält im Grenzwert $\epsilon \longrightarrow 0$

$$\begin{aligned}\lim_{\epsilon\to 0}\int \mathrm{d}^2x_\perp e^{\mathrm{i}\vec{k}_\perp\cdot\vec{x}_\perp-\epsilon x_\perp^2}x_\perp^{-2\mathrm{i}Z\alpha} &= \pi\epsilon^{-1+\mathrm{i}Z\alpha}\Gamma(1-\mathrm{i}Z\alpha){}_1F_1\left(1-\mathrm{i}Z\alpha,1;-\frac{k_\perp^2}{4\epsilon}\right) \quad ,\\ &= \pi\mathrm{i}Z\alpha\frac{\Gamma(1-\mathrm{i}Z\alpha)}{\Gamma(1+\mathrm{i}Z\alpha)}\left(\frac{4}{k_\perp^2}\right)^{1-\mathrm{i}Z\alpha} \quad .\end{aligned} \tag{A.76}$$

Der erste Term der TAYLOR-Entwicklung lautet ($Z\alpha = 0$)

$$\lim_{\epsilon\to 0}\pi\frac{1}{\epsilon}{}_1F_1\left(1,1;-\frac{k_\perp^2}{4\epsilon}\right) = \lim_{\epsilon\to 0}\pi\frac{1}{\epsilon}e^{-\frac{k_\perp^2}{4\epsilon}} \quad ,$$

was im Grenzwert $\epsilon \longrightarrow 0$ die $\delta(\vec{k}_\perp)$-Funktion ergibt.
ii) Ebenfalls mit [119] erhält man

$$\begin{aligned}S_-(\vec{k}_\perp) &= \int_0^{2\pi}\mathrm{d}\varphi\int_0^\infty \mathrm{d}x_\perp x_\perp^{1-2\mathrm{i}Z\alpha}e^{\mathrm{i}k_\perp x_\perp\cos\varphi}e^{-\epsilon x_\perp}\\ &= \int_0^{2\pi}\mathrm{d}\varphi\left[\frac{\Gamma(2-2\mathrm{i}Z\alpha)}{(\epsilon^2+k_\perp^2\cos^2\varphi)^{(1-\mathrm{i}Z\alpha)}}\cos\left(2(1-\mathrm{i}Z\alpha)\arctan\left(\frac{k_\perp\cos\varphi}{\epsilon}\right)\right)\right.\\ &\left.\quad +\mathrm{i}\frac{\Gamma(2-2\mathrm{i}Z\alpha)}{(\epsilon^2+k_\perp^2\cos^2\varphi)^{(1-\mathrm{i}Z\alpha)}}\sin\left(2(1-\mathrm{i}Z\alpha)\arctan\left(\frac{k_\perp\cos\varphi}{\epsilon}\right)\right)\right] \quad .\end{aligned}$$

Mit der EULERschen Formel und $\arctan(x) = \frac{1}{2\mathrm{i}}\ln\left(\frac{1+\mathrm{i}x}{1-\mathrm{i}x}\right)$ reduziert sich das Ergebnis auf

$$\begin{aligned}&\int_0^{2\pi}\mathrm{d}\varphi\int_0^\infty \mathrm{d}x_\perp x_\perp^{1-2\mathrm{i}Z\alpha}e^{\mathrm{i}k_\perp x_\perp\cos\varphi}e^{-\epsilon x_\perp}\\ &= \int_0^{2\pi}\mathrm{d}\varphi\frac{\Gamma(2-2\mathrm{i}Z\alpha)}{(\epsilon^2+k_\perp^2\cos^2\varphi)^{(1-\mathrm{i}Z\alpha)}}\left(\frac{\epsilon+\mathrm{i}k_\perp\cos\varphi}{\epsilon-\mathrm{i}k_\perp\cos\varphi}\right)^{(1-\mathrm{i}Z\alpha)} \quad .\end{aligned} \tag{A.77}$$

Die analytische Winkelintegration dieses Ausdrucks erscheint nicht möglich.
Für $Z\alpha = 0$ läßt sich (A.77) jedoch leicht über φ integrieren und ergibt ($\epsilon \neq 0$):

$$\int_0^{2\pi}\mathrm{d}\varphi\frac{1}{(\epsilon-ik_\perp\cos\varphi)^2} = \frac{2\pi}{\epsilon^2+k_\perp^2}P_1\left(\frac{\epsilon}{\sqrt{\epsilon^2+k_\perp^2}}\right) \quad .$$

Im Limes $\epsilon \longrightarrow 0$ ergibt dies wiederum die Impuls-δ-Funktion.
In [11] wird der Integrand anstelle von $e^{-\epsilon x_\perp}$ mit $e^{-\epsilon x_\perp|\cos\varphi|}$ regularisiert, womit man in der $x_\perp$-Integration

$$\int_0^{2\pi}\mathrm{d}\varphi\int_0^\infty \mathrm{d}x_\perp x_\perp^{1-2\mathrm{i}Z\alpha}e^{\mathrm{i}k_\perp x_\perp\cos\varphi}e^{-\epsilon x_\perp|\cos\varphi|}$$

$$
\begin{aligned}
&= \int_0^{2\pi} \mathrm{d}\varphi (\cos\varphi)^{-2+2\mathrm{i}Z\alpha} \frac{\Gamma(2-2\mathrm{i}Z\alpha)}{(\epsilon^2+k_\perp^2)^{(1-\mathrm{i}Z\alpha)}} \left(\frac{\epsilon|\cos\varphi| + \mathrm{i}k_\perp \cos\varphi}{\epsilon|\cos\varphi| - \mathrm{i}k_\perp\cos\varphi}\right)^{(1-\mathrm{i}Z\alpha)} \\
&= 4\frac{(\epsilon^2-k^2)\cosh(2Z\alpha\arctan(k_\perp/\epsilon)) + \mathrm{i}2\epsilon k_\perp \sinh(2Z\alpha\arctan(k_\perp/\epsilon))}{(\epsilon^2+k_\perp^2)} \\
&\quad\times \frac{\Gamma(2-2\mathrm{i}Z\alpha)}{(\epsilon^2+k_\perp^2)^{(1-\mathrm{i}Z\alpha)}} \int_0^{\pi/2} \mathrm{d}\varphi(\cos\varphi)^{-2+2\mathrm{i}Z\alpha} \qquad \text{(A.78)}
\end{aligned}
$$

erhält. Zur Auswertung des φ -Integrals wird die WALLISsche Formel benutzt [3], wobei die Existenz ihrer analytischen Fortsetzung auf komplexe Exponenten vorausgesetzt wird. Letztlich erhält man (2.151). Man sieht jedoch, daß in diesem Ansatz das Radialintegral für $\varphi = \frac{1}{2}\pi, \frac{3}{2}\pi$ nicht regularisiert ist. Weiterhin entwickelt (A.78) für $Z\alpha = 0$ im Limes $\epsilon \longrightarrow 0$ nicht die δ-Funktion.
Integriert man zunächst über φ, bleibt als $x_\perp$ Integral:

$$
2\pi \int_0^\infty \mathrm{d}x_\perp e^{-\epsilon x_\perp} J_0(k_\perp x_\perp) x_\perp^{1-2\mathrm{i}Z\alpha} = 2\pi(\epsilon^2+k_\perp^2)^{-(1-\mathrm{i}Z\alpha)}\Gamma(2(1-\mathrm{i}Z\alpha))P_{1-2\mathrm{i}Z\alpha}(\epsilon(\epsilon^2+k_\perp^2)^{-\frac{1}{2}}) \qquad \text{(A.79)}
$$

Unter Ausnutzung der Eigenschaften der LEGENDRE-Funktionen $P_\mu(x)$ und der Γ-Funktionen erhält man im Limes $\epsilon \longrightarrow 0$ ebenfalls (A.76).

Um zu beweisen, daß (A.76) für $Z\alpha \longrightarrow 0$ eine δ-artige Singularität entwickelt genügt es zu zeigen, daß

$$
\lim_{Z\alpha\to 0} \pm\pi \mathrm{i}Z\alpha \frac{\Gamma(1\mp \mathrm{i}Z\alpha)}{\Gamma(1\pm \mathrm{i}Z\alpha)} \int \frac{\mathrm{d}^2k_\perp}{(2\pi)^2}\left(\frac{4}{k_\perp^2}\right)^{1\mp\mathrm{i}Z\alpha} = 1 \quad . \qquad \text{(A.80)}
$$

Die formale Integration des Ausdrucks

$$
\int \mathrm{d}^2k_\perp \frac{1}{q_\perp^{2\pm 2\mathrm{i}Z\alpha}} = \pi\int_0^\infty \mathrm{d}x \frac{1}{x^{1\pm\mathrm{i}Z\alpha}} \qquad \text{(A.81)}
$$

ist trivial, die Auswertung an den Grenzen erfordert jedoch besondere Aufmerksamkeit. Zunächst können wir die obere Grenze durch eine beliebige positive Konstante $a > 0$ ersetzen, ohne die Gültigkeit von (A.80) einzuschränken. Bezüglich der unteren Grenze wird das Integral (A.81) im Sinne der analytischen Regularisierung betrachtet [97], d.h. wir ersetzen

$$
x^{-1\mp\mathrm{i}Z\alpha} \longrightarrow \lim_{\epsilon\to 0} x^{\epsilon-1\mp\mathrm{i}Z\alpha} \qquad \text{(A.82)}
$$

und ziehen den Grenzwert aus dem Integral. Diese Regularisierung entspricht einer infinitesimalen Dämpfung, die den Grad der Divergenz bei $k_\perp \longrightarrow 0$ verringert. Man erhält als Ergebnis

$$
\lim_{Z\alpha\to 0} \frac{\Gamma(1\mp\mathrm{i}Z\alpha)}{\Gamma(1\pm\mathrm{i}Z\alpha)} 4^{\mp\mathrm{i}Z\alpha} a^{\pm 2\mathrm{i}Z\alpha} \longrightarrow 1 \quad . \qquad \text{(A.83)}
$$

Hätte man (A.76) als FOURIER-Transformierte der T-Matrix betrachtet, ergäbe sich ein Widerspruch zu der im Ortsraum manifesten Unitarität der Streumatrix (siehe Abschnitt

2.5). Man berechnet leicht mit Hilfe von FEYNMAN-Parametern (Abschnitt A.3)

$$\begin{aligned}\int \mathrm{d}^2 p_f \frac{1}{(\vec{p}_f - \vec{p}_i)^{2+2\mathrm{i}Z\alpha}} \frac{1}{(\vec{p}_f - \vec{p}_i')^{2-2\mathrm{i}Z\alpha}} &= \frac{\pi Z\alpha}{\sinh(\pi Z\alpha)} \int_0^1 \mathrm{d}x \int \mathrm{d}^2 p_f \\ &\quad \times \frac{x^{\mathrm{i}Z\alpha}(1-x)^{-\mathrm{i}Z\alpha}}{(x(\vec{p}_f - \vec{p}_i)^2 + (1-x)\vec{p}_f - \vec{p}_i')^2)^2} \\ &= -\frac{2\pi^2 Z\alpha}{\sinh(\pi Z\alpha)} \int_0^1 \mathrm{d}x \frac{x^{\mathrm{i}Z\alpha}(1-x)^{-\mathrm{i}Z\alpha}}{x(1-x)(\vec{p}_i - \vec{p}_i')^2} \\ &= 0 \end{aligned} \tag{A.84}$$

für $\vec{p}_i \neq \vec{p}_i'$. Hier wurde implizit wieder eine Regularisierung der Art (A.82) benutzt. (A.84) ist eine notwendige Bedingung der geforderten Unitarität. Die δ-artige Singularität bei $\vec{p}_i = \vec{p}_i'$ läßt sich auf diese Weise jedoch nicht erhalten. Man sieht jedoch sofort, daß

$$S(k_\perp) \stackrel{!}{=} \pm\pi \mathrm{i} Z\alpha \frac{\Gamma(1 \mp \mathrm{i}Z\alpha)}{\Gamma(1 \pm \mathrm{i}Z\alpha)} \left(\frac{4}{k_\perp^2}\right)^{1\mp \mathrm{i}Z\alpha} + (2\pi)^2 \delta(\vec{k}_\perp) \quad , \tag{A.85}$$

wobei der erste Term nun als T-Matrix-Element betrachtet wird, (A.84) nicht reproduziert.

A.11.2 Die FOURIER-Transformierte des logarithmischen Potentials

Die Impulsraumdarstellung des ultrarelativistischen Potentials kann durch eine TAYLOR-Entwicklung aus (2.151) berechnet werden, wenn in

$$\int \mathrm{d}^2 x_\perp e^{-\mathrm{i}\vec{k}_\perp \cdot \vec{x}_\perp} \ln x_\perp^2 = -\lim_{\mathrm{i}Z\alpha \to 0} \frac{\mathrm{d}}{\mathrm{d}(\mathrm{i}Z\alpha)} \left(\pi \mathrm{i} Z\alpha \frac{\Gamma(1 - \mathrm{i}Z\alpha)}{\Gamma(1 + \mathrm{i}Z\alpha)} \left(\frac{4}{k_\perp^2}\right)^{1-\mathrm{i}Z\alpha}\right) \tag{A.86}$$

der Grenzwert erst durchgeführt wird, nachdem das Ergebnis auf eine Testfunktion angewandt wurde [79].
Ein weiterer Ausdruck für die korrekte FOURIER-Transformierte wurde in [6, 65, 98] hergeleitet. Zum Beweis, daß sich das dortige Ergebnis von der FOURIER-Transformierten des ungeeichten COULOMB-Potentials im Hochenergielimes unterscheidet, gehen wir hier vom kurzreichweitigen Potential aus. Es gilt (für beliebige γ)

$$\ln x_\perp^2 = \int_{-\infty}^{\infty} \mathrm{d}t \left(\frac{-\gamma}{\sqrt{\gamma^2 t^2 + x_\perp^2}} + \frac{\gamma}{\sqrt{\gamma^2 t^2 + 1}}\right) \tag{A.87}$$

und

$$\int \mathrm{d}t \mathrm{d}^2 x_\perp e^{i\omega t - i\vec{k}_\perp \cdot \vec{x}_\perp} \left(\frac{\gamma}{\sqrt{\gamma^2 t^2 + x_\perp^2}} - \frac{\gamma}{\sqrt{\gamma^2 t^2 + 1}}\right) = 4\pi \left(\frac{1}{\left(\frac{\omega}{\gamma}\right)^2 + k_\perp^2} - 2\pi\delta(\vec{k}_\perp) K_0\left(\frac{\omega}{\gamma}\right)\right) \tag{A.88}$$

Durch Einsetzen in (A.87) ergibt sich direkt

$$\int \mathrm{d}^2x_\perp e^{-i\vec{k}_\perp\cdot\vec{x}_\perp} \ln x_\perp^2 = \lim_{\lambda\to 0} 4\pi \left(\frac{-1}{k_\perp^2+\lambda^2} + 2\pi\delta(\vec{k}_\perp)\ln\left(\frac{\mu}{\lambda}\right)\right) \quad , \tag{A.89}$$

mit $\lambda = \omega/\gamma$, $\mu = 2/e^C$. Der Grenzwert ist wie in (A.86) zu behandeln. In [98] fehlt im zweiten Term die δ-Funktion. In [56] diente als Ausgangspunkt die Gleichung ($\epsilon < \infty$)

$$\ln x_\perp^2 = \lim_{\gamma\to\infty} \int_{-\epsilon}^{\epsilon} \mathrm{d}t \left(\frac{-\gamma}{\sqrt{\gamma^2t^2+x_\perp^2}} + \frac{\gamma}{\sqrt{\gamma^2t^2+1}}\right) \quad . \tag{A.90}$$

A.11.3 Der Eikonal-Formfaktor

Ausgehend von der Definitionsgleichung

$$\int \mathrm{d}^2x_\perp e^{-\mathrm{i}\vec{k}_\perp\cdot\vec{x}_\perp}\left(e^{-\mathrm{i}\chi(\vec{x}_\perp)}-1\right) = \frac{4\pi Z\alpha}{k_\perp^2} F_{\mathrm{eik}}(k_\perp) \tag{A.91}$$

wird in diesem Abschnitt näher auf die Berechnung des Eikonal-Formfaktors eingegangen. Unter Annahme einer Abschirmung des Potentials, $\lim_{x_\perp\to\infty}\chi(\vec{x}_\perp)\to 0$, findet man durch partielle Integration

$$\begin{aligned}
\int \mathrm{d}^2x_\perp e^{\mathrm{i}\vec{k}_\perp\cdot\vec{x}}\left(e^{-\mathrm{i}\chi(\vec{x}_\perp)}-1\right) &= -\frac{1}{k_\perp^2}\int \mathrm{d}^2x_\perp \left(\Delta e^{\mathrm{i}\vec{k}_\perp\cdot\vec{x}}\right)\left(e^{-\mathrm{i}\chi(\vec{x}_\perp)}-1\right) \\
&= -\frac{1}{k_\perp^2}\int \mathrm{d}^2x_\perp e^{\mathrm{i}\vec{k}_\perp\cdot\vec{x}} \Delta e^{-\mathrm{i}\chi(\vec{x}_\perp)}
\end{aligned} \tag{A.92}$$

bzw.

$$\begin{aligned}
F_{\mathrm{eik}}(k_\perp) &= -\frac{1}{4\pi Z\alpha}\int \mathrm{d}^2x_\perp e^{\mathrm{i}\vec{k}_\perp\cdot\vec{x}}\Delta e^{-\mathrm{i}\chi(\vec{x}_\perp)} \\
&= \frac{1}{4\pi Z\alpha}\int \mathrm{d}^2x_\perp e^{\mathrm{i}\vec{k}_\perp\cdot\vec{x}} e^{-\mathrm{i}\chi(\vec{x}_\perp)}\left(\mathrm{i}\Delta\chi(\vec{x}_\perp) + (\nabla\chi(\vec{x}_\perp))^2\right) \\
&= \int \mathrm{d}^2x_\perp e^{\mathrm{i}\vec{k}_\perp\cdot\vec{x}} e^{-\mathrm{i}\chi(\vec{x}_\perp)}\left[\mathrm{i}T(x_\perp) + \frac{4\pi Z\alpha}{x_\perp^2}\left(\int_0^{x_\perp}\mathrm{d}x' x' T(x')\right)^2\right]
\end{aligned} \tag{A.93}$$

wobei die Differentialterme gemäß

$$\Delta\chi(\vec{x}_\perp) = 4\pi Z\alpha T(x_\perp) \tag{A.94}$$

$$\nabla\chi(\vec{x}_\perp) = 4\pi Z\alpha \frac{1}{x_\perp}\int_0^{x_\perp}\mathrm{d}x' x' T(x') \tag{A.95}$$

in numerisch leichter handhabbare Ausdrücke umgeformt wurden.

Die Konvergenz des Integrals über den zweiten Term in (A.93) ist an der oberen Grenze sehr schlecht. Wiederum unter Annahme einer Abschirmung bei großen Abständen kann die Konvergenz dieses Integrals um zwei Potenzen in $x_\perp$ verbessert werden

$$\begin{aligned}\int d^2x_\perp e^{i\vec{k}_\perp\cdot\vec{x}_\perp} e^{-i\chi(\vec{x}_\perp)}(\nabla\chi(\vec{x}_\perp))^2 &= -\frac{1}{k_\perp^2}\int d^2x_\perp e^{i\vec{k}_\perp\cdot\vec{x}_\perp}\Delta\left[e^{-i\chi(\vec{x}_\perp)}(\nabla\chi(\vec{x}_\perp))^2\right] \quad ,\\ &= -\frac{1}{k_\perp^2}\int d^2x_\perp\left(e^{i\vec{k}_\perp\cdot\vec{x}_\perp}-1\right)\\ &\quad\times\Delta\left[e^{-i\chi(\vec{x}_\perp)}(\nabla\chi(\vec{x}_\perp))^2\right] \quad . \end{aligned} \tag{A.96}$$

Im letzten Schritt wurde mit

$$\int d^2x_\perp\Delta\left[e^{-i\chi(\vec{x}_\perp)}(\nabla\chi(\vec{x}_\perp))^2\right]=0 \tag{A.97}$$

die Konvergenz der Rechnung bei kleinen $k_\perp$ verbessert. Für $k_\perp \to 0$ ist der Integrand von (A.96) $\sim 1/x_\perp$, so daß die Konvergenz des Integrals nur im Bereich sehr kleiner Impulsüberträge schlecht ist. Man findet leicht

$$\begin{aligned}\Delta\left[e^{-i\chi(\vec{x}_\perp)}(\nabla\chi(\vec{x}_\perp))^2\right] &= e^{-i\chi(\vec{x}_\perp)}\Bigg[-(\nabla\chi(\vec{x}_\perp))^4 - i(\nabla\chi(\vec{x}_\perp))^2\\ &\quad\times\left[5\Delta\chi(\vec{x}_\perp)-\frac{4}{x_\perp}\nabla\chi(\vec{x}_\perp)\right]+\Delta(\nabla\chi(\vec{x}_\perp))^2\Bigg] \end{aligned} \tag{A.98}$$

Weiter gilt

$$\begin{aligned}\Delta(\nabla\chi(\vec{x}_\perp))^2 &= \frac{4(\nabla\chi(\vec{x}_\perp))^2}{x_\perp^2}-\frac{4}{x_\perp}\nabla\chi(\vec{x}_\perp)\Delta\chi(\vec{x}_\perp)\\ &\quad+2(\Delta\chi(\vec{x}_\perp))^2+2\nabla\chi(\vec{x}_\perp)\frac{d}{dx_\perp}\Delta\chi(\vec{x}_\perp) \quad . \end{aligned} \tag{A.99}$$

Bis auf den letzten Term können auf diese Weise alle auftretenden Ausdrücke auf (A.94) und (A.95) zurückgeführt werden.

A.11.4 Das Verhalten des Eikonal-Formfaktors bei kleinen Impulsüberträgen

Für die Berechnung des Verhaltens von $\mid F_{\text{eik}}(k_\perp)\mid^2$ bei kleinen Impulsüberträgen schreibt man den Eikonal-Formfaktor in der Form

$$\begin{aligned}F_{\text{eik}}(k_\perp) &= \frac{k_\perp^2}{4\pi Z\alpha}\int d^2x_\perp e^{i\vec{k}_\perp\cdot\vec{x}_\perp}\left(e^{-i\tilde{\chi}(x_\perp/R_0)}-1\right) \quad ,\\ &= i e^{2\arg\Gamma(1-iZ\alpha)}\left(\frac{k_\perp R_0}{2}\right)^{2iZ\alpha}\\ &\quad+\frac{k_\perp^2}{2Z\alpha}\int_0^{R_0}dx_\perp x_\perp J_0(k_\perp x_\perp)\left(e^{-i\tilde{\chi}(x_\perp/R_0)}-e^{-i2Z\alpha\ln x_\perp/R_0}\right) \quad . \end{aligned} \tag{A.100}$$

$\tilde{\chi}(x_\perp/R_0) = \chi(\vec{x}_\perp) - 2Z\alpha \ln R_0$ ist ausschließlich eine Funktion von $x_\perp/R_0$. Hierbei erlaubt die Eichfreiheit des Eikonals (siehe auch (A.45)), die Eikonal-Wechselwirkung direkt durch $\tilde{\chi}$ zu formulieren. Mit der Substitution $x_\perp/R_0 \to x_\perp$ erhält man in der Ordnung $\mathcal{O}(k_\perp^2 R_0^2)$

$$\begin{aligned} \mid F_{\text{eik}}(k_\perp) \mid^2 &\approx 1 + 2\Re\left(-\mathrm{i}\frac{k_\perp^2 R_0^2}{2Z\alpha} e^{2\arg\Gamma(1+\mathrm{i}Z\alpha)} \left(\frac{k_\perp R_0}{2}\right)^{-2\mathrm{i}Z\alpha}\right. \\ &\quad \left. \times \int_0^1 \mathrm{d}x_\perp x_\perp J_0(k_\perp R_0 x_\perp) \left(e^{-\mathrm{i}\tilde{\chi}(x_\perp)} - e^{-\mathrm{i}2Z\alpha \ln x_\perp}\right)\right) \quad , \\ &\approx 1 + 2\Re\left(-\mathrm{i}\frac{k_\perp^2 R_0^2}{2Z\alpha} e^{2\arg\Gamma(1+\mathrm{i}Z\alpha)} \left(\frac{k_\perp R_0}{2}\right)^{-2\mathrm{i}Z\alpha}\right. \\ &\quad \left. \times \int_0^1 \mathrm{d}x_\perp x_\perp \left(e^{-\mathrm{i}\tilde{\chi}(x_\perp)} - e^{-\mathrm{i}2Z\alpha \ln x_\perp}\right)\right) \quad . \end{aligned} \tag{A.101}$$

Die Berechnung des Realteils führt auf

$$\begin{aligned} 2\Re\big(\ldots\big) &= \frac{k_\perp^2 R_0^2}{Z\alpha}\left(\cos\left(2Z\alpha \ln \frac{k_\perp R_0}{2}\right) \Im\left(e^{2\arg\Gamma(1+\mathrm{i}Z\alpha)} \int_0^1 \mathrm{d}x_\perp x_\perp \left(e^{-\mathrm{i}\tilde{\chi}(x_\perp)} - e^{-\mathrm{i}2Z\alpha \ln x_\perp}\right)\right)\right. \\ &\quad \left. - \sin\left(2Z\alpha \ln \frac{k_\perp R_0}{2}\right) \Re\left(e^{2\arg\Gamma(1+\mathrm{i}Z\alpha)} \int_0^1 \mathrm{d}x_\perp x_\perp \left(e^{-\mathrm{i}\tilde{\chi}(x_\perp)} - e^{-\mathrm{i}2Z\alpha \ln x_\perp}\right)\right)\right) \quad , \\ &= \frac{k_\perp^2 R_0^2}{Z\alpha} a \sin\left(2Z\alpha \ln \frac{k_\perp R_0}{2} - \psi\right) \quad . \end{aligned} \tag{A.102}$$

Mit a und ψ dem Betrag bzw. dem Argument von

$$\begin{aligned} & e^{2\arg\Gamma(1+\mathrm{i}Z\alpha)} \int_0^1 \mathrm{d}x_\perp x_\perp \left(e^{-\mathrm{i}\tilde{\chi}(x_\perp)} - e^{-\mathrm{i}2Z\alpha \ln x_\perp}\right) \\ &= e^{2\arg\Gamma(1+\mathrm{i}Z\alpha)} \left(\int_0^1 \mathrm{d}x_\perp x_\perp e^{-\mathrm{i}\tilde{\chi}(x_\perp)} - \frac{1}{2 - 2\mathrm{i}Z\alpha}\right) \quad . \end{aligned} \tag{A.103}$$

Dieses Ergebnis kann auch direkt aus (2.168) hergeleitet werden. Der zweite Term in (A.103) folgt dann aus den LOMMEL-Funktionen $s_{\mu,\nu}(x)$.

A.12 Die Beziehung der Eikonal-Näherung zur Partialwellenentwicklung der Streuamplitude

Hier soll kurz auf den Zusammenhang von Eikonal-Streuamplitude und Eikonal-Formfaktor zur Partialwellenentwicklung der Streuamplitude bei großen Drehimpulsen eingegangen werden. Sie lautet

$$\mathcal{M} = \frac{\pi \mathrm{i}}{m p_0} \sum_{\ell=0}^{\infty} (2\ell+1) P_\ell(\cos\vartheta) \left(e^{2\mathrm{i}\delta_\ell(p_0)} - 1\right) \quad . \tag{A.104}$$

Unter der Voraussetzung kleiner Streuwinkel $\vartheta \sim q/p_0$ und mit $2\delta_\ell(p_0) \sim -\chi(\vec{x}_\perp)$ im Limes $p_0 \to \infty$, wobei $x_\perp = (\ell + \frac{1}{2})/p_0$ der Stoßparameter ist, findet man [47]

$$\mathcal{M} \approx \frac{2\pi \mathrm{i} p_0}{m} \int_0^\infty x_\perp \mathrm{d}x_\perp J_0(q x_\perp) \left(e^{-\mathrm{i}\chi(\vec{x}_\perp)} - 1\right) \quad . \tag{A.105}$$

Dies folgt aus dem asymptotischen Verhalten der LEGENDRE-Polynome [75]:

$$\lim_{\ell\to\infty} P_\ell\left(\cos\frac{qx_\perp}{\ell+\frac{1}{2}}\right) \to J_0(qx_\perp) \tag{A.106}$$

Benutzt man $p_0/m \approx \overline{u}(p_f)\gamma_0 u(p_i)$ für identischen Anfangs- und Endspin, ergibt sich direkt die Übereinstimmung von (A.105) mit (2.118).
Geht man mit der Identität

$$P_\ell(x) = \frac{1}{1-x}\left(-\frac{\ell+1}{2\ell+1}P_{\ell+1}(x) + P_\ell(x) - \frac{\ell}{2\ell+1}P_{\ell-1}(x)\right) \tag{A.107}$$

in (A.104) ein und benutzt $1-\cos\vartheta \sim q^2/2p_0^2$, so erhält man nach wenigen Umordnungen [62]

$$\mathcal{M} \sim \frac{2\pi\mathrm{i}p_0}{m}\sum_{\ell=0}^{\infty}(2\ell+1)P_\ell(\cos\vartheta)b_\ell \tag{A.108}$$

mit $(a_\ell = e^{2\mathrm{i}\delta_\ell(p_0)} - 1)$

$$(2\ell+1)b_\ell = -\frac{1}{2}\left[(2\ell+1)(a_{\ell+1} - 2a_\ell + a_{\ell-1}) + (a_{\ell+1} - a_{\ell-1})\right] \quad . \tag{A.109}$$

Macht man wie oben, mit $\ell \sim x_\perp p_0$, ℓ zu einer kontinuierlichen Variable, so gilt im Limes $\ell \to \infty$

$$(2\ell+1)b_\ell \approx -\ell\Delta_\ell a_\ell \quad . \tag{A.110}$$

Schließlich erhlält man

$$\begin{aligned}\mathcal{M} &\sim \frac{2\pi\mathrm{i}p_0}{m}\int_0^\infty x_\perp \mathrm{d}x_\perp J_0(qx_\perp)\Delta_{x_\perp}\left(e^{-\mathrm{i}\chi(\vec{x}_\perp)} - 1\right) \\ &= \frac{4\pi Z\alpha\mathrm{i}p_0}{m}F_{\mathrm{eik}}(q) \quad ,\end{aligned} \tag{A.111}$$

mit $F_{\mathrm{eik}}(q)$ dem Eikonal-Formfaktor (2.170).

A.13 Die FOURIER-Transformierte der konfluenten hypergeometrischen Funktion

Für die Impulsraumdarstellung der FSM-Wellenfunktionen wird in diesem Anhang die FOURIER-Transformation der konfluenten hypergeometrischen Funktion

$$\int \mathrm{d}^3x e^{-\mathrm{i}\vec{q}\cdot\vec{x}}{}_1F_1(\mathrm{i}Z\alpha, 1; \mathrm{i}p_i x - \mathrm{i}\vec{p_i}\cdot\vec{x}) \tag{A.112}$$

als deren wesentlicher Bestandteil vorgeführt.
Zunächst beschreibt man die hypergeometrische Funktion durch die Integraldarstellung [117]

$${}_1F_1\,(\mathrm{i}\nu, 1; z) = \frac{1}{2\pi\mathrm{i}}\oint \mathrm{d}t t^{\mathrm{i}\nu-1}(t-1)^{-\mathrm{i}\nu}e^{zt} \quad , \tag{A.113}$$

wobei die Kontur so zu wählen ist, daß die Punkte 0 und 1 im positiven Sinn umschlossen werden.
Die FOURIER-Transformation wird nun durch parametrische Differentiation des folgenden Integrals berechnet

$$\frac{\mathrm{d}}{\mathrm{d}\lambda}\int \mathrm{d}^3x\frac{1}{x}e^{-\lambda x}e^{-\mathrm{i}\vec{q}\cdot\vec{x}}{}_1F_1\left(\mathrm{i}\nu,1;\mathrm{i}p_ix-\mathrm{i}\vec{p_i}\cdot\vec{x}\right)\Big|_{\lambda=0} \quad . \tag{A.114}$$

λ ist eine positive, reelle Konstante, die hier zur Regularisierung des Integrals eingeführt wurde, $\vec{q}=\vec{p}_f-\vec{p}_i$. Wir setzen die Integraldarstellung der hypergeometrischen Funktion ein und vertauschen die Integrationsreihenfolge. Dabei ist vorausgesetzt, daß die Ortsintegration für alle t gleichmäßig konvergiert, was bestimmte Bedingungen an $\Im(t)$ stellt [117].
In sphärischen Koordinaten lautet die Ortsraumintegration:

$$\mathrm{I}=\int x\mathrm{d}xe^{-\lambda x+\mathrm{i}p_itx}\int\sin\vartheta_x\mathrm{d}\vartheta_x\mathrm{d}\varphi_xe^{-\mathrm{i}qx(\cos\vartheta_q\cos\vartheta_x+\sin\vartheta_q\sin\vartheta_x\cos\varphi_x)-\mathrm{i}p_itx\cos\vartheta_x} \tag{A.115}$$

Die Integration über den Azimutalwinkel führt zu

$$\begin{aligned}&2\pi\int\sin\vartheta_x\mathrm{d}\vartheta_x\int x\mathrm{d}xe^{-\lambda x+\mathrm{i}p_itx-\mathrm{i}qx\cos\vartheta_q\cos\vartheta_x-\mathrm{i}p_itx\cos\vartheta_x}J_0(qx\sin\vartheta_q\sin\vartheta_x)\\&=2\pi\int\sin\vartheta_x\mathrm{d}\vartheta_x\int x\mathrm{d}xe^{-\mu x}J_0(ax)\end{aligned} \tag{A.116}$$

mit $\mu=\lambda-\mathrm{i}p_it(1-\cos\vartheta_x)+\mathrm{i}q\cos\vartheta_q\cos\vartheta_x$ und $a=q\sin\vartheta_q\sin\vartheta_x$ Die x-Integration liefert

$$\mathrm{I}=2\pi\int_0^\pi\sin\vartheta_x\mathrm{d}\vartheta_x\frac{a'+\cos\vartheta_xb'}{a+\cos\vartheta_xb+\cos^2\vartheta_xc} \tag{A.117}$$

$$\begin{aligned}a'&=\lambda-\mathrm{i}p_it\\b'&=\mathrm{i}q\cos\vartheta_q+\mathrm{i}p_it\\a&=\lambda^2-2\mathrm{i}\lambda p_it-p_i^2t^2+q^2\sin^2\vartheta_q\\b&=2\mathrm{i}\lambda p_it+2\mathrm{i}\lambda q\cos\vartheta_q+2p_i^2t^2+2p_itq\cos\vartheta_q\\c&=-p_i^2t^2-2p_itq\cos\vartheta_q-q^2\end{aligned}$$

Man erhält schließlich

$$\mathrm{I}=\frac{4\pi}{2t(\vec{q}\cdot\vec{p_i}-\mathrm{i}p_i\lambda)+q^2+\lambda^2} \quad . \tag{A.118}$$

Für t ergibt sich damit ein neuer Pol bei

$$t^*=-\frac{(q^2+\lambda^2)}{2\left(\vec{p_i}\cdot\vec{q}-\mathrm{i}p_i\lambda\right)} \quad . \tag{A.119}$$

Für eine elastische Streuung mit $\vec{q}=\vec{p_i}-\vec{p}_f$ gilt $2\vec{p_i}\cdot\vec{q}=-q^2$, für beispielsweise Bremsstrahlung hingegen $2\vec{p_i}\cdot\vec{q}\leq-q^2$. Da weiterhin $p_i^2\gg q^2$ gilt, ist für elastische wie inelastische Stöße $0<\Re(t^*)<1$, so daß $\arg(t^*)=0-\mathcal{O}(\lambda)$ und $\arg(t^*-1)=-\pi+\mathcal{O}(\lambda)$.

Im zweiten Fall wird das Vorzeichen des Arguments durch den Schnitt des Logarithmus entlang der negativen reellen Achse bestimmt. Nach [117] liefert das Residuum bei t^* den einzigen Beitrag zum t-Integral und wir erhalten:

$$\frac{1}{2\pi\mathrm{i}}\frac{4\pi}{2(\vec{p}_i\cdot\vec{q}-\mathrm{i}p_i\lambda)}\int^{0+,1+}\mathrm{d}t t^{\mathrm{i}\nu-1}(t-1)^{-\mathrm{i}\nu}\left(t+\frac{q^2+\lambda^2}{2(\vec{p}_i\cdot\vec{q}-\mathrm{i}p_i\lambda)}\right)^{-1} \tag{A.120}$$

$$= -\frac{4\pi}{2(|\vec{p}_i\cdot\vec{q}|+\mathrm{i}p_i\lambda)}\left(\frac{q^2+\lambda^2}{2(|\vec{p}_i\cdot\vec{q}|+\mathrm{i}p_i\lambda)}\right)^{\mathrm{i}\nu-1}\left(\frac{q^2+\lambda^2}{2(|\vec{p}_i\cdot\vec{q}|+\mathrm{i}p_i\lambda)}-1\right)^{-\mathrm{i}\nu},$$

$$= -4\pi e^{-\pi\nu}(q^2+\lambda^2)^{\mathrm{i}\nu-1}(q^2+\lambda^2-2|\vec{p}_i\cdot\vec{q}|-2\mathrm{i}p_i\lambda)^{-\mathrm{i}\nu} \quad . \tag{A.121}$$

Im letzten Schritt wurde entsprechend obiger Diskussion der Faktor $e^{-\pi\nu}$ herausgezogen (siehe auch [117]). Schließlich berechnen wir die Ableitung nach λ

$$\frac{\mathrm{d}}{\mathrm{d}\lambda}(A.121) = \frac{8\pi\nu p_i}{(q^2+\lambda^2)^{1-\mathrm{i}\nu}}\frac{1}{(q^2+\lambda^2+2\vec{p}_i\cdot\vec{q}-2\mathrm{i}p_i\lambda)^{1+\mathrm{i}\nu}}e^{-\pi\nu} \tag{A.122}$$

Terme $\propto\lambda$ im Zähler wurden weggelassen. Der in [98] gefundene, zusätzliche Faktor $e^{-\pi\nu}$ kann nicht in dieser Rechnung erklärt werden.

Im Limes $\lambda\to 0$ enthält die hypergeometrische Funktion in der Impulsraumdarstellung einen COULOMB-Anteil $\sim q^{-2+2\mathrm{i}Z\alpha}$, entsprechend (2.151), und einen Anteil mit Propagatorcharakter, $(q^2+\lambda^2+2\vec{p}_i\cdot\vec{q}-2\mathrm{i}p_i\lambda)^{-1-\mathrm{i}\nu} = (-)^{-1-\mathrm{i}\nu}((p_i^\mu+q^\mu)^2-m^2+\mathrm{i}\epsilon)^{-1-\mathrm{i}\nu}$, der die Bewegung des Elektrons im COULOMB-Feld beinhaltet. Zuletzt wurde $q_0\equiv 0$ ausgenutzt. Im Potentialanteil geht der volle Impulsübertragsvektor ein und nicht bloß, wie in (2.151), dessen Transversalanteil.

Die Beschreibung durch FSM-Wellenfunktionen geht jedoch von einem kleinen Impulsübertrag $q\sim m\ll p_{i0}$ und entsprechenden Streuwinkeln $\vartheta\sim m/p_{i0}$ aus [104] (siehe auch Anhang A.12). Für diesen Fall läßt sich leicht zeigen, daß der longitudinale Impulsübertrag $q_z\sim\mathcal{O}(m/\gamma)$. Der Gesamtimpulsübertrag ist $|q^2|\sim m^2$ und daher kann im Hochenergielimes die Longitudinalkomponente q_z gegenüber $\vec{q}_\perp$ vernachlässigt werden. Um dies zu sehen schreiben wir

$$\begin{aligned} p_{fz} = p_f\cos\vartheta &\approx p_f - \frac{p_f}{2}\vartheta^2 \\ &= p_f - \frac{p_f}{2}\frac{m^2}{p_{i0}^2} \end{aligned} \tag{A.123}$$

Wegen $p_{i0} = p_{f0}$ ist nun $p_i = p_f$ so daß bis $\mathcal{O}(m^4/p_{i0}^3)$

$$p_{iz} - p_{fz} = \frac{p_i}{2}\frac{m^2}{p_{i0}^2} \approx \frac{m^2}{2p_{i0}} \tag{A.124}$$

Anhang B

Elektronstreuung an kollidierenden Ionen – Reflexionsdiagramme

Als Beispiel sollen einige Reflexionsterme in niedrigster Ordnung betrachtet werden. Gemäß (3.7) hat die Wechselwirkung mit Ion 1 bzw. Ion 2 jeweils die Form

$$V^{(1,2)} = 2\pi\delta(q_\pm)V_\perp^{(1,2)}(\vec{q}_\perp)\gamma_\pm \tag{B.1}$$

Für die alternierende Wechselwirkung B.1 erhält man

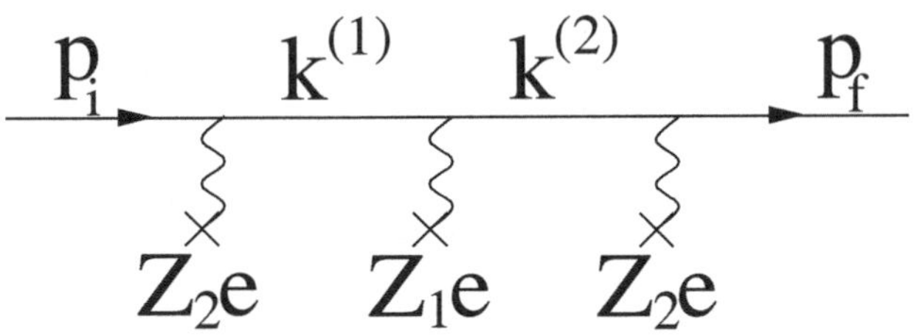

Abbildung B.1: Alternierende Wechselwirkung mit beiden Ionen in niedrigster Ordnung.

$$\begin{aligned} \mathcal{M} &= \frac{1}{4}\int\frac{\mathrm{d}k_+^{(2)}\mathrm{d}^2k_\perp^{(2)}}{(2\pi)^3}\int\frac{\mathrm{d}^2k_\perp^{(1)}}{(2\pi)^2}\frac{\overline{u}(p_f)\gamma_-(\not{k}^{(2)}+m)\gamma_+(\not{k}^{(1)}+m)\gamma_-u(p_i)}{\left[k_+^{(2)}p_{f-}-m_\perp^{(2)2}+\mathrm{i}\epsilon\right]\left[k_+^{(2)}p_{i-}-m_\perp^{(1)2}+\mathrm{i}\epsilon\right]} \\ &\quad V_\perp^{(1)}(\vec{k}_\perp^{(1)}-\vec{p}_{i\perp})V_\perp^{(2)}(\vec{k}_\perp^{(2)}-\vec{k}_\perp)V_\perp^{(1)}(\vec{p}_{f\perp}-\vec{k}_\perp^{(2)}) \\ &= 0 \end{aligned} \tag{B.2}$$

Zur übersichtlicheren Notation wurde hier das Matrixelement der Amplitude in seiner ursprünglichen Form belassen. Für die Auswertung der Integrationen beachte man jedoch, daß wegen

$$\gamma_\pm(\not{q}+m)\gamma_\mp = 2(-\vec{\alpha}_\perp\cdot\vec{q}_\perp+\gamma_0 m)\gamma_\mp \tag{B.3}$$

der Zähler in (B.2) unabhängig von den Longitudinalkomponenten der Impulsüberträge ist. (B.2) besitzt bezüglich $k_+^{(2)}$ zwei Pole erster Ordnung in der unteren Halbebene. Die $k_+^{(2)}$-Kontur kann in der oberen Halbebene geschlossen werden, in der der Integrand

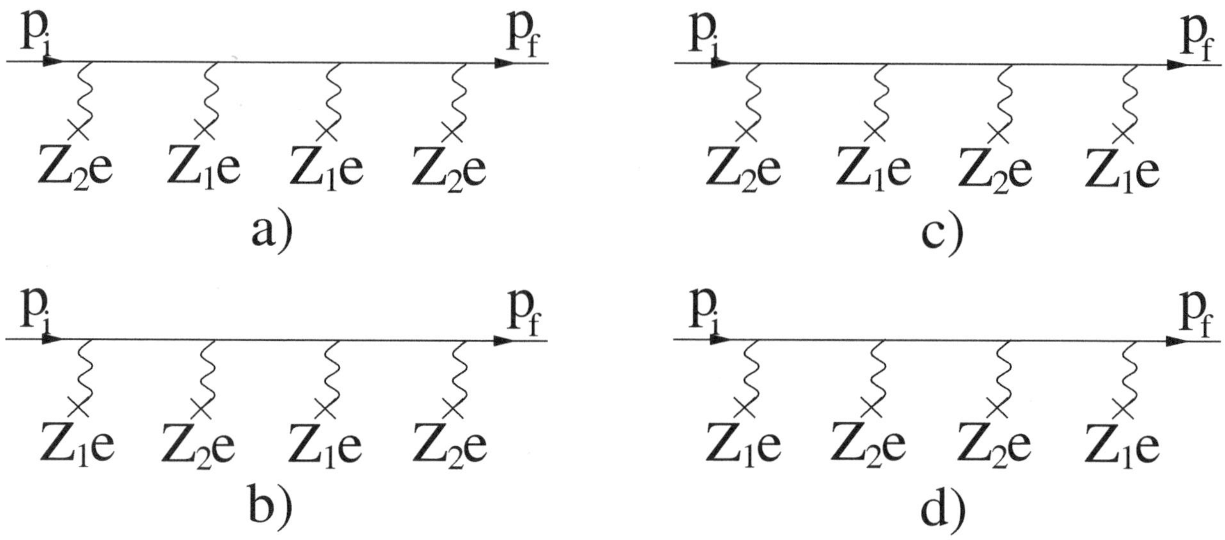

Abbildung B.2: Reflexionsdiagramme in der Ordnung $(Z_1\alpha)^2(Z_2\alpha)^2$.

analytisch ist, womit sofort folgt, daß in der Ordnung $(Z_1\alpha)^2 Z_2\alpha$, bzw. $(Z_2\alpha)^2 Z_1\alpha$, die Reflexionsterme identisch verschwinden.
In der Ordnung $(Z_1\alpha)^2(Z_2\alpha)^2$ treten die Reflexionsdiagramme (in Abbildung B.2) auf Die Berechnung der Diagramme a) und b) wird explizit vorgeführt, c) und d) folgen analog.
a): Mit (B.1) findet man

$$\begin{aligned} \mathcal{M} &= \frac{1}{8}\int\prod_{i=1}^{3}\frac{\mathrm{d}^2k_\perp^{(i)}}{(2\pi)^6}\int\frac{\mathrm{d}k_-^{(2)}\mathrm{d}k_+^{(3)}}{(2\pi)^2} \\ &\quad \frac{\overline{u}(p_f)\gamma_-(\not{k}^{(3)}+m)2k_+^{(3)}\gamma_+(\not{k}^{(1)}+m)\gamma_-u(p_i)}{\left[k_+^{(3)}p_{f-}-m_\perp^{(3)2}+\mathrm{i}\epsilon\right]\left[k_+^{(3)}k_-^{(2)}-m_\perp^{(2)2}+\mathrm{i}\epsilon\right]\left[k_+^{(3)}p_{i-}-m_\perp^{(1)2}+\mathrm{i}\epsilon\right]} \\ &\quad V_\perp^{(2)}(\vec{k}_\perp^{(1)}-\vec{p}_{i\perp})V_\perp^{(1)}(\vec{k}_\perp^{(2)}-\vec{k}_\perp^{(1)})V_\perp^{(1)}(\vec{k}_\perp^{(3)}-\vec{k}_\perp^{(2)})V_\perp^{(2)}(\vec{p}_{f\perp}-\vec{k}_\perp^{(3)}) \quad . \end{aligned} \tag{B.4}$$

Mit den Überlegungen in den Abschnitten A.9.2 und A.9.1 kann das $k_-^{(2)}$-Integral sofort gelöst werden. Es ist jedoch zu beachten, daß für $k_+^{(3)} < 0$ in der $k_-^{(2)}$-Integration scheinbar ein Positron mit Ion 1 wechselwirkt. Man erhält demnach

$$\int \mathrm{d}k_-^{(2)} \to \begin{cases} -\pi\mathrm{i} & k_+^{(3)} > 0 \\ \pi\mathrm{i} & k_+^{(3)} < 0 \end{cases} \tag{B.5}$$

Weiter ergibt sich

$$\begin{aligned} \mathcal{M} &= \mathrm{i}\frac{1}{8}\int\prod_{i=1}^{3}\frac{\mathrm{d}^2k_\perp^{(i)}}{(2\pi)^6} \\ &\quad \left[-\int_0^\infty\frac{\mathrm{d}k_+^{(3)}}{(2\pi)}\frac{\overline{u}(p_f)\gamma_-(\not{k}^{(3)}+m)\gamma_+(\not{k}^{(1)}+m)\gamma_-u(p_i)}{\left[k_+^{(3)}p_{f-}-m_\perp^{(3)2}+\mathrm{i}\epsilon\right]\left[k_+^{(3)}p_{i-}-m_\perp^{(1)2}+\mathrm{i}\epsilon\right]}\right. \\ &\quad \left.+\int_{-\infty}^0\frac{\mathrm{d}k_+^{(3)}}{(2\pi)}\frac{\overline{u}(p_f)\gamma_-(\not{k}^{(3)}+m)\gamma_+(\not{k}^{(1)}+m)\gamma_-u(p_i)}{\left[k_+^{(3)}p_{f-}-m_\perp^{(3)2}+\mathrm{i}\epsilon\right]\left[k_+^{(3)}p_{i-}-m_\perp^{(1)2}+\mathrm{i}\epsilon\right]}\right] \end{aligned}$$

$$
\begin{aligned}
& V_\perp^{(2)}(\vec{k}_\perp^{(1)}-\vec{p}_{i\perp})V_\perp^{(1)}(\vec{k}_\perp^{(2)}-\vec{k}_\perp^{(1)})V_\perp^{(1)}(\vec{k}_\perp^{(3)}-\vec{k}_\perp^{(2)})V_\perp^{(2)}(\vec{p}_{f\perp}-\vec{k}_\perp^{(3)}) \quad , \\
= & -\mathrm{i}\frac{1}{4}\int\prod_{i=1}^{3}\frac{\mathrm{d}^2k_\perp^{(i)}}{(2\pi)^7}\left[\frac{\overline{u}(p_f)\gamma_-(\not{k}^{(3)}+m)\gamma_+(\not{k}^{(1)}+m)\gamma_-u(p_i)}{p_{i-}m_\perp^{(3)2}-p_{f-}m_\perp^{(1)2}}\right. \\
& \left.\left(\ln\left(\frac{m_\perp^{(1)2}}{p_{i-}}\right)-\ln\left(\frac{m_\perp^{(3)2}}{p_{f-}}\right)\right)\right] \\
& V_\perp^{(2)}(\vec{k}_\perp^{(1)}-\vec{p}_{i\perp})V_\perp^{(1)}(\vec{k}_\perp^{(2)}-\vec{k}_\perp^{(1)})V_\perp^{(1)}(\vec{k}_\perp^{(3)}-\vec{k}_\perp^{(2)})V_\perp^{(2)}(\vec{p}_{f\perp}-\vec{k}_\perp^{(3)}) \quad . \qquad \text{(B.6)}
\end{aligned}
$$

Mit diesen Überlegungen läßt sich auch die Amplitude für eine Wechselwirkung in beliebiger Ordnung mit Ion 1 direkt angeben. Sie lautet

$$
\begin{aligned}
\mathcal{M} = & \mathrm{i}\frac{\mathrm{i}^n}{2n!}\int\prod_{i=1}^{n+1}\frac{\mathrm{d}^2k_\perp^{(i)}}{(2\pi)^2}V_\perp^{(2)}(\vec{k}_\perp^{(1)}-\vec{p}_{i\perp})V_\perp^{(2)}(\vec{p}_{f\perp}-\vec{k}_\perp^{(n+1)})\prod_{i=1}^{n}V_\perp^{(1)}(\vec{k}_\perp^{(i+1)}-\vec{k}_\perp^{(i)}) \\
& \times\frac{1}{(2\pi)}\frac{\overline{u}(p_f)\gamma_-(\not{k}^{(n+1)}+m)\gamma_+(\not{k}^{(1)}+m)\gamma_-u(p_i)}{p_{i-}m_\perp^{(n+1)2}-p_{f-}m_\perp^{(1)2}} \\
& \times\begin{cases}\left[\ln\left(\frac{m_\perp^{(1)2}}{p_{i-}}\right)-\ln\left(\frac{m_\perp^{(n+1)2}}{p_{f-}}\right)\right] & \text{n gerade} \\ 0 & \text{n ungerade}\end{cases} \quad . \qquad \text{(B.7)}
\end{aligned}
$$

b): Die Amplitude lautet hier

$$
\begin{aligned}
\mathcal{M} = & \frac{1}{8}\int\prod_{i=1}^{3}\frac{\mathrm{d}^2k_\perp^{(i)}}{(2\pi)^6}\int\frac{\mathrm{d}k_-^{(2)}\mathrm{d}k_+^{(3)}}{(2\pi)^2} \\
& \frac{\overline{u}(p_f)\gamma_+(\not{p}_f+\not{k}^{(2)}-\not{k}^{(3)}+m)\gamma_-(\not{k}^{(2)}+m)\gamma_+(\not{k}^{(1)}+m)\gamma_-u(p_i)}{\left[p_{i-}k_+^{(3)}-m_\perp^{(1)2}+\mathrm{i}\epsilon\right]\left[k_+^{(3)}k_-^{(2)}-m_\perp^{(2)2}+\mathrm{i}\epsilon\right]\left[k_-^{(2)}p_{f+}-(\vec{p}_{f\perp}+\vec{k}_\perp^{(2)}-\vec{k}_\perp^{(3)})^2-m^2+\mathrm{i}\epsilon\right]} \\
& V_\perp^{(2)}(\vec{k}_\perp^{(1)}-\vec{p}_{i\perp})V_\perp^{(1)}(\vec{k}_\perp^{(2)}-\vec{k}_\perp^{(1)})V_\perp^{(1)}(\vec{k}_\perp^{(3)}-\vec{k}_\perp^{(2)})V_\perp^{(2)}(\vec{p}_{f\perp}-\vec{k}_\perp^{(3)}) \quad . \qquad \text{(B.8)}
\end{aligned}
$$

Damit das $k_+^{(3)}$-Integral einen endlichen Beitrag liefert, muß wegen $p_- > 0$ $k_-^{(2)} < 0$ gefordert werden. Das $k_+^{(3)}$-Integral wird in der oberen Halbebene geschlossen und liefert

$$
\begin{aligned}
\mathcal{M} = & \mathrm{i}\frac{1}{8}\int\prod_{i=1}^{3}\frac{\mathrm{d}^2k_\perp^{(i)}}{(2\pi)^6}\int_{-\infty}^{0}\frac{\mathrm{d}k_-^{(2)}}{(2\pi)} \\
& \frac{\overline{u}(p_f)\gamma_+(\not{p}_f+\not{k}^{(2)}-\not{k}^{(3)}+m)\gamma_-(\not{k}^{(2)}+m)\gamma_+(\not{k}^{(1)}+m)\gamma_-u(p_i)}{\left[p_{i-}m_\perp^{(2)2}-k_-^{(2)}m_\perp^{(1)2}\right]\left[k_-^{(2)}p_{f+}-(\vec{p}_{f\perp}+\vec{k}_\perp^{(2)}-\vec{k}_\perp^{(3)})^2-m^2\right]} \\
& V_\perp^{(2)}(\vec{k}_\perp^{(1)}-\vec{p}_{i\perp})V_\perp^{(1)}(\vec{k}_\perp^{(2)}-\vec{k}_\perp^{(1)})V_\perp^{(1)}(\vec{k}_\perp^{(3)}-\vec{k}_\perp^{(2)})V_\perp^{(2)}(\vec{p}_{f\perp}-\vec{k}_\perp^{(3)}) \\
= & -\mathrm{i}\frac{1}{8}\int\prod_{i=1}^{3}\frac{\mathrm{d}^2k_\perp^{(i)}}{(2\pi)^7}\left[\frac{\overline{u}(p_f)\gamma_+(\not{p}_f+\not{k}^{(2)}-\not{k}^{(3)}+m)\gamma_-(\not{k}^{(2)}+m)\gamma_+(\not{k}^{(1)}+m)\gamma_-u(p_i)}{p_{i-}p_{f+}m_\perp^{(2)2}-m_\perp^{(1)2}((\vec{p}_{f\perp}+\vec{k}_\perp^{(2)}-\vec{k}_\perp^{(3)})^2+m^2)}\right. \\
& \left.\left(\ln\left(\frac{p_{i-}m_\perp^{(2)2}}{m_\perp^{(1)2}}\right)-\ln\left(\frac{(\vec{p}_{f\perp}+\vec{k}_\perp^{(2)}-\vec{k}_\perp^{(3)})^2+m^2}{p_{f+}}\right)\right)\right] \\
& V_\perp^{(2)}(\vec{k}_\perp^{(1)}-\vec{p}_{i\perp})V_\perp^{(1)}(\vec{k}_\perp^{(2)}-\vec{k}_\perp^{(1)})V_\perp^{(1)}(\vec{k}_\perp^{(3)}-\vec{k}_\perp^{(2)})V_\perp^{(2)}(\vec{p}_{f\perp}-\vec{k}_\perp^{(3)}) \quad . \qquad \text{(B.9)}
\end{aligned}
$$

Letztlich lautet die Summe aller Reflexionsterme in der betrachteten vierten Ordnung

$$\begin{aligned}
\sum \mathcal{M} &= -\mathrm{i}\frac{1}{4}\int \prod_{i=1}^{3} \frac{\mathrm{d}^2 k_\perp^{(i)}}{(2\pi)^7} V_\perp^{(2)}(\vec{k}_\perp^{(1)} - \vec{p}_{i\perp}) V_\perp^{(1)}(\vec{k}_\perp^{(2)} - \vec{k}_\perp^{(1)}) V_\perp^{(1)}(\vec{k}_\perp^{(3)} - \vec{k}_\perp^{(2)}) V_\perp^{(2)}(\vec{p}_{f\perp} - \vec{k}_\perp^{(3)}) \\
&\quad \left[\frac{\overline{u}(p_f)\gamma_-(\not{k}^{(3)} + m)\gamma_+(\not{k}^{(1)} + m)\gamma_- u(p_i)}{p_{i-} m_\perp^{(3)2} - p_{f-} m_\perp^{(1)2}} \left(\ln\left(\frac{m_\perp^{(1)2}}{p_{i-}}\right) - \ln\left(\frac{m_\perp^{(3)2}}{p_{f-}}\right)\right) \right. \\
&\quad -\frac{1}{2}\frac{\overline{u}(p_f)\gamma_+(\not{p}_f + \not{k}^{(2)} - \not{k}^{(3)} + m)\gamma_-(\not{k}^{(2)} + m)\gamma_+(\not{k}^{(1)} + m)\gamma_- u(p_i)}{p_{i-} p_{f+} m_\perp^{(2)2} - m_\perp^{(1)2}((\vec{p}_{f\perp} + \vec{k}_\perp^{(2)} - \vec{k}_\perp^{(3)})^2 + m^2)} \\
&\quad \times \left(\ln\left(\frac{m_\perp^{(1)2}}{p_{i-}}\right) - \ln\left(\frac{m_\perp^{(2)2} p_{f+}}{(\vec{p}_{f\perp} + \vec{k}_\perp^{(2)} - \vec{k}_\perp^{(3)})^2 + m^2}\right)\right) \\
&\quad + \frac{\overline{u}(p_f)\gamma_+(\not{p}_f + \not{k}^{(2)} - \not{k}^{(3)} + m)\gamma_-(\not{p}_i + \not{k}^{(2)} - \not{k}^{(1)} + m)\gamma_+ u(p_i)}{p_{i+}((\vec{p}_{f\perp} + \vec{k}_\perp^{(2)} - \vec{k}_\perp^{(3)})^2 + m^2) - p_{f+}((\vec{p}_{i\perp} + \vec{k}_\perp^{(2)} - \vec{k}_\perp^{(1)})^2 + m^2)} \\
&\quad \times \left(\ln\left(\frac{(\vec{p}_{i\perp} + \vec{k}_\perp^{(2)} - \vec{k}_\perp^{(1)})^2 + m^2}{p_{i+}}\right) - \ln\left(\frac{(\vec{p}_{f\perp} + \vec{k}_\perp^{(2)} - \vec{k}_\perp^{(3)})^2 + m^2}{p_{f+}}\right)\right) \\
&\quad -\frac{1}{2}\frac{\overline{u}(p_f)\gamma_-(\not{k}^{(3)} + m)\gamma_+(\not{k}^{(2)} + m)\gamma_-(\not{p}_i + \not{k}^{(2)} - \not{k}^{(1)})\gamma_+ u(p_i)}{p_{i+} p_{f-} m_\perp^{(2)2} - m_\perp^{(3)2}((\vec{p}_{i\perp} + \vec{k}_\perp^{(2)} - \vec{k}_\perp^{(1)})^2 + m^2)} \\
&\quad \left. \times \left(\ln\left(\frac{m_\perp^{(3)2}}{p_{f-}}\right) - \ln\left(\frac{m_\perp^{(2)2} p_{i+}}{(\vec{p}_{i\perp} + \vec{k}_\perp^{(2)} - \vec{k}_\perp^{(1)})^2 + m^2}\right)\right) \right] \quad . \qquad \text{(B.10)}
\end{aligned}$$

Das geforderte Verschwinden dieser Summe ist nicht unmittelbar einsichtig. Kompliziertere Reflexionsdiagramme höherer Ordnung können ähnlich zu Fall b) mit entsprechenden Beschränkungen der Integrationsgebiete berechnet werden.

Anhang C

Crossing-Symmetrie der Streuamplitude für endliche Ionenenergien

Die Amplitude für die alternierende Wechselwirkung eines Elektrons mit zwei mit endlicher Geschwindigkeit kollidierenden Ionen, Abbildung C.1, lautet in niedrigster Ordnung

$$\begin{aligned}\mathcal{M} \;=\; & \int \frac{d^4k^{(1)}d^4k^{(2)}}{(2\pi)^5}\delta(k_0^{(1)} - \beta k_3^{(1)} - p_{i0} + \beta p_{i3}) \\ & \times\delta(k_0^{(2)} + \beta k_3^{(2)} - k_0^{(1)} - \beta k_3^{(1)})\delta(p_{f0} - \beta p_{f3} - k_0^{(2)} + \beta k_3^{(2)}) \\ & \times e^{-i\vec{b}\cdot\vec{K}_\perp}\frac{4\pi Z_2\alpha}{(k^{(1)} - p_i)^2}\frac{4\pi Z_1\alpha}{(k^{(2)} - k^{(1)})^2}\frac{4\pi Z_2\alpha}{(p_f - k^{(2)})^2} \\ & \times\overline{u}(p_f)\gamma_0(1\!\!1 - \beta\alpha_3)(\not{k}^{(2)} + m)\gamma_0(1\!\!1 + \beta\alpha_3)(\not{k}^{(1)} + m)\gamma_0(1\!\!1 - \beta\alpha_3)u(p_i) \\ & \times\frac{1}{[k^{(2)2} - m^2 + i\epsilon]\,[k^{(1)2} - m^2 + i\epsilon]} \quad . \end{aligned} \tag{C.1}$$

Die Integrationen über die δ Funktionen liefern

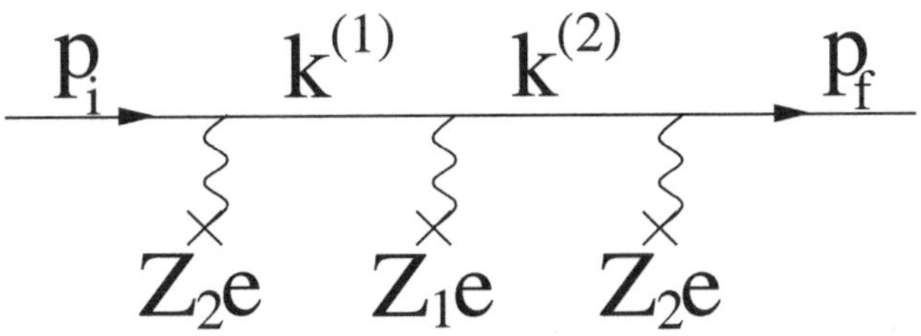

Abbildung C.1: Alternierende Wechselwirkung des Elektrons mit beiden Ionen in niedrigster Ordnung.

$$\begin{aligned}\mathcal{M} \;=\; & -\frac{\gamma^{10}}{2\beta}\int\frac{d^2k_\perp^{(1)}d^2k_\perp^{(2)}}{(2\pi)^5}e^{-i\vec{b}\cdot\vec{K}_\perp}\frac{4\pi Z_1\alpha(4\pi Z_2\alpha)^2}{\frac{1}{4\beta^2}(p_{i0} - \beta p_{i3} - p_{f0} + \beta p_{f3})^2 + (\vec{k}_\perp^{(2)} - \vec{k}_\perp^{(1)})^2\gamma^2} \\ & \times\int dx\frac{\overline{u}(p_f)\widehat{M}(k^{(1)},k^{(2)})u(p_i)}{(x^2 - ax + b)(x^2 - cx + d)(x^2 - ex + f - i\epsilon)(x^2 - gx + h - i\epsilon)}\end{aligned} \tag{C.2}$$

wobei $x = k_3^{(2)} + (p_{f0} - \beta p_{f3})/(2\beta)$ substituiert wurde und

$$\widehat{M}(k^{(1)},k^{(2)}) = \gamma_0(1\!\!1 - \beta\alpha_3)(\not{k}^{(2)} + m)\gamma_0(1\!\!1 + \beta\alpha_3)(\not{k}^{(1)} + m)\gamma_0(1\!\!1 - \beta\alpha_3) \quad . \tag{C.3}$$

Es sind

$$
\begin{aligned}
a &= \frac{1}{\beta}(p_{i0} + \beta p_{i3}) \\
b &= \frac{1}{4\beta^2}(p_{i0} + \beta p_{i3})^2 + \gamma^2(\vec{k}_\perp^{(1)} - \vec{p}_{i\perp})^2 \\
e &= \frac{\gamma^2(1+\beta^2)}{\beta}(p_{i0} - \beta p_{i3}) \\
f &= \frac{1}{4\beta^2}(p_{i0} - \beta p_{i3})^2 + \gamma^2 m_\perp^{(1)2}
\end{aligned} \tag{C.4}
$$

und $c = a(p_i \to p_f)$, $d = b(p_i \to p_f, \vec{k}_\perp^{(1)} \to \vec{k}_\perp^{(2)})$, $g = e(p_i \to p_f)$, $h = f(p_i \to p_f, \vec{k}_\perp^{(1)} \to \vec{k}_\perp^{(2)})$. Mit den δ-Funktionen folgt weiterhin

$$
\begin{aligned}
k_-^{(1)} &\approx -\frac{x}{2\gamma^2} + p_{i-} \\
k_-^{(2)} &\approx -\frac{x}{2\gamma^2} + p_{f-} \\
k_+^{(1)} &\approx k_+^{(2)} \approx 2x
\end{aligned} \tag{C.5}
$$

Damit lautet das DIRAC-Matrixelement in der Ordnung $\mathcal{O}(1/\gamma^2)$

$$
\begin{aligned}
\widehat{M}(k^{(1)}, k^{(2)}) &= \gamma_-(\not{k}^{(2)} + m)\gamma_+(\not{k}^{(1)} + m)\gamma_- \\
&\quad + \frac{1}{\gamma^2}(p_{i-}p_{f-}\gamma_- + 2x(m\gamma_0 - \vec{\alpha}_\perp \cdot \vec{k}_\perp^{(1)})\gamma_- + 2x(m\gamma_0 - \vec{\alpha}_\perp \cdot \vec{k}_\perp^{(2)})\gamma_+) \\
&\quad + \frac{3}{\gamma^2}(m(\vec{\alpha}_\perp \cdot \vec{k}_\perp^{(2)} - \vec{\alpha}_\perp \cdot \vec{k}_\perp^{(1)})\gamma_0 - \vec{\alpha}_\perp \cdot \vec{k}_\perp^{(2)} \vec{\alpha}_\perp \cdot \vec{k}_\perp^{(1)} - m^2)\gamma_- \quad .
\end{aligned} \tag{C.6}
$$

Wird die x Kontur in der oberen Halbebene geschlossen, werden die Singularitäten

$$
\left.
\begin{aligned}
x_1 &= \frac{a}{2} + \sqrt{\frac{a^2}{4} - b} \approx \frac{p_{i-}}{2} + \mathrm{i}\gamma|\vec{k}_\perp^{(1)} - \vec{p}_{i\perp}| \\
x_2 &= \frac{c}{2} + \sqrt{\frac{c^2}{4} - d} \approx \frac{p_{f-}}{2} + \mathrm{i}\gamma|\vec{k}_\perp^{(2)} - \vec{p}_{f\perp}| \\
x_3 &= \frac{e}{2} + \sqrt{\frac{e^2}{4} - f} \approx \frac{\gamma^2(1+\beta^2)}{2\beta}p_{i-} + \gamma\sqrt{\gamma^2 p_{i-}^2 - m_\perp^{(1)2}} + \mathrm{i}\epsilon \\
x_4 &= \frac{g}{2} + \sqrt{\frac{g^2}{4} - h} \approx \frac{\gamma^2(1+\beta^2)}{2\beta}p_{f-} + \gamma\sqrt{\gamma^2 p_{f-}^2 - m_\perp^{(2)2}} + \mathrm{i}\epsilon
\end{aligned}
\right\} \tag{C.7}
$$

umschlossen. Durch Abzählen der Potenzen von γ lassen sich die Residuen der einzelnen Pole leicht abschätzen. Die Potential-Pole ($\sim \mathcal{O}(\gamma)$) liefern für Elektronstreuung und Paarproduktion einen Beitrag der Größenordnung $\mathcal{O}(1/\gamma)$. Im Falle der Elektronstreuung ist der Beitrag der Propagator-Pole von der Größenordnung $\mathcal{O}(1/\gamma^6)$, so daß im Hochenergielimes die Streuamplitude verschwindet. Im Paarproduktionskanal $p_{i-} = -p^{(p)}$ wird x_3

zu $x_3' \approx -p_-^{(p)}/(8\gamma^2) + m_\perp^{(1)2}/(2p_-^{(p)}) + \mathrm{i}\epsilon$ verschoben. Das Residuum dieses Pols ist im Limes $\gamma \longrightarrow \infty$ endlich und ergibt

$$\mathrm{Res}(x_3') \approx 2\pi\mathrm{i}\frac{\overline{u}(p^{(e)})\widehat{M}(k^{(1)},k^{(2)})u(-p^{(p)})}{(af/e+b)(cf/e+d)(gf/e+h)(2\gamma^2 p_-^{(p)2} - \frac{m_\perp^{(1)2}}{p_-^{(p)}})} \quad . \tag{C.8}$$

Die Korrektur zum Matrixelement bei $\beta = 1$ ist in diesem Pol $\mathcal{O}(1/\gamma^2)$. Im Grenzübergang $\gamma \longrightarrow \infty$ erhält man

$$\begin{aligned}
\mathcal{M} &\approx -\mathrm{i}\frac{\gamma^{10}}{2\beta}\int \mathrm{d}^2k_\perp^{(1)}\mathrm{d}^2k_\perp^{(2)}(2\pi)^4 e^{-\mathrm{i}\vec{b}\cdot\vec{K}_\perp}\frac{4\pi Z_1\alpha(4\pi Z_2\alpha)^2}{\frac{1}{4\beta^2}(p_{i0}-\beta p_{i3}-p_{f0}+\beta p_{f3})^2 + (\vec{k}_\perp^{(2)} - \vec{k}_\perp^{(1)})^2\gamma^2} \\
&\quad \times \mathrm{Res}(x_3') + \mathcal{O}\left(\frac{1}{\gamma}\right) \\
&\longrightarrow \frac{\mathrm{i}}{4}\int \mathrm{d}^2k_\perp^{(1)}\mathrm{d}^2k_\perp^{(2)}(2\pi)^4\frac{-4\pi Z_2\alpha}{(\vec{k}_\perp^{(1)}-\vec{p}_{i\perp})^2}\frac{-4\pi Z_1\alpha}{(\vec{k}_\perp^{(2)}-\vec{k}_\perp^{(1)})^2}\frac{-4\pi Z_2\alpha}{(\vec{k}_\perp^{(2)}-\vec{p}_{f\perp})^2}e^{-\mathrm{i}\vec{b}\cdot\vec{K}_\perp} \\
&\quad \times \frac{\overline{u}(p^{(e)})\,\widehat{M}(k^{(1)},k^{(2)})\Big|_{\beta=1}u(-p^{(p)})}{p_-^{(e)}m_\perp^{(1)2} + p_-^{(p)}m_\perp^{(2)2}} \quad ,
\end{aligned} \tag{C.9}$$

in Übereinstimmung mit (5.5).

Wie gezeigt, sind die Potential-Pole und die Korrekturen zur Matrixstruktur für die Eigenschaft der Crossing-Invarianz irrelevant und ergeben darüber hinaus im Hochenergielimes verschwindende Beiträge. Zur Untersuchung der Crossing-Invarianz der Amplitude im Grenzfall unendlicher Ionenenergien können daher die Potentiale und die Matrixstruktur direkt durch ihre Werte bei $\beta = 1$ ersetzt und aus der x-Integration herausgezogen werden. Für die Amplitude erhält man somit den vereinfachten Ausdruck

$$\begin{aligned}
\mathcal{M} &\approx \int \frac{\mathrm{d}^2k_\perp^{(1)}\mathrm{d}^2k_\perp^{(2)}}{(2\pi)^5}e^{-\mathrm{i}\vec{b}\cdot\vec{K}_\perp}\frac{-4\pi Z_2\alpha}{(\vec{k}_\perp^{(1)}-\vec{p}_{i\perp})^2}\frac{-4\pi Z_1\alpha}{(\vec{k}_\perp^{(2)}-\vec{k}_\perp^{(1)})^2}\frac{-4\pi Z_2\alpha}{(\vec{p}_{f\perp}-\vec{k}_\perp^{(2)})^2} \\
&\quad \times\overline{u}(p_f)\gamma_-(\not{k}^{(2)}+m)\gamma_+(\not{k}^{(1)}+m)\gamma_-u(p_i) \\
&\quad \times\int \mathrm{d}k_0^{(1)}\mathrm{d}k_3^{(1)}\mathrm{d}k_0^{(2)}\mathrm{d}k_3^{(2)}\delta(k_0^{(1)}-\beta k_3^{(1)}-p_{i0}+\beta p_{i3}) \\
&\quad \times\delta(k_0^{(2)}+\beta k_3^{(2)}-k_0^{(1)}-\beta k_3^{(1)})\delta(p_{f0}-\beta p_{f3}-k_0^{(2)}+\beta k_3^{(2)}) \\
&\quad \times\frac{1}{[k^{(2)2}-m^2+\mathrm{i}\epsilon]\,[k^{(1)2}-m^2+\mathrm{i}\epsilon]} \quad ,
\end{aligned} \tag{C.10}$$

was ebenfalls auf auf (5.5) führt [59].

ANHANG D

Photoproduktion von Leptonpaaren

D.1 Die Photoproduktionsamplitude

Die durch das Photon erzeugten Paarkonstituenten wechselwirken mit dem Ion im extrem-relativistischen Limes $\omega \to \infty$; $p_0^{(e)}, p_0^{(p)} \gg m$ über Eikonal-Austausch (2.120). Für die Wechselwirkung des Elektrons, bzw. des Positrons sind dies die effektiven Potentiale (siehe Gleichung (5.1))

$$\begin{array}{rcll} 2\pi\mathrm{i}\delta(q_0)\int \mathrm{d}^2x_\perp e^{-\mathrm{i}\vec{q}_\perp\cdot\vec{x}_\perp}\left(e^{-\mathrm{i}\chi(\vec{x}_\perp)}-1\right) & = & 2\pi\mathrm{i}\delta(q_0)\mathcal{F}_-(\vec{q}_\perp) & \text{Elektron} \\ -2\pi\mathrm{i}\delta(q_0)\int \mathrm{d}^2x_\perp e^{-\mathrm{i}\vec{q}_\perp\cdot\vec{x}_\perp}\left(e^{+\mathrm{i}\chi(\vec{x}_\perp)}-1\right) & = & -2\pi\mathrm{i}\delta(q_0)\mathcal{F}_+(\vec{q}_\perp) & \text{Positron} \end{array} \tag{D.1}$$

Der Paarerzeugungsprozess wird durch drei Klassen von Diagrammen beschrieben (Abbildung D.1) wobei der Punkt die (Eikonal-)Wechselwirkung der jeweiligen Teilchen in

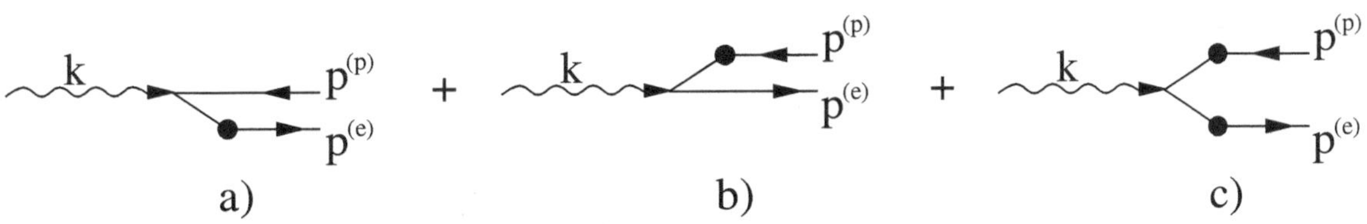

Abbildung D.1: Die drei Diagrammklassen der Photoproduktion im Hochenergielimes.

allen Ordnungen $Z\alpha$ mit dem Ion symbolisiert.
Die Prozesse **a)** und **b)** führen direkt auf die Amplituden

$$\begin{aligned} \mathcal{M}^a &= 2\pi\mathrm{i}e\overline{u}(p^{(e)})\gamma_0\frac{-\not{p}^{(p)}+\not{k}+m}{(k-p^{(p)})^2-m^2+\mathrm{i}\epsilon}\not{\epsilon}u(-p^{(p)})\delta(q_0)\mathcal{F}_-(\vec{q}_\perp) \quad , \\ \mathcal{M}^b &= -2\pi\mathrm{i}e\overline{u}(p^{(e)})\not{\epsilon}\frac{\not{p}^{(e)}-\not{k}+m}{(k-p^{(e)})^2-m^2+\mathrm{i}\epsilon}\gamma_0u(-p^{(p)})\delta(q_0)\mathcal{F}_+(\vec{q}_\perp) \quad . \end{aligned} \tag{D.2}$$

Mit $k^\mu = (\omega, 0, 0, \omega)$ können die Nenner der Propagatoren über die Massenschalenbedingungen für das Positron und das Elektron auf folgende Form gebracht werden

$$(k-p^{(p)})^2 - m^2 = -2\omega(p_0^{(p)} - p_3^{(p)})$$

$$\approx -\frac{\omega}{p_0^{(p)}} m_\perp^{(p)2} \quad , \tag{D.3}$$

$$\begin{aligned}(k-p^{(e)})^2 - m^2 &= -2\omega(p_0^{(e)} - p_3^{(e)}) \\ &\approx -\frac{\omega}{p_0^{(e)}} m_\perp^{(e)2} \quad .\end{aligned} \tag{D.4}$$

Die Amplitude für **c)** lautet

$$\begin{aligned}\mathcal{M}^c &= e\int \frac{\mathrm{d}^4Q}{(2\pi)^2}\delta(Q_0)\delta(q_0-Q_0)\mathcal{F}_+(\vec{Q}_\perp)\mathcal{F}_-(\vec{q}_\perp-\vec{Q}_\perp) \\ &\times \overline{u}(p^{(e)})\gamma_0 \frac{\not p^{(e)} - \not q + \not Q + m}{(p^{(e)}-q+Q)^2 - m^2 + \mathrm{i}\epsilon}\not\epsilon \frac{-\not p^{(p)} + \not Q + m}{(Q-p^{(p)})^2 - m^2 + \mathrm{i}\epsilon}\gamma_0 u(-p^{(p)})\end{aligned} \tag{D.5}$$

Die Q_0-Integration kann direkt ausgeführt werden, für das Q_3-Integral werden die Singularitäten in der komplexen Q_3-Ebene betrachtet

$$Q_3 \approx \begin{cases} +q_3 - \dfrac{(\vec{q}_\perp - \vec{Q}_\perp)^2 - 2\vec{p}_\perp^{(e)}\cdot(\vec{q}_\perp - \vec{Q}_\perp)}{2p_3^{(e)}} + \mathrm{i}\epsilon \\ -2p_3^{(e)} + q^3 + \dfrac{(\vec{q}_\perp - \vec{Q}_\perp)^2 - 2\vec{p}_\perp^{(e)}\cdot(\vec{q}_\perp - \vec{Q}_\perp)}{2p_3^{(e)}} - \mathrm{i}\epsilon \\ 2p_3^{(p)} - \dfrac{Q_\perp^2 - 2\vec{p}_\perp^{(p)}\cdot\vec{Q}_\perp}{2p_3^{(p)}} + \mathrm{i}\epsilon \\ \dfrac{Q_\perp^2 - 2\vec{p}_\perp^{(p)}\cdot\vec{Q}_\perp}{2p_3^{(p)}} - \mathrm{i}\epsilon \end{cases} \tag{D.6}$$

Analog zu Anhang C liefern die Pole der Ordnung $\mathcal{O}(p_3^{(p)})$ bzw. $\mathcal{O}(p_3^{(e)})$ einen Beitrag von der Größenordnung $\mathcal{O}(1/p_3^{(p)})$, d.h. $\mathcal{O}(1/p_3^{(e)})$ und können aus der Betrachtung herausgenommen werden. Die Integrationskontur wird in der unteren Halbebene geschlossen und man erhält für die Amplitude

$$\begin{aligned}\mathcal{M}^c &= 2\pi\mathrm{i}e\delta(q_0)\int\frac{\mathrm{d}^2Q_\perp}{(2\pi)^2}\mathcal{F}_+(\vec{Q}_\perp)\mathcal{F}_-(\vec{q}_\perp-\vec{Q}_\perp)\times \\ &\times\frac{\overline{u}(p^{(e)})\gamma_0(\not p^{(e)} - \not q + \not Q + m)\not\epsilon(-\not p^{(p)} + \not Q + m)\gamma_0 u(-p^{(p)})}{\left(-\left(\frac{Q_\perp^2 - 2\vec{p}_\perp^{(p)}\cdot\vec{Q}_\perp}{2p_3^{(p)}}\right)^2 - \frac{\omega}{p_3^{(p)}}\left((\vec{Q}_\perp - \vec{p}_\perp^{(p)})^2 + m^2\right)\right)\left(-2p_3^{(p)} + \frac{Q_\perp^2 - 2\vec{p}_\perp^{(p)}\cdot\vec{Q}_\perp}{2p_3^{(p)}}\right)} \quad , \\ &\approx 2\pi\mathrm{i}e\delta(q_0)\int\frac{\mathrm{d}^2Q_\perp}{(2\pi)^2}\mathcal{F}_+(\vec{Q}_\perp)\mathcal{F}_-(\vec{q}_\perp-\vec{Q}_\perp) \\ &\times\overline{u}(p^{(e)})\gamma_0\frac{(\not p^{(e)} - \not q + \not Q + m)\not\epsilon(-\not p^{(p)} + \not Q + m)}{2\omega\left((\vec{Q}_\perp - \vec{p}_\perp^{(p)})^2 + m^2\right)}\gamma_0 u(-p^{(p)}) \quad .\end{aligned} \tag{D.7}$$

Das Matrixelement ist hierbei an der Stelle $q_0 = Q_0 = 0$ und $Q_3 = (Q_\perp^2 - 2\vec{p}_\perp^{(p)}\cdot\vec{Q}_\perp)/(2p_3^{(p)})$ zu nehmen. Weiterhin ist zu beachten, daß

$$\begin{aligned}q_3 &= p_3^{(e)} + p_3^{(p)} - \omega \\ &\approx -\frac{m_\perp^2}{2p_0} - \frac{m_\perp'^2}{2p_0'}\end{aligned} \tag{D.8}$$

Im Hochenergielimes können daher die 0- und die 3-Komponente von Q und q vernachlässigt werden. Mit den Spinor-Identitäten (A.10) und (A.11) können die Matrixelemente der Amplituden $\mathcal{M}^a$, $\mathcal{M}^b$ und $\mathcal{M}^c$ auf die gleiche Form gebracht werden. Mit

$$S_+(\vec{q}_1)S_-(\vec{q}_2) - (2\pi)^4\delta(\vec{q}_1)\delta(\vec{q}_2) = \mathcal{F}_+(\vec{q}_1)\mathcal{F}_-(\vec{q}_2) + (2\pi)^2\left(\delta(\vec{q}_2)\mathcal{F}_+(\vec{q}_1) + \delta(\vec{q}_1)\mathcal{F}_-(\vec{q}_2)\right) \tag{D.9}$$

lautet die Gesamtamplitude

$$\begin{aligned}
\mathcal{M} &= \mathcal{M}^a + \mathcal{M}^b + \mathcal{M}^c \\
&= 2\pi\mathrm{i}e\delta(q_0)\int\frac{\mathrm{d}^2Q_\perp}{(2\pi)^2}\overline{u}(p^{(e)})\gamma_0\frac{(\not{p}^{(e)} - \not{q}/2 + \not{Q} + m)\not{\epsilon}(-\not{p}^{(p)} + \not{q}/2 + \not{Q} + m)}{2\omega\left((\vec{Q}_\perp + \vec{q}_\perp/2 - \vec{p}_\perp^{(p)})^2 + m^2\right)}\gamma_0 u(-p^{(p)}) \\
&\quad\times\Big[\mathcal{F}_+(\vec{q}_\perp/2 + \vec{Q}_\perp)(2\pi)^2\delta(\vec{q}_\perp/2 - \vec{Q}_\perp) + \mathcal{F}_-(\vec{q}_\perp/2 - \vec{Q}_\perp)(2\pi)^2\delta(\vec{q}_\perp/2 + \vec{Q}_\perp) \\
&\qquad + \mathcal{F}_+(\vec{q}_\perp/2 + \vec{Q}_\perp)\mathcal{F}_-(\vec{q}_\perp/2 - \vec{Q}_\perp)\Big] \quad , \\
&= 2\pi\mathrm{i}e\delta(q_0)\int\frac{\mathrm{d}^2Q_\perp}{(2\pi)^2} \\
&\quad\times\overline{u}(p^{(e)})\gamma_0\frac{(-\not{p}^{(p)} + \not{q}/2 + \not{Q} + \not{k} + m)\not{\epsilon}(-\not{p}^{(p)} + \not{q}/2 + \not{Q} + m)}{2\omega\left((\vec{Q}_\perp + \vec{q}_\perp/2 - \vec{p}_\perp^{(p)})^2 + m^2\right)}\gamma_0 u(-p^{(p)}) \\
&\quad\times\Big[S_+(\vec{q}_\perp/2 + \vec{Q}_\perp)S_-(\vec{q}_\perp/2 - \vec{Q}_\perp) - (2\pi)^4\delta(\vec{q}_\perp/2 + \vec{Q}_\perp)\delta(\vec{q}_\perp/2 - \vec{Q}_\perp)\Big] \quad ,
\end{aligned} \tag{D.10}$$

mit $S_\pm(\vec{q}_\perp)$ den Eikonal-Streumatrizen für die elastische Streuung von Positronen (+) und Elektronen (−) (2.146).

D.1.1 Die Berechnung des Impulsintegrals (6.29)

Mit Hilfe von FEYNMAN-Parametern (siehe Anhang A.3) wird das Integral (6.29) umgeschrieben:

$$\begin{aligned}
J_S &= \int\mathrm{d}^2K_\perp\frac{1}{(K_\perp^2 + m^2)((\vec{K}_\perp - \vec{p}_\perp^{(e)})^2)^{1-\mathrm{i}Z\alpha}((\vec{K}_\perp + \vec{p}_\perp^{(p)})^2)^{1+\mathrm{i}Z\alpha}} \\
&= \int_{-\infty}^{+\infty}\mathrm{d}x_1\mathrm{d}x_2\mathrm{d}x_3\delta(1 - x_1 - x_2 - x_3)\theta(x_1)\theta(x_2)\theta(x_3)\frac{\Gamma(3)}{|\Gamma(1 - \mathrm{i}Z\alpha)|^2} \\
&\quad\times\int\mathrm{d}^2K_\perp\frac{x_2^{-\mathrm{i}Z\alpha}x_3^{\mathrm{i}Z\alpha}}{[(K_\perp^2 + m^2)x_1 + (\vec{K}_\perp - \vec{p}_\perp^{(e)})^2x_2 + (\vec{K}_\perp + \vec{p}_\perp^{(p)})^2x_3]^3}
\end{aligned} \tag{D.11}$$

Mit der Translationsinvarianz des Transversalimpulsintegrals transformiert man

$$\begin{aligned}
&(K_\perp^2 + m^2)x_1 + (\vec{K}_\perp - \vec{p}_\perp^{(e)})^2x_2 + (\vec{K}_\perp + \vec{p}_\perp^{(p)})^2x_3 \\
&= Q^2 + p_\perp^{(e)2}x_2(1 - x_2 - x_3) - p_\perp^{(p)2}x_3(1 - x_2 - x_3) + m^2x_1 + q_\perp^2x_2x_3
\end{aligned} \tag{D.12}$$

mit $\vec{Q} = \vec{K}_\perp - \vec{p}_\perp^{(e)}x_2 + \vec{p}_\perp^{(p)}x_3$ und $\vec{q}_\perp = \vec{p}_\perp^{(p)} + \vec{p}_\perp^{(e)}$. Die Transversalimpuls-Integration ergibt

$$J_S = \frac{\pi}{2}\frac{\Gamma(3)}{|\Gamma(1 - \mathrm{i}Z\alpha)|}\int_{-\infty}^{+\infty}\mathrm{d}x_1\mathrm{d}x_2\mathrm{d}x_3\delta(1 - x_1 - x_2 - x_3)\theta(x_1)\theta(x_2)\theta(x_3)$$

$$\times \frac{x_2^{-\mathrm{i}Z\alpha} x_3^{\mathrm{i}Z\alpha}}{[m^2 x_1 + p_\perp^{(e)2} x_2(1-x_2-x_3) + p_\perp^{(p)2} x_3(1-x_2-x_3) + q_\perp^2 x_2 x_3]^2} \quad \text{(D.13)}$$

Aufgrund der Verknüpfung durch die δ-Funktion sind in Gleichung (D.13) nur zwei der Variablen x_i unabhängig. x_1, x_2 und x_3 werden dergestalt transformiert, daß die δ-Funktion durch die neuen Variablen trivialerweise erfüllt ist:

$$x_i = \frac{A_i u_i}{\sum_j A_j u_j}, \qquad i \in \{1,2,3\} \quad \text{(D.14)}$$

Dies ist die sogenannte *Projektive Transformation* [88]. Hier hat man die Freiheit, z.B. u_3 geeignet zu wählen und setzt:

$$A_3 = 1 \quad , \quad \text{(D.15)}$$
$$u_3 = 1 - u_1 - u_2 \quad . \quad \text{(D.16)}$$

Der Nenner von (D.13) transformiert sich zu

$$\begin{aligned} &m^2(1-x_1-x_2) + p_\perp^{(e)2} x_1(1-x_1-x_2) + p_\perp^{(p)2} x_2(1-x_1-x_2) + q_\perp^2 x_1 x_2 \\ &= \frac{1}{(\sum_j A_j u_j)^2} \Big(m^2 + u_1(A_1(m^2+p_\perp^{(e)2}) - 2m^2) + u_2(A_2(m^2+p_\perp^{(p)2}) - 2m^2) \\ &\quad + u_1^2(-A_1(m^2+p_\perp^{(e)2}) + m^2) + u_2^2(-A_2(m^2+p_\perp^{(p)2}) + m^2) \\ &\quad + u_1 u_2(-(m^2+p_\perp^{(e)2})A_1 - (m^2+p_\perp^{(p)2})A_2 + 2m^2 + q_\perp^2 A_1 A_2) \Big) \quad . \end{aligned} \quad \text{(D.17)}$$

Die bislang unbestimmten $A_{1,2}$ werden nun so gewählt, daß die in den u_i quadratischen Terme verschwinden, womit sich

$$\begin{aligned} A_1 &= \frac{m^2}{m^2 + p_\perp^{(e)2}} \quad , \\ A_2 &= \frac{m^2}{m^2 + p_\perp^{(p)2}} \quad , \end{aligned} \quad \text{(D.18)}$$

ergibt. Der Nenner von (D.13) wird so zu

$$\frac{m^2}{(\sum_j A_j u_j)^2} (1 - u_1 - u_2 + \delta u_1 u_2) \quad \text{(D.19)}$$

$\delta = q_\perp^2 A_1 A_2 / m^2$.
Die JACOBI-Determinante dieser Transformation wird bezüglich der Variablen x_1 und x_2 berechnet, da x_3, bzw. u_3 festgelegt ist. Man erhält

$$\mathrm{d}x_1 \mathrm{d}x_2 \to \frac{A_1 A_2}{(\sum_j A_j u_j)^3} \mathrm{d}u_1 \mathrm{d}u_2 \quad . \quad \text{(D.20)}$$

Die Sprungfunktionen in (D.13) werden durch $\theta(u_i)$ ersetzt, da die A_i nach unserer Wahl positiv sind. Das vollständig transformierte Integral lautet (in [93] fehlt der Faktor

$A_1 A_2/m^4$):

$$J_S = \frac{\pi}{2} \frac{\Gamma(3)}{|\Gamma(1-\mathrm{i}Z\alpha)|^2} \frac{A_1 A_2}{m^4} \left(\frac{A_2}{A_1}\right)^{\mathrm{i}Z\alpha} \times \int_0^1 \mathrm{d}u_1 \int_0^{1-u_1} \mathrm{d}u_2 \frac{u_1^{-\mathrm{i}Z\alpha} u_2^{\mathrm{i}Z\alpha}}{(1-u_1-u_2+\delta u_1 u_2)^2} ((A_1-1)u_1 + (A_2-1)u_2 + 1) \tag{D.21}$$

Wir betrachten zunächst

$$\int_0^1 \mathrm{d}u_1 \int_0^{1-u_1} \mathrm{d}u_2 \frac{u_1^{-\mathrm{i}Z\alpha} u_2^{\mathrm{i}Z\alpha}}{(1-u_1-u_2+\delta u_1 u_2)^2} = \frac{1}{(1+\mathrm{i}Z\alpha)} \int_0^1 \mathrm{d}u_1 u_1^{-\mathrm{i}Z\alpha} (1-u_1)^{\mathrm{i}Z\alpha-1} {}_2F_1\left(2, 1+\mathrm{i}Z\alpha; 2+\mathrm{i}Z\alpha; 1-u_1\delta\right) \tag{D.22}$$

Die GAUSSsche hypergeometrische Funktion wird mit (15.3.12) [3] umgeschrieben und (D.22) lautet

$$\begin{aligned} &\frac{1}{(1+\mathrm{i}Z\alpha)} \int_0^1 du_1 u_1^{-\mathrm{i}Z\alpha} (1-u_1)^{\mathrm{i}Z\alpha-1} {}_2F_1\left(2, 1+\mathrm{i}Z\alpha; 2+\mathrm{i}Z\alpha; 1-u_1\delta\right) \\ &= \int_0^1 du_1 u_1^{-\mathrm{i}Z\alpha} (1-u_1)^{\mathrm{i}Z\alpha-1} \Big[\frac{1}{\delta u_1} \\ &\quad + \mathrm{i}Z\alpha \sum_{n=0}^{\infty} \frac{(1+\mathrm{i}Z\alpha)_n}{n!} (\delta u_1)^n [\ln\delta + \ln u_1 - \psi(n+1) + \psi(n+1+\mathrm{i}Z\alpha)] \Big] \end{aligned} \tag{D.23}$$

mit $(a)_n$ dem POCHHAMMER-Symbol $(a)_n = \Gamma(a+n)/\Gamma(a)$. $\psi(x)$ ist bezeichnet die logarithmische Ableitung der Γ-Funktion. Das Integral über den ersten Term in eckigen Klammern verschwindet. Das zweite Integral liefert schließlich für (D.22)

$$\begin{aligned} &\mathrm{i}Z\alpha \int_0^1 du_1 u_1^{-\mathrm{i}Z\alpha} (1-u_1)^{\mathrm{i}Z\alpha-1} \\ &\qquad \times \sum_{n=0}^{\infty} \frac{(1+\mathrm{i}Z\alpha)_n}{n!} (\delta u_1)^n [\ln\delta + \ln u_1 - \psi(n+1) + \psi(n+1+\mathrm{i}Z\alpha)] \\ &= \mid \Gamma(1-\mathrm{i}Z\alpha) \mid^2 \sum_{n=0}^{\infty} \frac{(1+\mathrm{i}Z\alpha)_n (1-\mathrm{i}Z\alpha)_n}{(n!)^2} \delta^n \\ &\qquad \times [\ln\delta - 2\psi(n+1) + \psi(n+1+\mathrm{i}Z\alpha) + \psi(n+1-\mathrm{i}Z\alpha)] \quad , \\ &= -|\Gamma(1-\mathrm{i}Z\alpha)|^4 {}_2F_1\left(1+\mathrm{i}Z\alpha, 1-\mathrm{i}Z\alpha; 2; 1-\delta\right) \quad . \end{aligned} \tag{D.24}$$

Weiterhin gilt

$$\begin{aligned} &\int_0^1 \mathrm{d}u_1 \int_0^{1-u_1} \mathrm{d}u_2 \frac{u_1^{1-\mathrm{i}Z\alpha} u_2^{\mathrm{i}Z\alpha}}{(1-u_1-u_2+\delta u_1 u_2)^2} \\ &= \left(\int_0^1 \mathrm{d}u_1 \int_0^{1-u_1} \mathrm{d}u_2 \frac{u_1^{-\mathrm{i}Z\alpha} u_2^{1+\mathrm{i}Z\alpha}}{(1-u_1-u_2+\delta u_1 u_2)^2} \right)^* \\ &= \frac{1}{(1+\mathrm{i}Z\alpha)} \int_0^1 \mathrm{d}u_1 u_1^{1-\mathrm{i}Z\alpha} (1-u_1)^{\mathrm{i}Z\alpha-1} {}_2F_1\left(2, 1+\mathrm{i}Z\alpha; 2+\mathrm{i}Z\alpha; 1-u_1\delta\right) \quad , \end{aligned}$$

$$
\begin{aligned}
&= \int_0^1 \mathrm{d}u_1 u_1^{1-\mathrm{i}Z\alpha}(1-u_1)^{\mathrm{i}Z\alpha-1}\Big[\frac{1}{\delta u_1} \\
&+ \mathrm{i}Z\alpha \sum_{n=0}^{\infty} \frac{(1+\mathrm{i}Z\alpha)_n}{n!}(\delta u_1)^n[\ln\delta + \ln u_1 - \psi(n+1) + \psi(n+1+\mathrm{i}Z\alpha)]\Big]
\end{aligned} \tag{D.25}
$$

Hier liefert der erste Term in eckigen Klammern

$$
\frac{1}{\delta}\int_0^1 \mathrm{d}u_1 u_1^{-\mathrm{i}Z\alpha}(1-u_1)^{\mathrm{i}Z\alpha-1} = \frac{1}{\delta}\frac{|\Gamma(1-\mathrm{i}Z\alpha)|^2}{\mathrm{i}Z\alpha} \quad . \tag{D.26}
$$

Der zweite Term ergibt

$$
\begin{aligned}
&\mathrm{i}Z\alpha \int_0^1 \mathrm{d}u_1 u_1^{1-\mathrm{i}Z\alpha}(1-u_1)^{\mathrm{i}Z\alpha-1} \\
&\qquad \times \sum_{n=0}^{\infty} \frac{(1+\mathrm{i}Z\alpha)_n}{n!}(\delta u_1)^n[\ln\delta + \ln u_1 - \psi(n+1) + \psi(n+1+\mathrm{i}Z\alpha)] \\
&= \mid \Gamma(1-\mathrm{i}Z\alpha)\mid^2 (1-\mathrm{i}Z\alpha)\sum_{n=0}^{\infty}\frac{(1+\mathrm{i}Z\alpha)_n(2-\mathrm{i}Z\alpha)_n}{n!(n+1)!}\delta^n \\
&\qquad \times [\ln\delta - \psi(n+1) + \psi(n+1+\mathrm{i}Z\alpha) + \psi(n+2-\mathrm{i}Z\alpha) - \psi(n+2)]
\end{aligned} \tag{D.27}
$$

In der Summe erhält man für (D.25)

$$
\begin{aligned}
&\int_0^1 du_1 \int_0^{1-u_1} du_2 \frac{u_1^{1-\mathrm{i}Z\alpha}u_2^{\mathrm{i}Z\alpha}}{(1-u_1-u_2+\delta u_1 u_2)^2} \\
&\qquad = \frac{1}{\delta}\frac{(1-\mathrm{i}Z\alpha)}{\mathrm{i}Z\alpha}|\Gamma(1-\mathrm{i}Z\alpha)|^4 {}_2F_1\,(\mathrm{i}Z\alpha, 1-\mathrm{i}Z\alpha; 2; 1-\delta) \quad .
\end{aligned} \tag{D.28}
$$

Mit

$$
{}_2F_1\,(a, b+1; c+1; z) = \frac{c}{a-c}\,{}_2F_1\,(a,b;c;z) + \frac{c(1-z)}{b(a-c)}\,{}_2F'_1\,(a,b;c;z) \tag{D.29}
$$

und

$$
{}_2F'_1\,(a,b;c;z) = \frac{\mathrm{d}}{\mathrm{d}z}\,{}_2F_1\,(a,b;c;z) = \frac{ab}{c}\,{}_2F_1\,(a+1,b+1;c+1;z) \tag{D.30}
$$

ergibt sich mit (D.24) und (D.28) insgesamt für (D.21)

$$
\begin{aligned}
J_S &= \pi|\Gamma(1-\mathrm{i}Z\alpha)|^2 \frac{1}{m^2 q_\perp^2}\left(\frac{A_2}{A_1}\right)^{\mathrm{i}Z\alpha} \\
&\quad \times \left(\frac{1}{\mathrm{i}Z\alpha}(A_1-A_2)F(1-\delta) + \frac{\delta}{Z\alpha^2}(1-A_1-A_2)F'(1-\delta)\right)
\end{aligned} \tag{D.31}
$$

Hier ist $F(1-\delta) = {}_2F_1\,(\mathrm{i}Z\alpha, -\mathrm{i}Z\alpha; 1; 1-\delta)$.
In ähnlicher Weise berechnet man das Integral (6.30).

D.1.2 Asymptotisches Verhalten der Paarproduktionsamplitude für kleine Impulsüberträge

Für große Impulsüberträge geht die Amplitude (6.15) in allen Ordnungen $Z\alpha$ gegen Null. Bei kleinen Impulsüberträgen divergieren jedoch die Potential-Terme und das Verhalten der Amplitude muß besonders untersucht werden. Explizit werden in diesem Anhang die die Amplituden in erster und zweiter Ordnung der Wechselwirkung betrachtet.
Mit $\vec{q}_\perp = \vec{p}_\perp^{(p)} + \vec{p}_\perp^{(e)}$ erhält man in niedrigster Ordnung für J_S (6.13) und $\vec{J}_T$ (6.14)

$$
\begin{aligned}
J_S &= \frac{4\pi Z\alpha}{q_\perp^2}\left(\frac{1}{p_\perp^{(p)2}+m^2} - \frac{1}{p_\perp^{(e)2}+m^2}\right) \\
&= \frac{4\pi Z\alpha}{q_\perp^2}\frac{\vec{q}_\perp\cdot(\vec{q}_\perp - 2\vec{p}_\perp^{(p)})}{[p_\perp^{(p)2}+m^2][p_\perp^{(e)2}+m^2]} \quad , \qquad \text{(D.32)}
\end{aligned}
$$

$$
\begin{aligned}
\vec{J}_T &= \frac{4\pi Z\alpha}{q_\perp^2}\left(\frac{\vec{p}_\perp^{(p)}}{p_\perp^{(p)2}+m^2} + \frac{\vec{p}_\perp^{(e)}}{p_\perp^{(e)2}+m^2}\right) \\
&= \frac{4\pi Z\alpha}{q_\perp^2}\frac{\vec{q}_\perp(m^2+p_\perp^{(p)2}) + \vec{p}_\perp^{(p)}q_\perp^2 - 2\vec{p}_\perp^{(p)}(\vec{p}_\perp^{(p)}\cdot\vec{q}_\perp)}{[p_\perp^{(p)2}+m^2][p_\perp^{(e)2}+m^2]} \quad . \qquad \text{(D.33)}
\end{aligned}
$$

Daher gilt in BORNscher Näherung asymptotisch

$$
\mathcal{M}_{\text{Born}} \propto \frac{1}{q_\perp} \quad . \qquad \text{(D.34)}
$$

Hier kommt die Dipol-Wechselwirkung des Elektron-Positron-Paares mit der Feldstärke des äußeren Feldes, $-\vec{\nabla}_{x_\perp}A_0 \to\sim \vec{q}_\perp/q_\perp^2$, zum Ausdruck (siehe Anhang D.2.2). Das rasche Abfallen $\sim 1/|b|^2$ der Feldstärke bei großen Abständen äußert sich in der im Vergleich zur elastischen COULOMB-Streuung abgeschwächte Divergenz bei kleinen Impulsüberträgen. Für den Wirkungsquerschnitt

$$
\sigma_{\text{Born}} \sim \int \mathrm{d}^2 q_\perp \mid \mathcal{M}_{\text{Born}} \mid^2 \qquad \text{(D.35)}
$$

folgt damit die logarithmische Divergenz für kleine Impulsüberträge.
In zweiter Ordnung $Z\alpha$ findet man für J_S und $\vec{J}_T$ durch TAYLOR-Entwicklung in $\vec{K}_\perp$ und $(\vec{q}_\perp - \vec{K}_\perp)$

$$
\begin{aligned}
J_S &= \frac{1}{2}\int \frac{\mathrm{d}^2K_\perp}{(2\pi)^2}\frac{(4\pi Z\alpha)^2}{K_\perp^2(\vec{q}_\perp - \vec{K}_\perp)^2} \\
&\quad \times\left(\frac{1}{(\vec{K}_\perp - \vec{p}_\perp^{(e)})^2+m^2} + \frac{1}{(\vec{K}_\perp - \vec{p}_\perp^{(p)})^2+m^2} - \frac{1}{p_\perp^{(p)2}+m^2} - \frac{1}{p_\perp^{(e)2}+m^2}\right) \quad , \\
&\approx \int \frac{\mathrm{d}^2K_\perp}{(2\pi)^2}\frac{(4\pi Z\alpha)^2}{K_\perp^2(\vec{q}_\perp - \vec{K}_\perp)^2} \\
&\quad \times\frac{(\vec{q}_\perp - \vec{K}_\perp)}{[p_\perp^{(p)2}+m^2]^3}\cdot\left(\vec{K}_\perp(p_\perp^{(p)2}+m^2) - 4\vec{p}_\perp^{(p)}(\vec{K}_\perp\cdot\vec{p}_\perp^{(p)})\right) \quad , \qquad \text{(D.36)}
\end{aligned}
$$

$$\begin{aligned}
J_T &= \frac{1}{2}\int \frac{\mathrm{d}^2K_\perp}{(2\pi)^2}\frac{(4\pi Z\alpha)^2}{K_\perp^2(\vec{q}_\perp-\vec{K}_\perp)^2} \\
&\times\left(-\frac{\vec{K}_\perp-\vec{p}_\perp^{(e)}}{(\vec{K}_\perp-\vec{p}_\perp^{(e)})^2+m^2}+\frac{\vec{K}_\perp-\vec{p}_\perp^{(p)}}{(\vec{K}_\perp-\vec{p}_\perp^{(p)})^2+m^2}-\frac{\vec{p}_\perp^{(p)}}{p_\perp^{(p)2}+m^2}-\frac{\vec{p}_\perp^{(e)}}{p_\perp^{(e)2}+m^2}\right) , \\
&\approx -\int \frac{\mathrm{d}^2K_\perp}{(2\pi)^2}\frac{(4\pi Z\alpha)^2}{K_\perp^2(\vec{q}_\perp-\vec{K}_\perp)^2} \\
&\frac{1}{[p_\perp^{(p)2}+m^2]^3}\Big(\big[\vec{K}_\perp(\vec{p}_\perp^{(p)}\cdot(\vec{q}_\perp-\vec{K}_\perp))+(\vec{q}_\perp-\vec{K}_\perp)(\vec{p}_\perp^{(p)}\cdot\vec{K}_\perp) \\
&+\vec{p}_\perp^{(p)}(\vec{K}_\perp\cdot(\vec{q}_\perp-\vec{K}_\perp))\big](p_\perp^{(p)2}+m^2)-4\vec{p}_\perp^{(p)}(\vec{p}_\perp^{(p)}\cdot\vec{K}_\perp)(\vec{p}_\perp^{(p)}\cdot(\vec{q}_\perp-\vec{K}_\perp))\Big)
\end{aligned} \tag{D.37}$$

Wie erwartet zeigt sich im Integranden mit

$$\sim \frac{\vec{K}_\perp}{K_\perp^2}\frac{(\vec{q}_\perp-\vec{K}_\perp)}{(\vec{q}_\perp-\vec{K}_\perp)^2} \tag{D.38}$$

die Wechselwirkung des Dipolmoments des Elektron-Positron Paares mit dem äußeren Feld in zweiter Ordnung.

Hier wird exemplarisch für J_S das Integral im Bereich kleiner $\vec{K}_\perp$ und $\vec{q}_\perp$ ausgewertet. Dabei wird nur der Beitrag der unteren Integrationsgrenze berücksichtigt. Die scheinbare Divergenz bei großen $K_\perp$ ist ein Artefakt des nur für kleine Impulsüberträge gültigen Näherungsausdrucks.

$$\begin{aligned}
\int \frac{\mathrm{d}^2K_\perp}{(2\pi)^2}\frac{\vec{K}_\perp\cdot(\vec{q}_\perp-\vec{K}_\perp)}{K_\perp^2(\vec{q}_\perp-\vec{K}_\perp)^2} &= \int_0^1 \mathrm{d}x\int\frac{\mathrm{d}^2K_\perp}{(2\pi)^2}\left(\frac{1}{K_\perp^2+q_\perp^2x(1-x)}\right. \\
&\qquad\left.-\frac{q_\perp^2x(1-x)}{(K_\perp^2+q_\perp^2x(1-x))^2}\right) \\
&\to -\frac{1}{4\pi}\ln q_\perp^2
\end{aligned} \tag{D.39}$$

$$\begin{aligned}
\int \frac{\mathrm{d}^2K_\perp}{(2\pi)^2}\frac{((\vec{q}_\perp-\vec{K}_\perp)\cdot\vec{p}_\perp^{(p)})(\vec{K}_\perp\cdot\vec{p}_\perp^{(p)})}{K_\perp^2(\vec{q}_\perp-\vec{K}_\perp)^2} &= \frac{p_\perp^{(p)2}}{2}\int_0^1 \mathrm{d}x\int\frac{\mathrm{d}^2K_\perp}{(2\pi)^2}\left(\frac{1}{K_\perp^2+q_\perp^2x(1-x)}\right. \\
&\qquad\left.-\frac{q_\perp^2x(1-x)(2\cos^2\varphi_q+1)}{(K_\perp^2+q_\perp^2x(1-x))^2}\right) \\
&\to -\frac{p_\perp^{(p)2}}{8\pi}(\ln q_\perp^2-\cos(2\varphi_q))
\end{aligned} \tag{D.40}$$

$\varphi_q = \angle(\vec{q}_\perp, \vec{p}_\perp^{(p)})$. Asymptotisch ist demnach in zweiter Ordnung

$$\mathcal{M} \propto \ln q_\perp^2 \tag{D.41}$$

und der Bereich kleiner $q_\perp$ liefert einen verschwindenden Beitrag zum Wirkungsquerschnitt.

Der Gesamtimpulsübertrag $\vec{q}_\perp$ korrespondiert im Ortsraum zum Abstand $\vec{b}$ vom Kern zum Schwerpunkt des Paares (siehe Anhang D.2.2). Durch die unbeobachteten Schleifenimpulse wird in höheren Ordnungen hingegen die Größe des Paares $\vec{r}$, bzw. dessen Dipolmoment aufgelöst.

D.2 Der Photoproduktionsquerschnitt in logarithmischer Genauigkeit

D.2.1 Ortsrauminterpretation der WEIZSÄCKER-WILLIAMS Näherung

Ausgehend von (2.202) schreibt man symbolisch für den Wirkungsquerschnitt

$$\begin{aligned} \sigma &\sim \int \mathrm{d}\omega \mathrm{d}^2 k_\perp |\vec{Q}_\perp(\omega, \vec{k}_\perp) \cdot \vec{\mathcal{A}}_\perp(\omega, \vec{k}_\perp)|^2 \quad , \\ &= \int \mathrm{d}^2 b \int \mathrm{d}\omega \left| \int \mathrm{d}^2 x_\perp \vec{Q}_\perp(\omega, \vec{x}_\perp) \cdot \vec{\mathcal{A}}_\perp(\omega, \vec{b} - \vec{x}_\perp) \right|^2 \quad , \end{aligned} \tag{D.42}$$

$\vec{b}$ bezeichnet den Stoßparameter des felderzeugenden Teilchens relativ zum Zentrum des durch den $\vec{x}_\perp$-Integrationsbereich definierten Reaktionsvolumens, $\vec{Q}_\perp$ ist hier der Paarerzeugungsprozess durch ein reelles, transversal polarisiertes Photon. Im Ortsraum lautet das MϕLLER-Potential aus (2.201) unter Beibehaltung des Longitudinalanteils des Impulsübertrags (siehe Anmerkung im Anschluß an (2.211 und (2.213))

$$\begin{aligned} \vec{\mathcal{A}}_\perp(\omega, \vec{b} - \vec{x}_\perp) &\sim \vec{\nabla}_{x_\perp} K_0 \left(\frac{\omega |\vec{b} - \vec{x}_\perp|}{\gamma} \right) \quad , \\ &\approx \vec{\nabla}_{x_\perp} \ln \left(\frac{\omega |\vec{b} - \vec{x}_\perp|}{\gamma} \right) \quad , \\ &= \vec{\nabla}_{x_\perp} \ln \left(|\vec{b} - \vec{x}_\perp| \right) \quad . \end{aligned} \tag{D.43}$$

Im gesamten Integrationsbereich soll gelten $x_\perp \ll b$, so folgt mit der Entwicklung des Logarithmus nach ebenen Polarkoordinaten [96]

$$\ln(|\vec{b} - \vec{x}_\perp|) = \ln b - \sum_{m=1}^{\infty} \frac{1}{m} \left(\frac{x_\perp}{b} \right)^m \cos(m\varphi) \quad , \tag{D.44}$$

$\varphi = \angle(\vec{b}, \vec{x})$

$$\vec{\mathcal{A}}_\perp(\omega, \vec{b} - \vec{x}_\perp) \sim -\vec{\nabla}_{x_\perp} \frac{x_\perp \cos\varphi}{b} = -\frac{\vec{b}}{b^2} \quad . \tag{D.45}$$

$\vec{\mathcal{A}}_\perp$ kann demnach aus der $\vec{x}$-Integration herausgezogen werden. Die Integration über den Azimut von $\mathrm{d}^2 b$ liefert für das Skalarprodukt $\left|\vec{Q}_\perp \cdot \vec{\mathcal{A}}_\perp\right|$ den Wert $2\pi/2$ (siehe Diskussion nach (2.208)). Der Term $|\vec{\mathcal{A}}_\perp|^2 \propto 1/b^2$ entspricht der Photonverteilungsfunktion $n(\omega, \vec{b})$ (2.214). Die Bedingung $b \gg x_\perp$ für die $\vec{x}_\perp$ Integration stellt sicher, daß der Impulsübertrag bzw. die Virtualität des ausgetauschten Photons klein ist. Der Abstand zum Streuzentrum soll mindestens von der Größenordnung einer COMPTON-Wellenlänge sein.

D.2.2 Anwendung auf den Photoproduktionsquerschnitt

Der Wirkungsquerschnitt für die Photoproduktion eines Leptonpaares lautet in der Ortsraumdarstellung

$$\begin{aligned}\sigma &= \frac{\alpha m^2}{\pi^2}\int \mathrm{d}x\mathrm{d}^2x_1\mathrm{d}^2x_2\left(K_0^2(m\mid\vec{x}_1-\vec{x}_2\mid)+(x^2+(1-x)^2)K_1^2(m\mid\vec{x}_1-\vec{x}_2\mid)\right)\\ &\times\left[1-\Re\left(e^{\mathrm{i}(\chi(\vec{x}_2)-\chi(\vec{x}_1))}\right)\right] \quad . \end{aligned} \tag{D.46}$$

Hier wird auf $\vec{r}=(\vec{x}_1-\vec{x}_2)$ und $\vec{b}$ transformiert, wobei $\vec{b}$ der Schwerpunktvektor des Paares ist, $\vec{x}_{1,2}=\vec{b}\pm\vec{r}/2$. Die dominante Region ist $r\sim\lambda\!\!\!^{-}=1/m$ Für $b\gg r$ ist

$$\chi(\vec{x}_2)-\chi(\vec{x}_1)\approx\vec{r}\cdot\vec{\nabla}\chi(\vec{x})\mid_{\vec{x}=\vec{b}} \quad . \tag{D.47}$$

Dies ist insbesondere für die Produktion schwerer Leptonen gerechtfertigt, da r mit wachsendem m kleiner wird. Die Konzentration auf große Abstände des produzierten Paares vom Streuzentrum ist in führender Ordnung zulässig, da der Hauptbeitrag zum Wirkungsquerschnitt von der ersten BORNschen Näherung geliefert wird, in der kleine Impulsüberträge, d.h. große Abstände, wichtig sind.
Weiterhin wird der Ausdruck in eckigen Klammern in (D.46) nach Potenzen der Wechselwirkung entwickelt.

$$[\ldots]\approx\frac{1}{2}\left(\vec{r}\cdot\vec{\nabla}\chi(\vec{x})\mid_{\vec{x}=\vec{b}}\right)^2 \quad . \tag{D.48}$$

(D.46) lautet schließlich

$$\sigma\approx\frac{\alpha m^2}{\pi^2}\int\mathrm{d}x\mathrm{d}^2r\left(K_0^2(mr)+(x^2+(1-x)^2)K_1^2(mr)\right)\int\mathrm{d}^2b\frac{1}{2}\left(\vec{r}\cdot\vec{\nabla}\chi(\vec{x})\mid_{\vec{x}=\vec{b}}\right)^2 \quad . \tag{D.49}$$

In dieser Gleichung manifestiert sich mit (2.19)

$$\vec{\nabla}\chi(\vec{x})=-\int\mathrm{d}t'\vec{E}(t',x) \tag{D.50}$$

in semiklassischer Näherung die Wechselwirkung des Dipolmoments des Leptonpaares mit der elektrischen Feldstärke des äußeren Feldes [77].
Für den Gradienten des Eikonals kann man in logarithmischer Genauigkeit

$$\vec{\nabla}\chi(\vec{x})\approx\begin{cases}2Z\alpha\dfrac{\vec{x}}{x^2} & x>R_0\\ 0 & x<R_0\end{cases} \tag{D.51}$$

setzen und findet so

$$\sigma\approx\alpha m^2\int\mathrm{d}x\int_0^\infty\mathrm{d}r r^3\left(K_0^2(mr)+(x^2+(1-x)^2)K_1^2(mr)\right)\int_{b_{\min}}^{b_{\max}}\mathrm{d}b\frac{4Z^2\alpha^2}{b} \quad . \tag{D.52}$$

Die Winkelintegration über das Skalarprodukt ergibt hier einen zusätzlichen Faktor 1/2. $b_{\min}$ ergibt sich aus den Bedingungen $b\gg r$ und (D.51) zu $b_{\min}=\max(1/m,R_0)$ (siehe auch die Bedingungen für $k^{\max}$, Seite 55), $b_{\max}$ ist entsprechend dem minimalen, longitudinalen Impulsübertrag $b_{\max} = 2\omega x(1-x)/m^2$. Entsprechend dem vorangegangenen Abschnitt ist hier das *Reaktionsvolumen*, über das der Prozess der Paarproduktion, beschrieben durch den Impact-Faktor, integriert wird, die Ausdehnung des Paares. Für die Integration über $\vec{r}$ findet man

$$\int \mathrm{d}x x^3 \left(K_0^2(x), K_1^2(x)\right) = \left(\frac{1}{3}, \frac{2}{3}\right) \quad . \tag{D.53}$$

Dazu setzt man

$$\int_0^\infty \mathrm{d}x x^3 K_0^2(x) = \frac{1}{(2\pi)} \int \mathrm{d}^2 x \mid \vec{x} K_0(x) \mid^2 \quad . \tag{D.54}$$

Mit

$$\vec{x} K_0(x) = -2\mathrm{i} \int \frac{\mathrm{d}^2 k}{(2\pi)} e^{\mathrm{i}\vec{k}\cdot\vec{x}} \frac{\vec{k}}{(k^2+1)^2} \tag{D.55}$$

folgt

$$\int_0^\infty \mathrm{d}x x^3 K_0^2(x) = 4 \int_0^\infty \mathrm{d}k \frac{k^3}{(k^2+1)^4} = \frac{1}{3} \quad . \tag{D.56}$$

Zuletzt folgt mit (5.54.2) [75] durch partielle Integration

$$\int_0^\infty \mathrm{d}x x^3 K_1^2(x) = 2 \int_0^\infty \mathrm{d}x x^3 K_0^2(x) \quad . \tag{D.57}$$

Damit gilt

$$\begin{aligned} \sigma &\approx \frac{4Z^2\alpha^3}{3m^2} \int \mathrm{d}x (1 + 2(x^2 + (1-x)^2)) \ln\left(\frac{2\omega x(1-x)}{R_0 m^2}\right) \quad , \\ &= \frac{28Z^2\alpha^3}{9m^2} \left(\ln\frac{2\omega}{R_0 m^2} - \frac{44}{21}\right) \end{aligned} \tag{D.58}$$

D.3 Berechnung der COULOMB-Korrektur

Die Größe

$$\begin{aligned} \delta\sigma_{\mathrm{CC}} &= \frac{\alpha m^2}{\pi^2} \int \mathrm{d}x \mathrm{d}^2 x_1 \mathrm{d}^2 x_2 \left(K_0^2(m \mid \vec{x}_1 - \vec{x}_2 \mid) + (x^2 + (1-x)^2) K_1^2(m \mid \vec{x}_1 - \vec{x}_2 \mid)\right) \\ &\quad \times \left[\frac{(\chi(\vec{x}_2) - \chi(\vec{x}_1))^2}{2} - 1 + \Re\left(e^{\mathrm{i}(\chi(\vec{x}_2) - \chi(\vec{x}_1))}\right)\right] \quad , \end{aligned} \tag{D.59}$$

$$\begin{aligned} &= \frac{m^2\alpha}{\pi^2} \int \mathrm{d}^2 x_1 \mathrm{d}^2 x_2 \left(K_0^2(m \mid \vec{x}_1 - \vec{x}_2 \mid) + \frac{2}{3} K_1^2(m \mid \vec{x}_1 - \vec{x}_2 \mid)\right) \\ &\quad \times \left[\frac{(\chi(\vec{x}_2) - \chi(\vec{x}_1))^2}{2} - 1 + \Re\left(e^{\mathrm{i}(\chi(\vec{x}_2) - \chi(\vec{x}_1))}\right)\right] \end{aligned} \tag{D.60}$$

kann für ein reines COULOMB-Potential, $\chi(\vec{x}) = 2Z\alpha \ln x$, analytisch berechnet werden. Die Integration über x konnte in (D.59) direkt ausgeführt werden, weil das Integral über

$\vec{x}_1$ und $\vec{x}_2$ im relevanten Bereich $|\vec{x}_1 - \vec{x}_2| \sim \lambda\!\!\!^-$ unabhängig von der Photonenergie, bzw. den Teilchenenergien ist. Aufgrund der raschen Konvergenz an den physikalischen Bereichsgrenzen (z.B. minimaler longitudinaler Impulsübertrag) können die Ortsintegrationen jeweils über die gesamte Ebene erstreckt werden.
Mit $\vec{x}_1 - \vec{x}_2 = \vec{r}$, $\vec{n} = \vec{r}/r$ und $\vec{x}_1 = r\vec{R}$ erhält man

$$\begin{aligned} \delta\sigma_{\mathrm{CC}} &= \frac{m^2\alpha}{\pi^2} \int \mathrm{d}^2 r r^2 \left(K_0^2(mr) + \frac{2}{3} K_1^2(mr) \right) \\ &\times \int \mathrm{d}^2 R \left(\frac{Z^2\alpha^2}{2} \ln^2 \frac{R^2}{(\vec{R}-\vec{n})^2} - 1 + \Re\left[\left(\frac{R^2}{(\vec{R}-\vec{n})^2} \right)^{\mathrm{i}Z\alpha} \right] \right) \quad . \end{aligned} \tag{D.61}$$

Die Integration über r wird mit (D.53) gelöst.
Die $\vec{R}$-Integration wird mit dimensionaler Regularisierung [87, 107] berechnet. Dabei wird ausgenutzt, daß ein in der betrachteten Dimension divergentes Integral, in einer anderen (hier beliebig kontinuierlichen) Dimension endlich ist. Das erhaltene Ergebnis muß dann in die gewünschte Dimension analytisch fortgesetzt werden, wobei die Existenz und die Eindeutigkeit dieser Fortsetzung gewährleistet sein müssen.
Im Rahmen dieser Methode gibt die Integration über den konstanten Term in (D.61) keinen Beitrag.
Wir berechnen zunächst

$$\int \mathrm{d}^2 R \, \Re\left[\left(\frac{R^2}{(\vec{R}-\vec{n})^2} \right)^{\mathrm{i}Z\alpha} \right] = \int \mathrm{d}^2 R \left(\frac{R^2}{(\vec{R}-\vec{n})^2} \right)^{\mathrm{i}Z\alpha} \quad . \tag{D.62}$$

Der Integrand wird durch FEYNMAN-Parameter ausgedrückt und im Exponenten ein infinitesimaler Realteil 2δ eingeführt, der im Anschluß an die Rechnung Null gesetzt wird

$$R^{2\mathrm{i}Z\alpha - 2\delta} (\vec{R}-\vec{n})^{-2\mathrm{i}Z\alpha} = \frac{\Gamma(\delta)}{\Gamma(-\mathrm{i}Z\alpha+\delta)\Gamma(\mathrm{i}Z\alpha)} \int_0^1 \mathrm{d}x \frac{x^{-\mathrm{i}Z\alpha+\delta-1}(1-x)^{\mathrm{i}Z\alpha-1}}{\left[xR^2 + (1-x)(\vec{R}-\vec{n})^2 \right]^{\delta}} \quad . \tag{D.63}$$

Man erhält

$$\begin{aligned} \int \mathrm{d}^2 R \left(\frac{R^2}{(\vec{R}-\vec{n})^2} \right)^{\mathrm{i}Z\alpha} &= \frac{\Gamma(\delta)}{\Gamma(-\mathrm{i}Z\alpha+\delta)\Gamma(\mathrm{i}Z\alpha)} \int_0^1 \mathrm{d}x x^{-\mathrm{i}Z\alpha+\delta-1} (1-x)^{\mathrm{i}Z\alpha-1} \\ &\times \int \mathrm{d}^2 R \frac{1}{\left[xR^2 + (1-x)(\vec{R}-\vec{n})^2 \right]^{\delta}} \quad . \end{aligned} \tag{D.64}$$

Das zweidimensionale Integral über R wird im folgenden durch ein Integral in $2 - 2\varepsilon$ Dimensionen ersetzt. Wir nutzen die Translationsinvarianz aus und schreiben

$$\begin{aligned} \int \mathrm{d}^{2-2\varepsilon} R \frac{1}{\left[xR^2 + (1-x)(\vec{R}-\vec{n})^2 \right]^{\delta}} &= \int \mathrm{d}^{2-2\varepsilon} R \frac{1}{[R^2 + x(1-x)]^{\delta}} \quad , \\ &= \frac{2\pi^{1-\varepsilon}}{\Gamma(1-\varepsilon)} \int_0^\infty \mathrm{d}R \frac{R^{1-2\varepsilon}}{[R^2 + x(1-x)]^{\delta}} \quad , \end{aligned}$$

$$= \frac{2\pi^{1-\varepsilon}}{\Gamma(1-\varepsilon)}(x(1-x))^{-\delta} \times \int \mathrm{d}R \frac{R^{1-2\varepsilon}}{\left[\frac{R^2}{x(1-x)}+1\right]^{\delta}} \quad . \tag{D.65}$$

Hier wurde ausgenutzt, daß sich das $(2-2\varepsilon)$-dimensionale Integral in ein Integral über einen $(1-2\varepsilon)$-dimensionalen Raumwinkel und einen Radialanteil aufspalten läßt. Gleichung (D.65) läßt sich elementar mit Hilfe der Beta-Funktion lösen:

$$\int \mathrm{d}^{2-2\varepsilon}R \frac{1}{[R^2+x(1-x)]^{\delta}} = \frac{\pi^{1-\varepsilon}}{\Gamma(1-\varepsilon)}(x(1-x))^{-\delta+1-\varepsilon}\frac{\Gamma(1-\varepsilon)\Gamma(-1+\varepsilon+\delta)}{\Gamma(\delta)} \quad . \tag{D.66}$$

Eingesetzt in (D.64) und integriert über den FEYNMAN-Parameter x lautet das Ergebnis ($\delta = 0$)

$$\int \mathrm{d}^2R \left(\frac{R^2}{(\vec{R}-\vec{n})^2}\right)^{\mathrm{i}Z\alpha} = \frac{\pi^{1-\varepsilon}\Gamma(-1+\varepsilon)}{\Gamma(2-2\varepsilon)}\frac{\Gamma(1-\mathrm{i}Z\alpha-\varepsilon)\Gamma(1+\mathrm{i}Z\alpha-\varepsilon)}{\Gamma(-\mathrm{i}Z\alpha)\Gamma(\mathrm{i}Z\alpha)} \quad . \tag{D.67}$$

Für den Grenzübergang $\varepsilon \to 0$ benutzen wir die LAURENT- und TAYLOR-Reihenentwicklungen der Γ-Funktionen nach Potenzen von ε (C ist die EULERsche Konstante)

$$\Gamma(-1+\varepsilon) \approx -\frac{1}{\varepsilon} - (1-C) - \frac{\varepsilon}{2}(2+\zeta(2)-\frac{3}{2}C) \quad , \tag{D.68}$$

$$\Gamma(1\pm\mathrm{i}Z\alpha-\varepsilon) \approx \Gamma(1\pm\mathrm{i}Z\alpha) - \psi(1\pm\mathrm{i}Z\alpha)\Gamma(1\pm\mathrm{i}Z\alpha)\varepsilon \quad , \tag{D.69}$$

$$\frac{1}{\Gamma(2-2\varepsilon)} \approx 1+2(1-C)\varepsilon \quad . \tag{D.70}$$

Weiterhin gilt $\pi^{1-\varepsilon} \approx \pi - \pi\ln(\pi)\varepsilon$. Damit ergibt sich als Endergebnis

$$\int \mathrm{d}^2R \left(\frac{R^2}{(\vec{R}-\vec{n})^2}\right)^{\mathrm{i}Z\alpha} = \pi Z^2\alpha^2\left(-\frac{1}{\varepsilon} + (\ln(\pi) - 3(1-C) + \psi(1+\mathrm{i}Z\alpha) + \psi(1-\mathrm{i}Z\alpha)) + \mathcal{O}(\varepsilon)\right) \tag{D.71}$$

Für die Berechnung von

$$\int \mathrm{d}^2R \frac{Z^2\alpha^2}{2}\ln^2\frac{R^2}{(\vec{R}-\vec{n})^2} \tag{D.72}$$

wird benutzt, daß der Integrand das $(-Z^2\alpha^2/2)$-fache der zweiten Ableitung von $(R^2/(\vec{R}-\vec{n})^2)^{\mathrm{i}Z\alpha}$ nach $Z\alpha$ and der Stelle $Z\alpha = 0$ ist. Mit (D.71) findet man

$$\int \mathrm{d}^2R \frac{Z^2\alpha^2}{2}\ln^2\frac{R^2}{(\vec{R}-\vec{n})^2} = \pi Z^2\alpha^2\left(\frac{1}{\varepsilon} - (\ln(\pi) - 3(1-C) + 2\psi(1)) + \mathcal{O}(\varepsilon)\right) \quad . \tag{D.73}$$

Damit ergibt sich für die COULOMB-Korrekturen

$$\begin{aligned}\delta\sigma_{\mathrm{CC}} &= \frac{14Z^2\alpha^3}{9m^2}\left(\psi(1+\mathrm{i}Z\alpha)+\psi(1-\mathrm{i}Z\alpha)\right)-2\psi(1)) \quad ,\\ &= \frac{28Z^4\alpha^5}{9m^2}\sum_{n=0}^{\infty}\frac{1}{n(n^2+Z^2\alpha^2)} \quad ,\\ &= \frac{28Z^2\alpha^3}{9m^2}f(Z\alpha) \quad . \end{aligned} \tag{D.74}$$

D.4 Berechnung des Impact-Faktors der Vorwärts-DELBRÜCK Streuung

Ausgehend vom Wirkungsquerschnitt für die Photoproduktion eines Leptonpaares (6.11) wird hier der Impact-Faktor für die DELBRÜCK-Streuung in Vorwäts-Richtung berechnet. Er beschreibt die Fluktuation des Photons in ein virtuelles Leptonpaar, das unter Austausch des Gesamtimpulses $q_\perp \equiv 0$ mit dem äußeren Feld wechselwirkt. Integration über x und FOURIER-Transformation bezüglich $(\vec{x}_1 - \vec{x}_2)$ ergibt

$$\sigma = -\frac{\alpha m^2}{\pi^2}\int\frac{\mathrm{d}^2q_\perp}{(2\pi)^2}\left[\int \mathrm{d}^2z e^{-\mathrm{i}\vec{q}_\perp\cdot\vec{z}}\left(K_0^2(mz)+\frac{2}{3}K_1^2(mz)\right)\right]\left(\left|S_-(q_\perp)\right|^2-(2\pi)^4\delta^2(\vec{q}_\perp)\right) \quad , \tag{D.75}$$

wobei für ein sphärisch symmetrisches Potential (2.147) ausgenutzt wurde. Die Auswertung der FOURIER-Transformation in eckigen Klammern liefert den Impact-Faktor. Zunächst werden die MACDONALD-Funktionen durch ihre FOURIER-Darstellungen (Abschnitt A.4) ersetzt und wir erhalten

$$\begin{aligned}&\int \mathrm{d}^2z e^{-\mathrm{i}\vec{q}_\perp\cdot\vec{z}}\left(K_0^2(mz)+\frac{2}{3}K_1^2(mz)\right)\\ &= \frac{(2\pi)^2}{m^2}\int \mathrm{d}^2z\int\frac{\mathrm{d}^2k}{(2\pi)^2}\int\frac{\mathrm{d}^2k'}{(2\pi)^2}e^{-\mathrm{i}(\vec{q}_\perp-\vec{k}-\vec{k}')\cdot\vec{z}}\frac{m^2-\frac{2}{3}\vec{k}\cdot\vec{k}'}{[k^2+m^2][k'^2+m^2]} \quad ,\\ &= \frac{1}{m^2}\int \mathrm{d}^2k\int \mathrm{d}^2k'\delta(\vec{q}_\perp-\vec{k}-\vec{k}')\frac{m^2-\frac{2}{3}\vec{k}\cdot\vec{k}'}{[k^2+m^2][k'^2+m^2]} \quad ,\\ &= \frac{1}{m^2}\int \mathrm{d}^2k\frac{m^2+\frac{2}{3}k^2-\frac{2}{3}\vec{k}\cdot\vec{q}_\perp}{[k^2+m^2][(\vec{k}-\vec{q}_\perp)^2+m^2]} \quad . \end{aligned} \tag{D.76}$$

Hierbei haben wir ausgenutzt, daß Integrale der Form $\int_0^{2\pi}\mathrm{d}\varphi\sin\varphi\exp(\mathrm{i}a\cos\varphi)$ verschwinden und daher $(\vec{e}_z\cdot\vec{k})(\vec{e}_z\cdot\vec{k}') = kk'\cos\varphi\cos\varphi' = kk'\cos(\varphi-\varphi') = \vec{k}\cdot\vec{k}'$ gesetzt werden kann. Den Nenner formulieren wir duch FEYNMAN-Parameter und nutzen die Translationsinvarianz des k-Integrals aus. Man erhält so

$$\begin{aligned}\int \mathrm{d}^2z e^{\mathrm{i}\vec{q}_\perp\cdot\vec{z}}\left(K_0^2(mz)+\frac{2}{3}K_1^2(mz)\right) &= \frac{1}{m^2}\int_0^1 \mathrm{d}x\left[\pi\frac{m^2-\frac{2}{3}x(1-x)q_\perp^2}{x(1-x)q_\perp^2+m^2}\right.\\ &\left.+\frac{2}{3}\int \mathrm{d}^2k\frac{k^2}{(k^2+x(1-x)q_\perp^2+m^2)^2}\right] \end{aligned} \tag{D.77}$$

Das Integral über die k-Ebene ist logarithmisch divergent und wird mit dimensionaler Regularisierung behandelt. Dies führt auf

$$\begin{aligned}\int \mathrm{d}^2k \frac{k^2}{(k^2+x(1-x)q_\perp^2+m^2)^2} &\to \frac{2\pi^{1-\varepsilon}}{\Gamma(1-\varepsilon)}\int_0^\infty \mathrm{d}k \frac{k^{3-2\varepsilon}}{(k^2+x(1-x)q_\perp^2+m^2)^2} \quad , \\ &= \frac{\pi^{1-\varepsilon}\Gamma(2-\varepsilon)\Gamma(\varepsilon)}{\Gamma(1-\varepsilon)}(x(1-x)q_\perp^2+m^2)^{-\varepsilon} \quad , \\ &\approx \pi\left(\frac{1}{\varepsilon}-\ln(x(1-x)q_\perp^2+m^2)1-C-\ln\pi\right) \qquad \text{(D.78)}\end{aligned}$$

Insgesamt erhalten wir für (D.77)

$$\begin{aligned}&\int \mathrm{d}^2z e^{\mathrm{i}\vec{q}_\perp\cdot\vec{z}}\left(K_0^2(mz)+\frac{2}{3}K_1^2(mz)\right) \\ &= \frac{\pi}{m^2}\int_0^1 \mathrm{d}x\left[\frac{m^2-\frac{2}{3}x(1-x)q_\perp^2}{x(1-x)q_\perp^2+m^2}\right. \\ &\qquad \left. -\frac{2}{3}(1+C+\ln\pi+\ln(x(1-x)q_\perp^2+m^2))\right]+\mathcal{O}\left(\frac{1}{\varepsilon}\right) \quad , \\ &= \frac{4\pi(m^2-q_\perp^2)}{3m^2q\sqrt{4m^2+q_\perp^2}}\operatorname{artanh}\left(\frac{q_\perp}{\sqrt{4m^2+q_\perp^2}}\right)-\frac{1}{m^2}\frac{2}{3}\pi(C+\ln(\pi m^2))+\mathcal{O}\left(\frac{1}{\varepsilon}\right) \quad , \\ &= \frac{4\pi(m^2-q_\perp^2)}{3m^2q_\perp\sqrt{4m^2+q_\perp^2}}\operatorname{arsinh}\left(\frac{q_\perp}{2m}\right)-\frac{1}{m^2}\frac{2}{3}\pi(C+\ln(\pi m^2))+\mathcal{O}\left(\frac{1}{\varepsilon}\right) \quad . \qquad \text{(D.79)}\end{aligned}$$

Zur weiteren Bestimmung des Impact-Faktors nutzt man aus, daß wegen (6.47) ein konstanter, $q_\perp$ unabhängiger Term in (D.77) keinen Beitrag zum Wirkungsquerschnitt liefert. Für $\varepsilon > 0$ verschwindet damit auch der divergente Anteil der FOURIER-Transformation von $K_1^2(mz)$ und die restlichen Konstanten können so gewählt werden, daß der Photon-Impact-Faktor für $q_\perp = 0$ verschwindet. Der endgültige Ausdruck für den Impact-Faktor der Vorwärts-DELBRÜCK-Streuung lautet [37]

$$\mathcal{I}^\gamma(q_\perp,m) = \frac{16\alpha^2}{3}\left(\frac{1}{4}+\frac{(q_\perp^2-m^2)}{q_\perp\sqrt{4m^2+q_\perp^2}}\operatorname{arsinh}\left(\frac{q_\perp}{2m}\right)\right) \quad . \qquad \text{(D.80)}$$

Für kleine $q_\perp$ ist $\mathcal{I}^\gamma(q_\perp,m) \sim \mathcal{O}(q_\perp^2)$ und die Divergenz der Eikonal-Streumatrix für $q_\perp \to 0$ wird abgeschwächt.

Anhang E

Paarproduktion in ultrarelativistischen Schwerionenkollisionen

E.1 Die exakte Paarproduktionsamplitude in niedrigster Ordnung $Z_1\alpha$

In niedrigster Ordnung $Z_1\alpha$ lautet die Amplitude, Abbildung E.1,

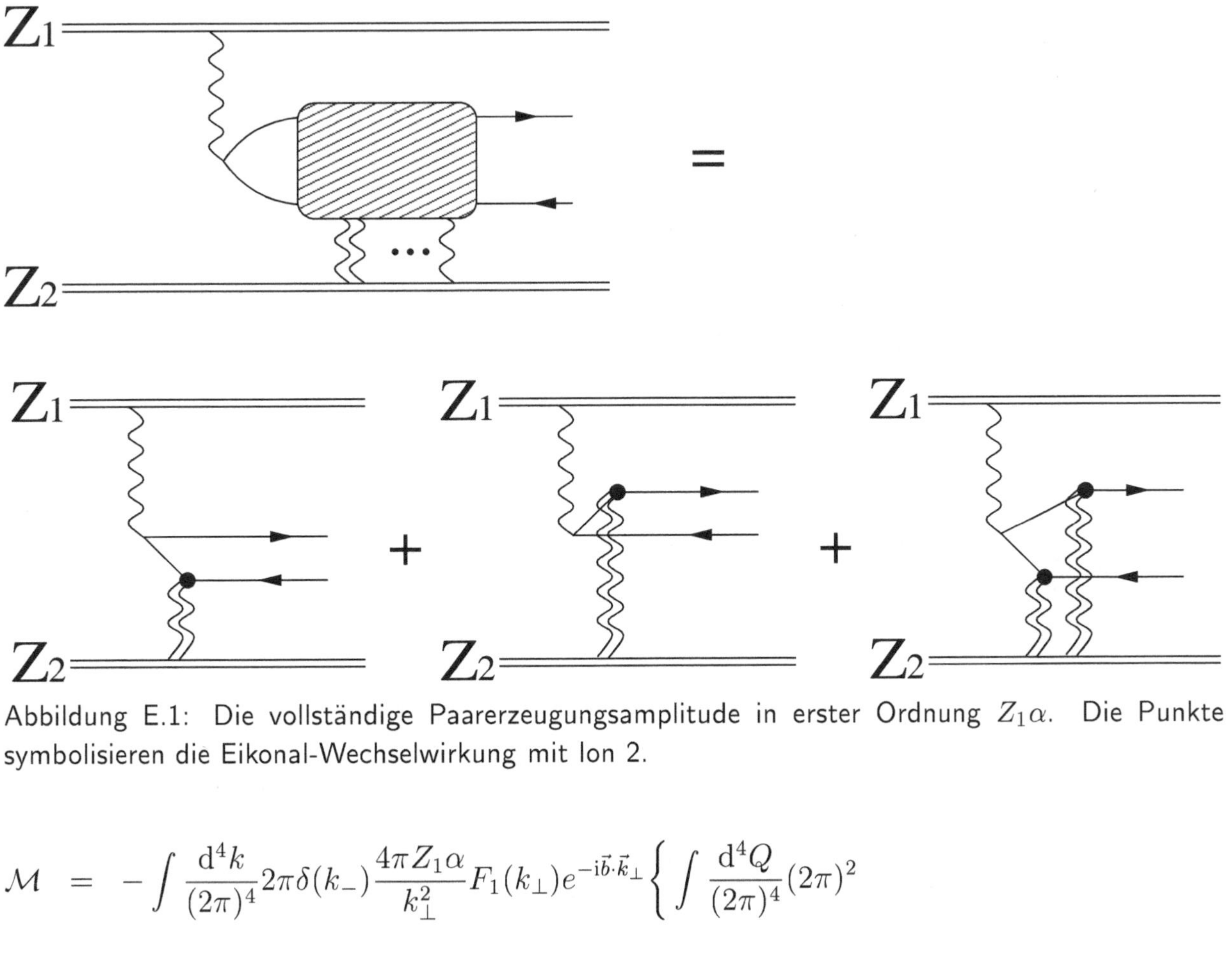

Abbildung E.1: Die vollständige Paarerzeugungsamplitude in erster Ordnung $Z_1\alpha$. Die Punkte symbolisieren die Eikonal-Wechselwirkung mit Ion 2.

$$\mathcal{M} = -\int \frac{\mathrm{d}^4k}{(2\pi)^4} 2\pi\delta(k_-) \frac{4\pi Z_1\alpha}{k_\perp^2} F_1(k_\perp) e^{-\mathrm{i}\vec{b}\cdot\vec{k}_\perp} \left\{ \int \frac{\mathrm{d}^4Q}{(2\pi)^4} (2\pi)^2 \right.$$

$$
\begin{aligned}
&\times\delta(-Q_+ + \frac{q_+}{2})\delta(Q_+ + \frac{q_+}{2})\mathcal{F}_{2-}(-\vec{Q}_\perp + \frac{\vec{q}_\perp}{2})\mathcal{F}_{2+}(\vec{Q}_\perp + \frac{\vec{q}_\perp}{2}) \\
&\times\overline{u}(p^{(e)})\frac{\gamma_+(-\not{p}^{(p)} + \not{Q} + \not{q}/2 + \not{k} + m)\gamma_-(-\not{p}^{(p)} + \not{Q} + \not{q}/2 + m)\gamma_+}{[(-p^{(p)} + Q + q/2 + k)^2 - m^2 + \mathrm{i}\epsilon][(-p^{(p)} + Q + q/2)^2 - m^2 + \mathrm{i}\epsilon]}u(-p^{(p)}) \\
&+2\pi\mathrm{i}\delta(q_+)\mathcal{F}_{2-}(\vec{q}_\perp)\overline{u}(p^{(e)})\gamma_+\frac{(-\not{p}^{(p)} + \not{k}) + m}{(-p^{(p)} + k)^2 - m^2 + \mathrm{i}\epsilon}\gamma_- u(-p^{(p)}) \\
&-2\pi\mathrm{i}\delta(q_+)\mathcal{F}_{2+}(\vec{q}_\perp)\overline{u}(p^{(e)})\gamma_-\frac{(\not{p}^{(e)} - \not{k}) + m}{(p^{(e)} - k)^2 - m^2 + \mathrm{i}\epsilon}\gamma_+ u(-p^{(p)})\Big\}
\end{aligned} \tag{E.1}
$$

k ist der von Ion 1 übertragene, das Paar erzeugende Impuls, $\vec{b}$ der Stoßparameter der Schwerionenkollision und $q = p^{(e)} + p^{(p)} - k$ der Impulsübertrag von Ion 2 auf das Paar. Die Integrationen über die longitudinalen Komponenten von k und Q_+ sind trivial. Für die Q_- Integration wird die Kontur in der oberen Halbebene geschlossen und das Residuum an der Stelle

$$
Q_- = -\frac{q_-}{2} + \frac{2\vec{p}_\perp^{(p)} \cdot (\vec{Q}_\perp + \vec{q}_\perp/2) - (\vec{Q}_\perp + \vec{q}_\perp/2)^2}{p_+^{(p)}} + \mathrm{i}\epsilon \tag{E.2}
$$

genommen. Dabei ist zu beachten, daß das Matrixelement wegen (A.1) nur von den Transversalkomponenten der Impulse abhängt. Die Einfachwechselwirkungen können analog zu Anhang D.1 umgeschrieben werden. Mit

$$
\begin{aligned}
p_+^{(p)} &= xk_+ \quad , \\
p_+^{(e)} &= (1-x)k_+
\end{aligned}
$$

ergibt sich insgesamt (vergl. (D.10))

$$
\begin{aligned}
\mathcal{M} = & -\mathrm{i}\frac{1}{4}\int\frac{\mathrm{d}^2k_\perp}{(2\pi)^2}\frac{4\pi Z_1\alpha}{k_\perp^2}F_1(k_\perp)e^{-\mathrm{i}\vec{b}\cdot\vec{k}_\perp}\int\frac{\mathrm{d}^2K_\perp}{(2\pi)^2} \\
&\times\overline{u}(p^{(e)})\frac{\gamma_+[\not{K} + (1-x)\not{k} + m]\gamma_-[\not{K} - x\not{k} + m]\gamma_+}{k_+[K_\perp^2 + \mu^2]}u(-p^{(p)}) \\
&\times\Big[S_{2-}(-\vec{K}_\perp + \vec{p}_\perp^{(e)} - (1-x)\vec{k}_\perp)S_{2+}(\vec{K}_\perp + \vec{p}_\perp^{(p)} - x\vec{k}_\perp) - \\
&\quad(2\pi)^4\delta(-\vec{K}_\perp + \vec{p}_\perp^{(e)} - (1-x)\vec{k}_\perp)\delta(\vec{K}_\perp + \vec{p}_\perp^{(p)} - x\vec{k}_\perp)\Big]
\end{aligned} \tag{E.3}
$$

$\mu^2 = m^2 + x(1-x)k_\perp^2$ mit $k_\perp^2$ der Virtualität des Photons, $K = -p^{(p)} + Q + q/2 + xk$. Das DIRAC-Matrixelement wird mit (A.1) umgeformt in

$$
\begin{aligned}
&\gamma_+[\not{K} + (1-x)\not{k} + m]\gamma_-[\not{K} - x\not{k} + m]\gamma_+ \\
&= -4[-(K_\perp^2 + \mu^2) + 2x\vec{K}_\perp \cdot \vec{k}_\perp + \not{k}_\perp\not{K}_\perp + 2x(1-x)k_\perp^2 + \not{k}_\perp m] \quad .
\end{aligned} \tag{E.4}
$$

Es ist interessant anzumerken, daß aufgrund der nichtrelativistischen Struktur der Quantenelektrodynamik in der Beschreibung durch Lichtkegelvariablen kann $\vec{K}_\perp$ als Relativimpuls des virtuellen Paares interpretiert werden [24]. Dazu werden die negativen Lichtkegelimpulse als *Energie* und die positiven Lichtkegelimpulse als *Masse* umgedeutet. Der

Transversalimpuls übernimmt die Rolle des Gesamtimpulses. Mit

$$K_1 = -p^{(p)} + Q + q/2 \quad , \tag{E.5}$$
$$K_2 = p^{(e)} + Qq/2 \tag{E.6}$$

ist $K_{1+}K_{2+}/K_+$ die reduzierte Masse des Paares und

$$\frac{K_{1+}K_{2+}}{K_+}\left(\frac{\vec{K}_{1\perp}}{K_{1+}} + \frac{\vec{K}_{2\perp}}{K_{2+}}\right) = \vec{K}_{1\perp} + \beta\vec{k}_\perp = \vec{K}_\perp \tag{E.7}$$

der entsprechende Relativimpuls.
Einsetzen von (E.4) in (E.3) ergibt, daß der Anteil $\sim (K_\perp^2 + \mu^2)$ des Matrixelements wegen (6.47) nicht beiträgt. Man findet somit

$$\begin{aligned}\mathcal{M} &= \mathrm{i}\int\frac{\mathrm{d}^2k_\perp}{(2\pi)^2}\frac{4\pi Z_1\alpha}{k_\perp^2}F_1(k_\perp)e^{-\mathrm{i}\vec{b}\cdot\vec{k}_\perp}\int\frac{\mathrm{d}^2K_\perp}{(2\pi)^2}\\ &\times\overline{u}(p^{(e)})\frac{2x(1-x)k_\perp^2 + 2x\vec{K}_\perp\cdot\vec{k}_\perp + \not{k}_\perp\not{K}_\perp + \not{k}_\perp m}{k_+(K_\perp^2+\mu^2)}\gamma_+u(-p^{(p)})\\ &\times\Big[S_{2-}(-\vec{K}_\perp + \vec{p}_\perp^{(e)} - (1-x)\vec{k}_\perp)S_{2+}(\vec{K}_\perp + \vec{p}_\perp^{(p)} - x\vec{k}_\perp) -\\ &\quad(2\pi)^4\delta(-\vec{K}_\perp + \vec{p}_\perp^{(e)} - (1-x)\vec{k}_\perp)\delta(\vec{K}_\perp + \vec{p}_\perp^{(p)} - x\vec{k}_\perp)\Big] \quad .\end{aligned} \tag{E.8}$$

Der Anteil $\sim 2x(1-x)k_\perp^2$ beschreibt die Paarproduktion durch den skalaren Anteil des Photons in der Wechselwirkung mit Ion 1. Die restlichen Terme sind proportional zu $\vec{k}_\perp$ und entsprechen dem transversalen Anteil des Photons.
Die $\vec{k}_\perp$-Abhängigkeit der Dipol-Wechselwirkung in eckigen Klammern ist in [93] nicht berücksichtigt.
Mit (A.23) und (A.24) findet man

$$\begin{aligned}\mathcal{M} &= \mathrm{i}\int\mathrm{d}^2x_1\mathrm{d}^2x_2 e^{-\mathrm{i}\vec{p}_\perp^{(e)}\cdot\vec{x}_1 - \mathrm{i}\vec{p}_\perp^{(p)}\cdot\vec{x}_2}\int\frac{\mathrm{d}^2k_\perp}{(2\pi)^2}e^{-\mathrm{i}\vec{k}_\perp\cdot(\vec{b}-\vec{R})}\frac{4\pi Z_1\alpha}{k_\perp^2}F_1(k_\perp)\\ &\times\Bigg\{\frac{1}{(2\pi)k_+}\overline{u}(p^{(e)})\Big[(2x(1-x)k_\perp^2 + \not{k}_\perp m)K_0(\mu\mid\vec{x}_1-\vec{x}_2\mid)\\ &-\mathrm{i}(\not{k}_\perp\vec{\gamma}_\perp - 2x\vec{k}_\perp)\frac{\vec{x}_1-\vec{x}_2}{\mid\vec{x}_1-\vec{x}_2\mid}\mu K_1(\mu\mid\vec{x}_1-\vec{x}_2\mid)\Big]\gamma_+u(-p^{(p)})\Bigg\}\\ &\times\left(e^{\mathrm{i}(\chi_2(\vec{x}_2)-\chi_2(\vec{x}_1))} - 1\right) \quad .\end{aligned} \tag{E.9}$$

Mit $e^{\mathrm{i}\vec{k}_\perp\cdot\vec{R}}$, wobei $\vec{R} = (x\vec{x}_2 + (1-x)\vec{x}_1)$ in der nichtrelativistischen Analogie der Schwerpunktvekor des Paares ist, kann der Impact-Faktor in geschweiften Klammern der Wellenfunktion des das Paar erzeugenden, virtuellen Photons zugeordnet werden (siehe auch [24, 116]).

E.2 Reformulierung der Streuamplitude

Hier wird die Reformulierung der exakten Streuamplitude in erster Ordnung $Z_1\alpha$ in der Impact-Faktor Darstellung vorgeführt.
Ausgehend von

$$\begin{aligned}
\mathcal{M} &= -\mathrm{i}\int \frac{\mathrm{d}^2k_\perp}{(2\pi)^2}\frac{4\pi Z_1\alpha}{k_\perp^2}F_1(k_\perp)e^{-\mathrm{i}\vec{b}\cdot\vec{k}_\perp}\mathcal{F}_{2-}(\vec{q}) \\
&\times\left(\overline{u}(p_f)\frac{-\vec{\alpha}_\perp\cdot(\vec{p}_{f\perp}-\vec{k}_\perp)+\gamma_0 m}{p_{i+}p_{f-}-(\vec{p}_{f\perp}-\vec{k}_\perp)^2-m^2+\mathrm{i}\epsilon}\gamma_+u(p_i)\right. \\
&\left.+\overline{u}(p_f)\frac{-\vec{\alpha}_\perp\cdot(\vec{k}_\perp+\vec{p}_{i\perp})+\gamma_0 m}{p_{i-}p_{f+}-(\vec{k}_\perp+\vec{p}_{i\perp})^2-m^2+\mathrm{i}\epsilon}\gamma_-u(p_i)\right) \quad , \\
&= -\frac{\mathrm{i}}{2}\frac{\mathrm{d}^2k_\perp}{(2\pi)^2}\frac{4\pi Z_1\alpha}{k_\perp^2}F_1(k_\perp)e^{-\mathrm{i}\vec{b}\cdot\vec{k}_\perp}\mathcal{F}_{2-}(\vec{q}) \\
&\times\left(\overline{u}(p_f)\gamma_-\frac{\not{p}_f-\not{k}+m}{p_{i+}p_{f-}-(\vec{p}_{f\perp}-\vec{k}_\perp)^2-m^2+\mathrm{i}\epsilon}\gamma_+u(p_i)\right. \\
&\left.+\overline{u}(p_f)\gamma_+\frac{\not{p}_i+\not{k}+m}{p_{i-}p_{f+}-(\vec{k}_\perp+\vec{p}_{i\perp})^2-m^2+\mathrm{i}\epsilon}\gamma_-u(p_i)\right)
\end{aligned} \tag{E.10}$$

findet man mit

$$\begin{aligned}
p_{i+}p_{f-}-(\vec{p}_{f\perp}-\vec{k}_\perp)^2-m^2+\mathrm{i}\epsilon &= -\frac{1}{x}\left[(\vec{p}_{i\perp}+x\vec{k}_\perp)^2+\mu^2\right]+\mathrm{i}\epsilon \quad , \\
&= -\left(\frac{1}{x}-\mathrm{i}\epsilon\right)\left[(\vec{p}_{i\perp}+x\vec{k}_\perp)^2+\mu^2\right] \quad ,
\end{aligned} \tag{E.11}$$

$$\begin{aligned}
p_{i-}p_{f+}-(\vec{k}_\perp+\vec{p}_{i\perp})^2-m^2+\mathrm{i}\epsilon &= \frac{1}{(1-x)}\left[(\vec{p}_{f\perp}-(1-x)\vec{k}_\perp)^2+\mu^2\right]+\mathrm{i}\epsilon \quad , \\
&= \left(\frac{1}{(1-x)}+\mathrm{i}\epsilon\right)\left[(\vec{p}_{f\perp}-(1-x)\vec{k}_\perp)^2+\mu^2\right]
\end{aligned} \tag{E.12}$$

und (A.10), (A.11):

$$\begin{aligned}
\mathcal{M} &= -\frac{\mathrm{i}}{4}\int \frac{\mathrm{d}^2k_\perp}{(2\pi)^2}\frac{4\pi Z_1\alpha}{k_\perp^2}F_1(k_\perp)e^{-\mathrm{i}\vec{b}\cdot\vec{k}_\perp}\mathcal{F}_{2-}(\vec{q}) \\
&\times\overline{u}(p_f)\gamma_+\left(\frac{1}{k_+-\mathrm{i}\epsilon}\frac{(\not{p}_i+\not{k}+m)\gamma_-(\not{p}_i+m)}{(\vec{p}_{i\perp}+x\vec{k}_\perp)^2+\mu^2}\right. \\
&\left.-\frac{1}{k_++\mathrm{i}\epsilon}\frac{(\not{p}_f+m)\gamma_-(\not{p}_f-\not{k}+m)}{(\vec{p}_{f\perp}-(1-x)\vec{k}_\perp)^2+\mu^2}\right)\gamma_+u(p_i) \quad .
\end{aligned} \tag{E.13}$$

Hierbei wurde mit $q_+ = p_{f+} - p_{i+} - k_+ = 0$

$$\begin{aligned}
p_{i+} &= -xk_+ \quad , \\
p_{f+} &= (1-x)k_+
\end{aligned} \tag{E.14}$$

gesetzt. x kann beliebige Werte annehmen. Man erhält schließlich

$$
\begin{aligned}
\mathcal{M} &= -\frac{i}{4}\int \frac{d^2k_\perp}{(2\pi)^2}\frac{4\pi Z_1\alpha}{k_\perp^2}F_1(k_\perp)e^{-i\vec{b}\cdot\vec{k}_\perp} \\
&\quad\times \int d^2Q_\perp \overline{u}(p_f)\gamma_+ \frac{(\not{p}_f - \not{Q} - \not{q}/2 + m)\gamma_-(\not{p}_f - \not{k} - \not{Q} - \not{q}/2 + m)}{(\vec{p}_{f\perp} - (1-x)\vec{k}_\perp - \vec{Q}_\perp - \vec{q}_\perp/2)^2 + \mu^2}\gamma_+ u(p_i) \\
&\quad\times \left(\frac{\delta(\vec{q}_\perp/2 - \vec{Q}_\perp)}{k_+ - i\epsilon}\mathcal{F}_{2-}(\vec{Q}_\perp + \vec{q}_\perp/2) - \frac{\delta(\vec{Q}_\perp + \vec{q}_\perp/2)}{k_+ + i\epsilon}\mathcal{F}_{2-}(\vec{q}_\perp/2 - \vec{Q}_\perp)\right) , \\
&= -\frac{i}{4}\int \frac{d^2k_\perp}{(2\pi)^2}\frac{4\pi Z_1\alpha}{k_\perp^2}F_1(k_\perp)e^{-i\vec{b}\cdot\vec{k}_\perp} \\
&\quad\times \int d^2K_\perp \overline{u}(p_f)\gamma_+ \frac{(\not{K} + (1-x)\not{k} + m)\gamma_-(\not{K} - x\not{k} + m)}{K_\perp^2 + \mu^2}\gamma_+ u(p_i) \\
&\quad\times \left(\frac{\delta(\vec{K}_\perp - \vec{p}_{i\perp} - x\vec{k}_\perp)}{k_+ - i\epsilon}\mathcal{F}_{2-}(-\vec{K}_\perp + \vec{p}_{f\perp} - (1-x)\vec{k})\right. \\
&\quad\left. - \frac{\delta(-\vec{K}_\perp + \vec{p}_{f\perp} - (1-x)\vec{k})}{k_+ + i\epsilon}\mathcal{F}_{2-}(\vec{K}_\perp - \vec{p}_{i\perp} - x\vec{k}_\perp)\right) . \qquad \text{(E.15)}
\end{aligned}
$$

Analog zu Abschnitt E.1 liefert die Auswertung des Matrixelements

$$
\begin{aligned}
&\gamma_+(\not{K} + (1-x)\not{k} + m)\gamma_-(\not{K} - x\not{k} + m)\gamma_+ \\
&= -4\left(-(K_\perp^2 + \mu^2) + 2x(1-x)k_\perp^2 + \not{k}_\perp m + 2x\vec{K}_\perp \cdot \vec{k}_\perp + \not{k}_\perp \not{K}_\perp\right) . \qquad \text{(E.16)}
\end{aligned}
$$

Im Fall der Paarproduktion ist aus Energieerhaltungsgründen $k_+ = p_+^{(e)} + p_+^{(p)} > 0$. Der Term $\sim (K_\perp^2 + \mu^2)$ ergibt mit der DIRAC-Identität einen Anteil $\sim \delta(k_+)$, der daher nicht beiträgt. Weiterhin wird x auf den Bereich $0 \le x \le 1$ eingeschränkt.

E.3 Totaler Wirkungsquerschnitt für Bremsstrahlung und Photoproduktion

Hier soll zunächst die Bremsstrahlung im Feld eines Nukleons im ultrarelativistischen Grenzfall betrachtet werden. Die Amplitude lautet

$$
\mathcal{M}^{\text{Brems}} = ie\overline{u}(p_f)\left(\not{\epsilon}\frac{\not{p}_f + \not{k} + m}{(p_f + k)^2 - m^2 + i\epsilon}\gamma_0 + \gamma_0\frac{\not{p}_i - \not{k} + m}{(p_i - k)^2 - m^2 + i\epsilon}\not{\epsilon}\right)u(p_i)\delta(q_0)\mathcal{F}_-(\vec{q}_\perp) \qquad \text{(E.17)}
$$

k ist der 4-Impuls des emittierten Photons und $\epsilon = (0, \vec{\epsilon}_\perp, 0)$ dessen Polarisationsvektor. Diagramme, die eine Wechselwirkung beiderseits der Bremsstrahlungs-Emission beschreiben, tragen nicht bei. Das läßt sich in gleicher Weise begründen wie das Verschwinden der alternierenden Wechselwirkung in niedrigster Ordnung bei der Streuung von Elektronen im Feld kollidierender Ionen, Abschnitt B. Dieses Verhalten der Amplitude ist physikalisch sofort einsichtig: Das Photon *muß* von einem äußeren Bein abgestrahlt werden,

da im Hochenergielimes die Wechselwirkung mit dem äußeren Feld instantan wird (vergl. Abschnitt 2.2.3) und somit jedes Photon in bezug auf die durch die Wechselwirkungsdauer gesetzte Skala *weich* ist.
Die Bremsstrahlungsphotonen werden in einen schmalen Kegel mit dem Öffnungswinkel $\vartheta \sim m/p_{i0}$ um die Strahlachse des einlaufenden Elektrons emittiert [96, 104]. Für $k_\perp \ll k_3 \sim k_0$ findet man mit $k_+ = xp_{i+}$ und $p_{f+} = (1-x)p_{i+}$, $0 \leq x \leq 1$, [43]

$$\mathcal{M}^{\text{Brems}} = \mathrm{i}ex(1-x)\mathcal{F}_-(\vec{q}_\perp)\overline{u}(p_f)\left[\frac{\not{\epsilon}(\not{p}_i + \not{q} + m)\gamma_0}{(\vec{k}_\perp - x\vec{q}_\perp)^2 + m^2x^2} - \frac{\gamma_0(\not{p}_f - \not{q} + m)\not{\epsilon}}{(1-x)(k_\perp^2 + m^2x^2)}\right]u(p_i) \quad . \tag{E.18}$$

Dabei wurde

$$(p_f + k)^2 - m^2 = 2p_f k \approx \frac{(\vec{k}_\perp - x\vec{q}_\perp)^2 + x^2m^2}{x(1-x)} \tag{E.19}$$

und

$$(p_i - k)^2 - m^2 = -2p_i k \approx -\frac{k_\perp^2 + x^2m^2}{x} \tag{E.20}$$

ausgenutzt. Die Energie-δ-Funktion ist implizit im Bereich von x berücksichtigt.
An Stelle von (E.18) wird hier die Bremsstrahlungs-Amplitude in gleicher Weise wie die Paarproduktionsamplitude dargestellt. Das Koordinatensystem wird im folgenden so gewählt, daß

$$\vec{k}_\perp \equiv 0 \quad . \tag{E.21}$$

Mit $p_i = p_f + k - q$ wird dadurch die Richtung des einfallenden Elektrons zu einer variablen Größe, was bei der Berechnung des totalen Wirkungsquerschnitts in der Integration über den Phasenraum des auslaufenden Photons berücksichtigt werden muß. Weiterhin gilt damit $k_- = 0$ (reelles Photon!). Mit $p_{i+} = xk_+$ und $p_{f+} = (x-1)k_+$, $1 \leq x \leq \infty$, sowie den Spinoridentitäten (A.10), (A.11) und

$$\gamma_0 u(p)\delta(q_0) \approx \gamma_+ u(p)\delta(q_+) \tag{E.22}$$

folgt

$$\begin{aligned}
\mathcal{M}^{\text{Brems}} &= \mathrm{i}e\overline{u}(p_f)\gamma_+\left(\frac{(\not{p}_f + m)\not{\epsilon}(\not{p}_f + \not{k} + m)}{p_{f\perp}^2 + m^2}\right.\\
&\qquad \left. - \frac{(\not{p}_i - \not{k} + m)\not{\epsilon}(\not{p}_i + m)}{p_{i\perp}^2 + m^2}\right)\gamma_+ u(p_i)\frac{\delta(q_+)}{2k_+}\mathcal{F}_-(\vec{q}_\perp) \quad ,\\
&= \mathrm{i}\frac{\delta(q_+)}{2k_+}\int \mathrm{d}^2Q_\perp \overline{u}(p_f)\gamma_+\frac{(\not{p}_i - \not{k} + \not{Q} + \not{q}/2 + m)\not{\epsilon}(\not{p}_i + \not{Q} + \not{q}/2 + m)}{(\vec{p}_{i\perp} + \vec{q}_\perp/2 + \vec{Q}_\perp)^2 + m^2}\gamma_+ u(p_i)\\
&\quad \times\left(\delta(\vec{q}_\perp/2 - \vec{Q}_\perp)\mathcal{F}_-(\vec{q}_\perp/2 + \vec{Q}_\perp) - \delta(\vec{q}_\perp/2 + \vec{Q}_\perp)\mathcal{F}_-(\vec{q}_\perp/2 - \vec{Q}_\perp)\right) \;.
\end{aligned} \tag{E.23}$$

Die Auswertung des Matrixelements erfolgt analog zu Abschnitt 6.1 und man erhält mit $K = p_i + Q + q/2$ und (E.22)

$$\begin{aligned}
\mathcal{M}^{\text{Brems}} &= -\mathrm{i}e\int \mathrm{d}^2K_\perp \overline{u}(p_f)\frac{\not{\epsilon}m + \not{\epsilon}\not{K}_\perp + 2x\vec{\epsilon}_\perp \cdot \vec{K}_\perp}{K_\perp^2 + m^2}\gamma_0 u(p_i)\\
&\quad \times\left(\delta(\vec{p}_{f\perp} - \vec{K}_\perp)\mathcal{F}_-(\vec{K}_\perp - \vec{p}_{i\perp}) - \delta(\vec{K}_\perp - \vec{p}_{i\perp})\mathcal{F}_-(\vec{p}_{f\perp} - \vec{K}_\perp)\right) \;.
\end{aligned} \tag{E.24}$$

Der Impact-Faktor für Bremsstrahlung und Paarproduktion hat daher die gleiche Form. Man findet für beide Reaktionskanäle

$$\mathcal{M} = \mathrm{i}e \int \frac{\mathrm{d}^2 K_\perp}{(2\pi)^2} \overline{u}(p_f) \frac{\not{\epsilon} m + \not{\epsilon}\not{K}_\perp + 2x\vec{\epsilon}_\perp \cdot \vec{K}_\perp}{K_\perp^2 + m^2} \gamma_0 u(p_i) \times \begin{cases} -(2\pi)^2 \Big(\delta(\vec{p}_{f\perp} - \vec{K}_\perp)\mathcal{F}_-(\vec{K}_\perp - \vec{p}_{i\perp}) - \delta(\vec{K}_\perp - \vec{p}_{i\perp})\mathcal{F}_-(\vec{p}_{f\perp} - \vec{K}_\perp)\Big) & \text{(Brems)} \\ \Big(S_+(\vec{K}_\perp - \vec{p}_{i\perp})S_-(\vec{p}_{f\perp} - \vec{K}_\perp) - (2\pi)^4 \delta(\vec{K}_\perp - \vec{p}_{i\perp})\delta(\vec{p}_{f\perp} - \vec{K}_\perp)\Big) & \text{(Paar)} \end{cases} \tag{E.25}$$

wobei für die Paarproduktion die Ersetzungen $p_i = -p^{(p)}$, $p_f = p^{(e)}$ und $\vec{k} \to -\vec{k}$ vorgenommen werden müssen. x kann damit in der Paarproduktion Werte aus dem Bereich $0 \leq x \leq 1$ annehmen. Mit (D.9) ist erneut deutlich zu sehen, daß mit (4.4) und (5.1) nicht die volle Paarproduktionsamplitude über die Crossing-Symmetrie mit der Bremsstrahlungsamplitude verbunden ist.
Im Ortsraum lautet (E.25)

$$\begin{aligned} \mathcal{M} &= \mathrm{i}\frac{em}{2\pi} \int \mathrm{d}^2 x_1 \mathrm{d}^2 x_2 \, e^{-\mathrm{i}\vec{p}_{f\perp}\cdot\vec{x}_1 + \mathrm{i}\vec{p}_{i\perp}\cdot\vec{x}_2} \\ &\quad \times \overline{u}(p_f) \left(\not{\epsilon} K_0(m|\vec{x}_1 - \vec{x}_2|) - \mathrm{i}(\not{\epsilon}\vec{\gamma}_\perp - 2x\vec{\epsilon}_\perp) \cdot \frac{(\vec{x}_1 - \vec{x}_2)}{|\vec{x}_1 - \vec{x}_2|} K_1(m|\vec{x}_1 - \vec{x}_2|) \right) \gamma_0 u(p_i) \\ &\quad \times \begin{cases} e^{-\mathrm{i}\chi(\vec{x}_2)} \left(e^{\mathrm{i}(\chi(\vec{x}_2) - \chi(\vec{x}_1))} - 1 \right) & \text{(Brems)} \\ \left(e^{\mathrm{i}(\chi(\vec{x}_2) - \chi(\vec{x}_1))} - 1 \right) & \text{(Paar)} \end{cases} \end{aligned} \tag{E.26}$$

Wird in der Bremsstrahlungsamplitude die Ersetzung (4.4) ohne Beachtung von (5.1) vorgenommen, so beschreibt die erhaltene Amplitude die Produktion von Elektron-Positron Paaren, bei der das Positron durch ein System von Wellenfunktionen beschrieben wird, die asymptotisch auslaufende Kugelwellen enthalten. Diese Amplitude unterscheidet sich von der Paarproduktionsamplitude mit der korrekten Asymptotik durch die ortsabhängige Phase $e^{-\mathrm{i}\chi(\vec{x}_2)}$, die im totalen Wirkugsquerschnitt

$$\sigma = \int |\mathcal{M}|^2 \frac{1}{8p_{i0}p_{f0}\omega} \frac{\mathrm{d}^2 p_{i\perp} \mathrm{d}^2 p_{f\perp}}{(2\pi)^5} \begin{cases} \dfrac{\omega^2}{p_{i0}^2} \mathrm{d}\omega & \text{(Brems)} \\ \mathrm{d}p_{i0} & \text{(Paar)} \end{cases} \tag{E.27}$$

herausfällt. Der zusätzliche Faktor im Fall der Bremsstrahlung resultiert daher, daß durch die Wahl des Kordinatensystems anstelle der Emissionsrichtung des Photons der Transversalimpuls des einlaufenden Elektrons zur zweiten, unabhängigen Richtungsvariablen gemacht wurde. Im dominanten Bereich kleiner Streu- und Emissionswinkel wird damit das Phasenraumelement des einlaufenden Elektrons in den Phasenraum des auslaufenden Photons umgerechnet

$$\mathrm{d}^2 p_{i\perp} \approx p_{i0}^2 \mathrm{d}\Omega \approx \frac{p_{i0}^2}{\omega^2} \mathrm{d}^2 k_\perp \quad . \tag{E.28}$$

Die obige Rechnung zeigt, daß durch einfache Umformungen der Amplitude, die COULOMB-Korrekturen zum Bremsstrahlungsquerschnitt auf die Korrekturen zur Photoproduktion zurückgeführt werden können, deren Berechnung bekannt ist (siehe Abschnitt D.3). Dies widerlegt die Äußerung in [98], daß die störungstheoretische (Impact-Faktor-) Darstellung der Amplitude für die Berechnung des totalen Wirkungsquerschnittes unbrauchbar ist.

LITERATURVERZEICHNIS

[1] H.D.I. ABARBANEL, C. ITZYKSON, *Relativistic eikonal expansion*, Phys. Rev. Lett. **23** (1969) 53

[2] E.S. ABERS, H. BURKHARDT, V.L. TEPLITZ, C. WILKIN, *On the shadow effect in high-energy scattering from deuterons*, Nuovo Cim. **42A** (1966) 365

[3] M. ABRAMOWITZ, I.A. STEGUN, *Handbook of mathematical functions*, Natl. Bur. Stand. Appl. Math. No. 55, U.S. GPO, Washington, D.C., (1964)

[4] P.C. AICHELBURG, R.U. SEXL, *On the gravitational field of a massless particle*, Gen. Rel. Grav. 2, 303 (1971)

[5] A. BAKER, *Relativistic high-energy approximation for elastic scattering of Dirac particles*, Phys. Rev. **134** (1964) B240

[6] H. BALASIN, W. KUMMER, O. PIGUET, M. SCHWEDA, *On the regularization of the mass-zero 2D-propagator*, Phys. Lett. **B287**, 138 (1992)

[7] A.J. BALTZ, M.J. RHOADES-BROWN, J. WENESER, *Energy-dependence of bound-electron-positron pair production at very-high-energy ion-ion transits*, Phys. Rev. **A44** (1991) 5569

[8] A.J. BALTZ, M.J. RHOADES-BROWN, J. WENESER, *Bound-electron-positron pair production in relativistic heavy-ion collisions*, Phys. Rev. **A47** (1993) 3444

[9] A.J. BALTZ, *Coulomb-potential from a particle in uniform ultrarelativistic motion*, Phys. Rev. **A52** (1995) 4970

[10] A.J. BALTZ, *Exact Dirac equation calculation of ionization and pair production induced by ultrarelativistic heavy ions*, Phys. Rev. Lett. **78**, 1231 (1997)

[11] A.J. BALTZ, L. MCLERRAN, *Two center light cone calculation of pair production induced by ultrarelativistic heavy ions*, Phys. Rev. **C58** (1998) 1679

[12] A.J. BALTZ, *Exact Dirac equation calculation of ionization induced by ultrarelativistic heavy ions*, physics/9906055

[13] G. BAUR, *Multiple electron positron pair production in relativistic heavy-ion collisions: a strong field effect*, Phys. Rev. **A42** (1990) 5736

[14] G. BAUR, K. HENCKEN, D. TRAUTMANN, *Photon-photon physics in very peripheral collisions of relativistic heavy-ions*, J. Phys. **G24** (1998) 1657

[15] U. BECKER, N. GRÜN, W. SCHEID, *Direct electron-positron pair production in relativistic heavy-ion collisions in the semiclassical approximation*, J. Phys. **B19** (1986) 1374

[16] J.B. BELLICARD, P. BOUNIN, R.F. FROSCH, R. HOFSTADTER, J.S. MCCARTHY, F.J. UHRHANE, M.R. YEARIAN, B.C. CLARK, R. HERMAN, D.G. RAVENHALL, *Scattering of 750-MeV electrons by Calcium isotopes*, Phys. Rev. Lett. **19** (1967) 527

[17] L. BERTOCCHI, *Graphs and Glauber*, Nuovo Cim. **A11** (1972) 45

[18] C.A. BERTULANI, G. BAUR, *Electromagnetic processes in relativistic heavy ion collisions*, Phys. Rep. **163** (1988) 300

[19] H.A. BETHE, W. HEITLER, *On the stopping of fast particles and on the creation of positive electrons* , Proc. Roy. Soc. **A146** (1934) 83

[20] H.A. BETHE, L.C. MAXIMON, F. LOW, *Bremsstrahlung at high energies*, Phys. Rev. Lett. **91** (1953) 417

[21] H.A. BETHE, L.C. MAXIMON, *Theory of Bremsstrahlung and pair production. I. Differential cross section*, Phys. Rev. **93** (1954) 768

[22] G. BREIT, H.A. BETHE, *Ingoing waves in final state of scattering problems*, Phys. Rev. **93** (1954) 888

[23] C. BEST, W. GREINER, G. SOFF, *Multiplicity distribution of electron-positron pairs created by strong external fields*, Phys. Rev. **A46**, 261 (1992)

[24] J.D. BJORKEN, J.B. KOGUT, D.E. SOPER, *Quantum electrodynamics at infinite momentum: scattering from an external field*, Phys. Rev. **D3** (1971) 1382

[25] J.D. BJORKEN, S.D. DRELL, *Relativistische Quantenmechanik*, B.I. Wissenschaftsverlag, Mannheim (1992)

[26] P. BLANCHARD, E. BRÜNING, *Distributionen und Hilbertraumoperatoren*, Springer-Verlag, Wien (1993)

[27] R. BLANKENBECLER, S.D. DRELL, *The Bethe-Maximon result*, Phys. Rev. **D36** (1987) 2846

[28] M. BLESZYNSKI, T. JAROSZEWICZ, *Non-eikonal corrections in potential scattering on two centres*, Nucl. Phys. **A386** (1982) 525

[29] C. BOTTCHER, M.R. STRAYER, *Electron pair production from pulsed electromagnetic fields in relativistic heavy-ion collisions*, Phys. Rev. **D39** (1989) 1330

[30] D. BRANDT, K. EGGERT, A. MORSCH, *Luminosity considerations for different ion species*, CERN-AT/94-05 (DI), CERN-SL/94-04 (AP) and LHC Note 264

[31] S.J. BRODSKY, T. KINOSHITA, H. TERAZAWA, *Two-photon mechanism of particle production by high-energy colliding beams*, Phys. Rev. **D4** (1971) 1532

[32] V.M. BUDNEV, I.F. GINZBURG, G.V. MELEDIN, V.G. SERBO, *The two-photon particle production mechanism. Physical problems, applications, equivalent photon approximation*, Phys. Rep. **4** (1975) 181

[33] S.J. CHANG, S.K. MA, *Multiphoton exchange amplitudes at infinite energy*, Phys. Rev. **188** (1969) 2385

[34] S.J. CHANG, S.K. MA, *Feynman rules and quantum electrodynamics at infinite momentum*, Phys. Rev. **180** (1969) 1506

[35] S.J. CHANG, S.K. MA, *Scattering amplitudes in quantum electrodynamics at infinite energy*, Phys. Rev. Lett. **22** (1969) 1334

[36] S.J. Chang, P.M. Fishbane, *Scattering amplitudes in quantum electrodynamics at infinite energy, and possible implications for hadron physics*, Phys. Rev. **D2** (1970) 1104

[37] H. CHENG, T.T. WU, *High-energy collision processes in quantum electrodynamics. I*, Phys. Rev. **182** (1969) 1852

[38] H. CHENG, T.T. WU, *High-energy collision processes in quantum electrodynamics. II*, Phys. Rev. **182** (1969) 1868

[39] H. CHENG, T.T. WU, *High-energy collision processes in quantum electrodynamics. IV*, Phys. Rev. **182** (1969) 1899

[40] H. CHENG, T.T. WU, *Impact factor and exponentiation in high-energy scattering processes*, Phys. Rev. **186** (1969) 1611

[41] H. CHENG, T.T. WU, *High energy elastic scattering in quantum electrodynamics*, Phys. Rev. Lett. **22** (1969) 666

[42] H. CHENG, T.T. WU, *Physical picture for high-energy diffraction scattering*, Phys. Rev. Lett. **23** (1969) 670

[43] H. CHENG, T.T. WU, *High energy production processes in quantum electrodynamics* Phys. Rev. **D1** (1970) 456

[44] H. CHENG, T.T. WU, *Theory of high-energy diffraction scattering. I*, Phys. Rev. **D1** (1970) 1069

[45] H. CHENG, T.T. WU, *High-energy Delbrück scattering close to the forward direction*, Phys. Rev. **D2** (1970) 2444

[46] H. CHENG, T.T. WU, *Limit of cross sections at infinite energy*, Phys. Rev. Lett. **24** (1970) 1456

[47] H. CHENG, T.T. WU, *Expanding protons: scattering at high energies*, MIT Press, Cambridge, Massachusetts (1987)

[48] J.C. COLLINS, *Renormalization*, Cambridge University Press (1984)

[49] R.B. CURTIS, *Meson production by electrons*, Phys. Rev. **104** (1956) 211

[50] R.H. DALITZ, *On higher Born approximations in potential scattering*, Proc. Roy. Soc. London **206** (1951) 509

[51] R.H. DALITZ, D.R. YENNIE, *Pion production in electron-proton collisions*, Phys. Rev. **105** (1957) 1598

[52] H. DAVIES, H.A. BETHE, L.C. MAXIMON, *Theory of bremsstrahlung and pair production. II. Integral cross section for pair production*, Phys. Rev. **93** (1954) 788

[53] J.D. DOLLARD, *Asymptotic convergence and the Coulomb-interaction*, J. Math. Phys. **5** (1964) 729

[54] M. DREES, J. ELLIS, D. ZEPPENFELD, *Can one detect an intermediate mass Higgs boson in heavy-ion collisions?*, Phys. Lett. **B223** (1989) 454

[55] J. EICHLER, W.E. MEYERHOF, *Relativistic Atomic Collisions*, Academic Press (1995)

[56] U. EICHMANN, J. REINHARDT, S. SCHRAMM, W. GREINER, *Coulomb effects on electromagnetic pair production in ultrarelativistic heavy-ion collisions*, Phys. Rev. **A59** (1999) 1223

[57] U. EICHMANN, J. REINHARDT, W. GREINER, *Electromagnetic pair production in ultra-relativistic heavy-ion collisions*, Heavy Ion Physics **9** (1999) 49

[58] U. EICHMANN, J. REINHARDT, W. GREINER, *The influence of higher-order corrections on the production of heavy fermion pairs in ultrarelativistic heavy-ion collisions*, Phys. Scripta **T80** (1999) 434

[59] U. EICHMANN, J. REINHARDT, W. GREINER, *Crossing symmetry in the high-energy limit and pair production in ultrarelativistic heavy-ion collisions*, Phys. Rev. **A61** (2000) 62710

[60] U. EICHMANN, J. REINHARDT, W. GREINER, *High-energy photoproduction and scattering of leptons in the field of extended nuclei*, Phys. Rev. **C61** (2000) 64901

[61] L.D. FADDEEV, *Scattering theory for a three particle system*, Sov. Phys. JETP **12** (1961) 1014

[62] G. Fäldt, I. Hulthage, *Coulomb scattering in the eikonal approximation*, Nucl. Phys. **A302** (1978) 433

[63] G. Fäldt, H. Pilkuhn, *Coulomb flux corrections and total cross sections for pion-nucleus interactions in the Δ-resonance region*, Phys. Lett. **40B** (1972) 613

[64] E. Fermi, *Über die Theorie des Stoßes zwischen Atomen und elektrisch geladenen Teilchen*, Z. Phys. **29** (1924) 315

[65] R. Ferrari, *Some comments on the Higgs phenomenon*, Nuovo Cim. **A19** (1974) 204

[66] R.P. Feynman, *Space-time approach to quantum electrodynamics*, Phys. Rev. **76** (1949) 769

[67] H.M. Fried, *Functional methods and models in quantum field theory*, MIT-Press, (1972)

[68] B. Frois, J.B. Bellicard, J.M. Caredon, H. Huet. L. Leconte, P. Ludeau, A. Nakada, P.Z. Ho, I. Silk, *High-momentum-transfer electron scattering from ^{208}Pb*, Phys. Rev. Lett. **38** (1977) 152

[69] M. Froissart, *Asymptotic behaviour and subtractions in the Mandelstam representation*, Phys. Rev. **123** (1961) 1053

[70] W.H. Furry, *Approximate wave functions for high energy electrons in Coulomb fields*, Phys. Rev. **46** (1934) 391

[71] S.R. Gevorkyan, E.A. Kuraev, A. Schiller, V.G. Serbo, A.V. Tarasov, *Production of relativistic positronium in collisions of photons and electrons with nuclei and atoms*, Phys. Rev. **A58** (1998) 4556

[72] I.F. Ginzburg, U.D. Jentschura, S.G. Karshenboim, F. Krauss, V.G. Serbo, G. Soff, *Production of bound $\mu^+\mu^-$-systems in relativistic heavy-ion collisions*, Phys. Rev. **C58** (1998) 3565

[73] R.J. Glauber, *Cross sections in deuterium at high energies*, Phys. Rev. **100** (1955) 242

[74] R.J. Glauber, *High-energy collision theory*, in *Lectures in theoretical physics*, 1, herausgegeben von W.E. Brittin und L.G. Dunham, Wiley-Interscience Inc., New York (1959)

[75] I.S. Gradshteyn, I.M. Ryzhik, *Table of integrals, series and products*, Academic Press (1965)

[76] W. Greiner, J. Eisenberg, Nuclear Theory 2, *Excitation mechanisms of the nucleus*, North Holland, Amsterdam (1988)

[77] W. Greiner, Theoretische Physik 3, *Klassische Elektrodynamik*, Verlag Harri Deutsch, Frankfurt (1991)

[78] V.N. Gribov, L.N. Lipatov, G.V. Frolov, *The leading singularity in the j-plane in quantum electrodynamics*, Sov. J. Nucl. Phys. **12** (1971) 543

[79] G. Grignani, M. Mintchev, *Renormalization and conformal properties of σ models on Riemannian space with torsion*, Phys. Rev. **D38** (1988) 316

[80] D.R. Harrington, *Multiple scattering, the Glauber approximation, and the off-shell eikonal approximation*, Phys. Rev. **184** (1969) 1745

[81] D.R. Harrington, *Eikonal approximation for inelastic processes*, Phys. Rev. **D4** (1971) 840

[82] W. Heitler, *The Quantum Theory of Radiation*, Oxford University Press, London (1954)

[83] K. Hencken, D. Trautmann, G. Baur, *Higher-order processes in the electromagnetic production of electron-positron pairs in relativistic heavy-ion collisions*, Phys. Rev. **A51** (1995) 998

[84] K. Hencken, D. Trautmann, G. Baur, *Impact-parameter dependence of the total probability for electromagnetic electron-positron pair production in relativistic heavy-ion collisions*, Phys. Rev. **A51** (1995) 1874

[85] K. Hencken, D. Trautmann, G. Baur, *Calculation of higher-order effects in electron-positron pair production in relativistic heavy-ion collisions*, Phys. Rev. **C59** (1999) 841

[86] R. Hofstadter, *Electron scattering and nuclear structure*, Rev. Mod. Phys. **28** (1956) 214

[87] G. 't Hooft, M. Veltman, *Regularization and normalization of gauge fields*, Nucl. Phys. **B44** (1972) 189

[88] G. 't Hooft, M. Veltman, *Scalar one-loop integrals*, Nucl. Phys. **B153** (1979) 365

[89] G. 't Hooft, *Graviton dominance in ultra-high-energy scattering*, Phys. Lett. **B198** (1987) 61

[90] D.C. Ionescu, J. Eichler, *Production of free electron-positron pairs in relativistic heavy-ion collisions*, Phys. Rev. **A48** (1993) 1176

[91] D.C. Ionescu, *Elektromagnetische Elektron-Positron-Paarproduktion in relativistischen Schwerionenstößen*, Habilitationsschrift, FU Berlin (1997)

[92] C. Itzykson, J.B. Zuber, *Quantum Field Theory*, McGraw-Hill (1985)

[93] D.Yu. Ivanov, K. Melnikov, *Lepton pair production by a high energy photon in a strong electromagnetic field*, Phys. Rev. **D57** (1998) 4025

[94] D.Yu. Ivanov, A. Schiller, V.G. Serbo, *Large Coulomb corrections to the e^+e^- pair production at relativistic heavy ion colliders*, Phys. Lett. **B454** (1999) 155

[95] R. Jackiw, D. Kabat, M. Ortiz, *Electromagnetic fields of a massless particle and the eikonal*, Phys. Lett. **B277** (1992) 148

[96] J.D. Jackson, *Klassische Elektrodynamik*, de Gruyter, Berlin (1982)

[97] T. Jaroszewicz, *Positronium photoproduction in the Coulomb Field: Bound states in the infinite-momentum frame and multi-photon exchange*, Institut für Kernphysik (Krakau), Report INP 829/PH (1973)

[98] T. Jaroszewicz, J. Wosiek, *High-energy bremsstrahlung and pair production in the Coulomb field: Bethe and Maximon versus Cheng and Wu approaches*, Acta Physica Polonica **B8** (1977) 837

[99] F. Krauss, M. Greiner, G. Soff, *Photon and gluon-induced processes in relativistic heavy-ion collisions*, Prog. Part. Nucl. Phys. **39** (1997) 503

[100] J.B. Kogut, D.E. Soper, *Quantum electrodynamics in the infinite momentum frame*, Phys. Rev. **D1** (1970) 2901

[101] G.L. Kotkin, E.A. Kuraev, A. Schiller, V.G. Serbo, *Production of para- and orthopositronium at relativistic heavy ion colliders*, Phys. Rev. **C59** (1999) 2734

[102] L.D. Landau, E.M. Lifshitz, *Über die Produktion von Elektronen und Positronen in der Kollision zweier Teilchen*, Sov. Phys. **6** (1934) 244

[103] L.D. Landau, E.M. Lifshitz, Lehrbuch der Theoretischen Physik, Bd. III *Quantenmechanik*, Akademie-Verlag Berlin (1991)

[104] L.D. Landau, E.M. Lifshitz, Lehrbuch der Theoretischen Physik, Bd. IV *Quantenelektrondynamik*, Akademie-Verlag Berlin (1991)

[105] P.V. Landshoff, J.C. Polkinghorne, *Models for hadronic and leptonic processes at high energy*, Phys. Rep. **5** (1972) 1

[106] R.N. Lee, A.I. Milstein, *On the nature of Coulomb corrections to the e^+e^- pair production in ultrarelativistic heavy-ion collisions*, Budker INP 99-76, hep-ph/9909452

[107] G. Leibbrandt, *Introduction to the technique of dimensional regularization*, Rev. Mod. Phys. **47** (1975) 849

[108] M. Levy, J. Sucher, *Eikonal approximation in quantum field theory*, Phys. Rev. **186** (1969) 1656

[109] M.J. Lighthill, *Introduction to Fourier analysis and generalized functions*, Cambridge Univ. Press (1959)

[110] L.N. Lipatov, G.V. Frolov, *Some processes in quantum electrodynamics at high energies*, Sov. J. Nucl. Phys. **13** (1971) 333

[111] W. Magnus, *On the exponential solution of differential equations for a linear operator*, Commun. Pure Appl. Math. **7** (1954) 649

[112] E. Meggiolaro, *High energy quark-quark scattering and the eikonal approximation*, Nucl. Phys. Proc. Suppl. **64** (1998) 191

[113] H. Meier, K. Hencken, D. Trautmann, G. Baur, *Bremsstrahlung pair production in relativistic heavy-ion collisions*, Eur. Phys. J. **C2** (1998) 741

[114] G. Moliere, *Theorie der Streuung schneller geladener Teilchen I, Einzelstreuung am abgeschirmten Coulomb Feld*, Z. Naturforsch. **2a** (1947) 133

[115] T. Muta, *Foundations of QCD*, World Scientific Publishing Co., Singapur (1998)

[116] N.N. Nikolaev, B.G. Zakharov, *Pomeron structure function and diffraction dissociation of cirtual photons in perturbative QCD*, Z. Phys. **C53** (1992) 331

[117] A. Nordsieck, *Reduction of an integral in the theory of bremsstrahlung*, Phys. Rev. **93** (1954) 785

[118] J. Nystrand, S. Klein, *Two-photon physics in nucleus-nucleus collisions at RHIC*, LBNL-42524, nucl-ex/9811007

[119] F. Oberhettinger, Die Grundlagen der Mathematischen Wissenschaften, Bd. XC, *Tabellen zur Fourier-Transformation*, Springer-Verlag, Berlin (1957)

[120] H. Olsen, *Outgoing and ingoing waves in final states and bremsstrahlung*, Phys. Rev. Lett. **99** (1955) 1335

[121] H. Olsen, *Out- amd in-going waves in final states*, Det Kong. Norske Videnskab. Selskabs, Forh. **28** (1955) 10

[122] H. Olsen, L.C. Maximon, H. Wergeland, *Theory of high-energy bremsstrahlung and pair production in a screened field*, Phys. Rev. **106** (1957) 27

[123] G. Piller, W. Ratzka, W. Weise, *Phenomenology of nuclear shadowing in deep-inelastic scattering*, Z. Phys. **A352** (1995) 427

[124] G. Racah, *Sulla nascita di coppie per urti di particelle elettrizzate*, Nuovo Cim. **14** (1937) 93

[125] M.J. Rhoades-Brown, J. Weneser, *Higher-order effects on pair creation by relativistic heavy-ion beams*, Phys. Rev. **A44** (1991) 330

[126] B. Segev, J.C. Wells, *A light fronts approach to electron positron pair production in ultra relativistic heavy-ion collisions*, Phys. Rev. **A57** (1998) 1849

[127] B. Segev, J.C. Wells, *Exact Z^2 scaling of pair production in the high-energy limit of heavy-ion collisions*, Phys. Rev. **C59** (1999) 2753

[128] I.F. Ginzburg, S.L. Panfil, V.G. Serbo, *Semihard $\gamma\gamma \to V_1V_2$, $\gamma\gamma \to V+X$ Processes ($V = \rho^0, \omega, \varphi, \gamma$). The possibility of the experimental investigation of the QCD pomeron*, Nucl. Phys. **B284** (1987) 685

[129] V.V. Sudakov, *Vertex parts at very high energies in quantum electrodynamics*, Sov. Phys. **3** (1956) 65

[130] R.L. Sugar, R. Blankenbecler, *Eikonal Expansion*, Phys. Rev. **183** (1969) 1387

[131] S. Tanaka, *High-energy production processes in the eikonal approximation*, Phys. Rev. **D4**, 2419 (1971)

[132] R. Torgerson, *Field-theoretic formulation of the optical model at high energies*, Phys. Rev. **143** (1966) 1194

[133] Y. Tsai, *Pair production and bremsstrahlung of charged leptons*, Rev. Mod. Phys. **46** (1974) 815

[134] C.R. Vane, S. Datz, P.F. Dittner, H.F. Krause, R. Schuch, H. Gao, R. Hutton, *Electron-positron pair production in Coulomb collisions by 6.4-TeV sulfur ions*, Phys. Rev. **A50** (1994) 2313

[135] C.R. Vane, S. Datz, E.F. Deveney, P.F. Dittner, H.F. Krause, R. Schuch, H. Gao, R. Hutton, *Measurements of positrons fom pair production in Coulomb collisions of 33-TeV lead ions with fixed targets*, Phys. Rev. **A56** (1997) 3682

[136] M. Vidovic, *Die Erzeugung von Higgs-Bosonen in hochenergetischen Schwerionenkollisionen*, Diplomarbeit, Inst. f. Theor. Phys., Frankfurt (1991)

[137] M. Vidovic, M. Greiner, G. Soff, *Electromagnetic dissociation of Pb nuclei in peripheral ultrarelativistic heavy-ion collisions*, Phys. Rev. **C48** (1993) 2011

[138] M. Vidovic, *Die Photon-Photon-Fusion und Photon-Gluon-Fusion in hochenergetischen Schwerionenkollisionen*, Dissertation, Inst. f. Theor. Phys., Frankfurt (1994)

[139] S.J. Wallace, *Eikonal expansion*, Ann. Phys. **78** (1973) 190

[140] G.N. WATSON, *Theory of Bessel Functions*, Cambridge University Press (1958)

[141] K.M. WATSON, *Multiple scattering and the many-body problem - application to photomeson production in complex nuclei*, Phys. Rev. **89** (1953) 575

[142] J.H. WEIS, *Regge theory and high-energy hadron-nucleus scattering*, Acta Phys. Pol. **B7** (1976)851

[143] U. WEISS, *Eikonal-expansion of the scattering amplitude in impact parameter representation*, DESY 74/9 (1974)

[144] C.F. v. WEIZSÄCKER, *Ausstrahlung bei Stößen sehr schneller Elektronen*, Z. Phys. **88** (1934) 612

[145] E.J. WILLIAMS, *Applications of the method of impact parameter in collisions*, Proc. Roy. Soc. **A139** (1933) 163

[146] Y.-P. Yao, *Eikonals and Wu-Yang conjecture in quantum electrodynamics*, Phys. Rev. **D1** (1970) 2971

[147] D.R. YENNIE, S.C. FRAUTSCHI, H. SUURA, *The infrared divergence phenomena and high-energy processes*, Ann. Phys. **13** (1961) 379

[148] D.R. YENNIE, R.N. WILSON, D.G. RAVENHALL, *Phase-shift calculation of high-energy electron scattering by nuclei*, Phys. Rev. **92** (1953) 1325

[149] D.R. YENNIE, D.G. RAVENHALL, R.N. WILSON, *Phase-shift calculation of high-energy electron scattering*, Phys. Rev. **95** (1954) 500

Danksagung

Mein Dank gebührt in erster Linie meinem Lehrer und Doktorvater Professor Dr. Dr. h.c. mult. Walter Greiner für seine ständige Unterstützung und die hervorragenden Arbeitsbedingungen, die er im Institut für theoretische Physik geschaffen hat. Er hat meine Aufmerksamkeit und meinen Arbeitseifer auf dieses interessante Themengebiet gelenkt und das Entstehen der Arbeit stets mit großem Interesse verfolgt.
Herrn Dr. Joachim Reinhardt danke ich herzlich für die ausgezeichnete Betreuung, insbesondere für die unzählbaren, wertvollen Diskussionen und die unbezahlbaren Überstunden. Sein immenser Schatz an physikalischem und numerischem Wissen und Erfahrungen und sein kritischer Blick bewahrten mich vor vielen vorschnellen Schlüssen und gaben mir Rückhalt bei den neuen Erkenntnissen dieser Arbeit.
Herr Dr. Arwed Schiller ermöglichte mir einen Aufenthalt in Leipzig, bei dem ich mit ihm und Prof. Valery Serbo aus Novosibirsk viele Fragen über die derzeitige Diskrepanz in der Vorhersage der Korrekturen höherer Ordnung diskutieren konnte. Für dieses Engagement und seine Gastfreundlichkeit möchte ich mich herzlich bedanken.
In einem regen e-mail Kontakt und zuletzt bei einem mehrtägigen Treffen mit Dr. Dmitri Ivanov aus Novosibirsk konnten die unterschiedlichen Rechenmethoden einander näher gebracht werden. Ich möchte mich bei ihm für die Geduld und die Sorgfalt bei der Beantwortung meiner Fragen und das große Interesse an meinen Ergebnissen insbesondere zur Crossing-Symmetrie und der Beantwortung der Frage nach den Ursachen des angesprochenen Widerspruchs bedanken.
Dr. Frank Krauss und Prof. Dr. Gerhard Soff danke ich für die sehr freundliche Aufnahme an der TU-Dresden im Rahmen eines Arbeitstreffens. Besonders möchte ich Frank Krauss für die Überlassung des Codes zur numerischen Berechnung der WEIZSÄCKER-WILLIAMS-Querschnitte danken.
Tim Brunne aus der Arbeitsgruppe von Prof. Dr. Jörg Eichler aus Berlin und der Arbeitsgruppe von Prof. Dr. Werner Scheid aus Gießen, insbesondere Oliver Busic, danke ich für viele wertvolle Diskussionen.
Dr. Andrei Korol und Prof. Andrei Solovyov aus St. Petersburg fanden bei ihren Aufenthalten in Frankfurt dankenswerterweise immer wieder Zeit für zahlreiche fruchtbare Diskussionen und Gespräche.
Der wichtige Anteil, den die Deutsche Forschungsgemeinschaft (DFG) am Entstehen dieser Arbeit hat – sei es direkt durch die Förderung im Rahmen des Schwerpunktprogramms *Theorie relativistischer Effekte in der Chemie und der Physik schwerer Elemente* oder indirekt durch die wertvollen Kontakte, die ich dadurch knüpfen konnte – soll an dieser Stelle selbstverständlich auch dankend erwähnt werden.

Frau Ingeborg Derlien danke ich stellvertretend für alle Mitarbeiter der Max-Born-Bibliothek für die nicht selten mühevolle Suche nach alten Veröffentlichungen.
Den Systemadministratoren Dr. Markus Hofmann, Henning Weber und Mathias Brandstetter danke ich für die fortwährenden Bemühungen, die Computer und das Netzwerk des Instituts am laufen zu halten.
Meinen ehemaligen und jetzigen Zimmerkollegen Dr. Nils Hammon, Dr. Marcus Bleicher, Kerstin Paech und Gebhard Zeeb danke ich herzlich für die immer nette, motivierende und auch erholsam ablenkende Atmosphäre.
Zuletzt gilt mein Dank meiner Familie und meiner Freundin Sabine Siehr, die den Lauf dieser Arbeit stets mit Liebe verfolgt und unterstützt haben.

Meinem Großvater verdanke ich den Leitspruch:

Arbeiten mußt du von früh bis spät,
sonst wird dir nichts geraten.
Der Neid sieht nur das Blumenbeet,
aber nicht den Spaten.

der mich aus vielen Tiefpunkten wieder zurück an den Schreibtisch gebracht hat.

Lebenslauf

Name		Ulrich Eichmann
Geburtstag/-ort		3.10.1971, Siegen
Schulausbildung	1978-1982	August-Gräser Schule, Frankfurt/ Schwanheim
	1982-1988	Helene-Lange-Schule, Frankfurt/Höchst
	1988-1991	Friedrich-Dessauer-Gymnasium, Frankfurt/Höchst
	1991	Abitur
Studium	10/1991-12/1995	Physikstudium an der Johann Wolfgang Goethe-Universität Frankfurt
	30.07.1993	Vordiplom
	22.12.1995	Diplom Thema der Diplomarbeit: *Bremsstrahlung in Schwerionenkollisionen*
	seit 01/1996	Promotionsstudium
	01.01.1996-15.06.1997	Wissenschaftlicher Mitarbeiter bei der Gesellschaft für Schwerionenforschung mbH (GSI) Darmstadt
	seit 16.06.1997	Wissenschaftlicher Assistent am Institut für theoretische Physik der Johann Wolfgang Goethe-Universität Frankfurt
	06/1996	Studien-Förderpreis der WE-Heraeus-Stiftung

Meine akademischen Lehrer waren

Prof. Dr. R. Becker
Prof. Dr. K. Bethge
Prof. Dr. G. Burde
Prof. Dr. H.D. Bauer
Prof. Dr. F. Consantinescu
Prof. Dr. T. Elze
Prof. Dr. W. Greiner
Prof. Dr. W. Grill
Prof. Dr. R. Kulze
Prof. Dr. B. Lüthi
Prof. Dr. W. Martienssen
Prof. Dr. U. Müller-Nehler
PD Dr. W. Oevel
Dr. J. Reinhardt
Prof. Dr. A. Schaarschmidt
Prof. Dr. A. Schempp
PD Dr. R. Schmidt
PD Dr. U. Schröder
Prof. Dr. F. Siemsen
Prof. Dr. M. Sieveking
PD Dr. H. Sorge
Prof. Dr. K. Stelzer
Prof. Dr. W. Sterzel
Prof. Dr. H. Stöcker

Papier | Fördert gute Waldnutzung
FSC® C083411

Zeitfracht Medien GmbH
Ferdinand-Jühlke-Straße 7
99095 Erfurt, Deutschland
produktsicherheit@kolibri360.de